復刊
数学全書
3

函数論
上

辻　正次

朝倉書店

序

本書は函數論の大要を述べたものであります．上下２巻とし，上巻で大體基礎的事項を述べ，下巻ではやや高等な事項を述べ輓近函數論に少しく觸れておきました．何分紙數が制限されていますので割愛せねばならぬ事項も多くありましたが，これで大體函數論の古典的部分は述べておいた積りであります．割愛した事項は例えば等角寫像論に關する細論，uniformization の問題，代數函數論，Fuchs 群，保型函數，Ahlfors の被覆面の理論，ポテンシャル論の函數論への應用，ルベッグ測度論の函數論への應用，Riemann 面の理論等であります．等角寫像論に關しては，これだけで一冊の單行本となる位材料が多くあり，また小松氏著等角寫像論上下(共立出版）で等角寫像に關して大小洩れなく述べられてあります故，本書ではごく基礎的事項だけ述べておきました．また輓近函數論に關しては近く能代氏の書が岩波から出る豫定になつておりますので，その書と本書とを讀まれれば大體函數論の始めから現在までの發達の状況が分ると思います．

本稿は著者が毎年東京大學數學教室で行いつつある講義を整理し，少しく短縮したものであります．尚本書と拙著複素變數函數論（共立出版）と併讀せられんことを希望します．

昭和 27 年 2 月

著　者　識

目　　次

第一章　緒　　論

1. 集　合

或る特定の物の集りを**集合**といい，集合に屬する物を集合の**要素**という．要素の數が有限な集合を**有限集合**，要素の數が無限の集合を**無限集合**という．集合はその定義から少くとも一つ要素を含まなければならないが要素の一つもない時も，これを集合と見做して**空集合**といい，記號0で表わす．要素 a が集合 M に屬する時，これを $a \in M$ で表わす．集合の要素が點のとき，これを**點集合**という．二つの集合 M, N があつて，N が M に含まれる時，N を M の**部分集合**といい $N \subset M$ で表わす．この時 M から N を引き去つた殘りを $M-N$ で表わし，**M と N との差**という．

集合 M と集合 N の要素全體を要素とする集合を **M と N との和**といい，$M+N$ で表わす．又 M と N に共通な要素全體を要素とする集合を $M \cdot N$ で表わし，**M と N との積**という．故に $M \cdot N=0$ なることは，M と N とに共通な要素のないことを表わす．この時 M と N とは**互に素**であるという．

以上和，積の定義は集合の數が二つ以上あつても同樣に定義することができる．容易に次の關係式が成立することが分る．

$$(M_1 + M_2 + \cdots\cdots) N = M_1N + M_2N + \cdots\cdots$$

2. 可附番集合

無限集合 M があつて，M の要素に $1, 2, 3\cdots\cdots$ の番號をつけることができる時，M のことを**可附番集合**という．M が有限集合又は可附番集合の時，M のことを**高々可附番集合**という．

定義から容易に次のことが分る．

定理 I. 1. **M を可附番集合とする時，M の任意の無限部分集合は可附番集合である．**

定理 I. 2.　可附番集合から有限個の要素を除いても又は有限個の要素を加えても可附番集合である.

定理 I. 3.　可附番集合を可附番個加えても可附番集合である.

證明.　$M_1, M_2, \cdots\cdots$ を可附番集合とし，その要素を

$$
\begin{aligned}
M_1 &= \{a_1^{(1)},\ a_2^{(1)},\ a_3^{(1)},\ \cdots\cdots,\ a_n^{(1)},\ \cdots\cdots\}\\
M_2 &= \{a_1^{(2)},\ a_2^{(2)},\ a_3^{(2)},\ \cdots\cdots,\ a_n^{(2)},\ \cdots\cdots\}\\
M_3 &= \{a_1^{(3)},\ a_2^{(3)},\ a_3^{(3)},\ \cdots\cdots,\ a_n^{(3)},\ \cdots\cdots\}\\
&\cdots\cdots\cdots\cdots\cdots\cdots\cdots\cdots\cdots\cdots\\
M_k &= \{a_1^{(k)},\ a_2^{(k)},\ a_3^{(k)},\ \cdots\cdots,\ a_n^{(k)},\ \cdots\cdots\}\\
&\cdots\cdots\cdots\cdots\cdots\cdots\cdots\cdots\cdots\cdots
\end{aligned}
$$

とする．$M=M_1+M_2+\cdots\cdots=\sum_{k=1}^{\infty} M$ の要素を次のように並べておいて

$$\mu = \{a_1^{(1)},\ a_2^{(1)},\ a_1^{(2)},\ a_3^{(1)},\ a_2^{(2)},\ a_1^{(3)}\cdots\cdots\}$$

これを $a_1^{(1)}$ から始めて，$1, 2, 3\cdots\cdots$ の番號を付ければ，M が可附番集合なることが分る.

定理 I. 4.　$M^{(1)}=\{a_1^{(1)}, a_2^{(2)}, \cdots\cdots\}$，$M^{(2)}=\{a_1^{(2)}, a_2^{(2)}, \cdots\cdots\}$，$\cdots\cdots$，$M^{(k)}\{a_1^{(k)}, a_2^{(k)}, \cdots\cdots\}$ **を** k **個の可附番集合とすれば，組合せ** $(a_{i_1}^{(1)}, a_{i_2}^{(2)}, \cdots\cdots, a_{i_k}^{(k)})$ $(i_1,\ i_2, \cdots\cdots,\ i_k=1, 2, \cdots\cdots)$ **全體の集合は可附番集合である.**

證明.　$(a_{i_1}^{(1)},\ a_{i_2}^{(2)}, \cdots\cdots,\ a_{i_k}^{(k)})$ において，$i_1+\cdots\cdots+i_k=n$ $(\geqq k)$ なるような組の數は有限個であるから，$i_1+\cdots\cdots+i_k=n$ なる $(a_{i_1}^{(1)}, \cdots\cdots a_{i_k}^{(k)})$ を一塊として，これを $n=k,\ k+1, \cdots\cdots$ として，一列に並べ，始めから $1, 2, \cdots\cdots$ の番號をつければよい.

3.　有理數の集合

$\dfrac{a}{b}$ の如く二つの整數の比として表わされる數を**有理數**という．ここで b は正整數とする．故に a は $0,\ \pm 1,\ \pm 2, \cdots\cdots \pm n, \cdots\cdots$，$b=1,\ 2, \cdots\cdots, n, \cdots\cdots$ のいずれかである．a の集合は可附番集合なることは容易に分るから，今 $\dfrac{a}{b}$ に組合せ (a, b) を對應させると，組合せ $(a,\ b)$ の集合は定理 I. 3 により可附番集合である.

(1, 3), (2, 6) は組合せとみれば違うが, 同じ有理數 $\frac{3}{1}$ を與えるから, 組合せ (a, b) の中から, a, b が共通因數を持つものを省かなければならない. 然しかく省いても無限集合を得るから, 定理に I. 1 より, (a, b) に於いて, a, b に共通因數のないもの全體はやはり可附番集合である. かかる (a, b) には一義的に有理數 $\frac{a}{b}$ が對應するから, 有理數の集合は可附番集合である.

同様に區間 $a \leqq x \leqq b$ 内の有理數の集合も可附番集合である. 故に

定理 I. 5. 有理數全體の集合又は區間 $a \leqq x \leqq b$ 内の有理數の集合は可附番集合である.

今 n 次元空間 R を考え, R の點を $P(x_1, \cdots\cdots, x_n)$ とし, $x_1, \cdots\cdots, x_n$ が有理數の時, P を**有理點**という. 定理 I. 4 により次の定理を得.

定理 I. 6. 空間 R の有理點の集合は可附番集合である.

$\sqrt{2}$ の如く二つの整數の比として表わされない數を**無理數**という. 有理數と無理數とを總稱して**實數**という. 實數全體の集合は可附番集合でないことが證明できる (Cantor).

4. 集積點, 孤立點

n 次元空間 R の二點 $P(x_1, \cdots\cdots, x_n)$, $Q(y_1, \cdots\cdots, y_n)$ の距離 $\overline{PQ}$ は

$$\overline{PQ} = \sqrt{(x_1 - y_1)^2 + \cdots\cdots + (x_n - y_n)^2}$$

によつて定義する. P_0 を定點とし, $\overline{PP_0} < r$ なる點 P の集合は P_0 を中心とし半徑 r の球面の内部である. これを P_0 の r-**近傍**, 略して**近傍**という. $U(P_0, r)$ 又は $U(P_0)$ で表わす.

M を空間 R 内の一つの點集合とし, P_0 を R の一點とする. P_0 は M に屬しても, 屬しなくてもよい. この時若し P_0 を中心としたどんな小さな近傍をとつても, その中に M に屬する點が無限個存在する時, P_0 のことを集合 M の**集積點**という. 次に P_0 が M に屬し r を適當に小にとれば, $U(P_0, r)$ の中には P_0 以外には M の點がない時, P_0 のことを M の**孤立點**という.

定理 I. 6. P_0 を集合 M の集積點とすれば, M の中から P_0 に收斂する點列

P_1, P_2, ……, $P_n \to P_0$ を選ぶことが出來る.

證 明. 假定により $U\left(P_0, \dfrac{1}{n}\right)$ の中には M に屬する點が無限個あるから，その一つを P_n とすれば，$\overline{P_nP_0} < \dfrac{1}{n}$ であるから，P_n は P_0 に收斂する.

集合 M が原點を中心とした十分大きな球面の中に含まれた時，卽ち M を n 次元空間 R 內の集合とし，$(x_1, \cdots\cdots, x_n)$ を M の任意の點とした時，

$$|x_i| \leqq K \quad (i = 1, 2, \cdots\cdots, n)$$

のような定數 K が存在する時，M を**有界な集合**という.

定理 I. 7. (Weierstrass-Bolzano). **集合 M は有界で且つ無限個の點を含む時は，少くとも一つ M の集積點が存在する.**

證 明. M は有界だから，任意の $(x, \cdots\cdots, x_n) \in M$ に對して

$$|x_i| \leqq K \quad (i = 1, \cdots\cdots, n)$$

のような定數 K が存在する. 一般の場合でも證明は同じだから $n=2$ とする. $|x_1| \leqq K$, $|x_2| \leqq K$ を滿足する點 (x_1, x_2) は原點を中心とし邊の長さが $2K$ なる正方形 Q_0 の中にある.

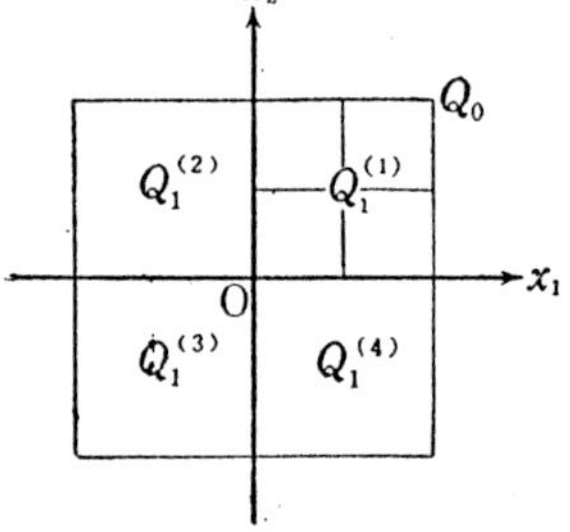

第 1 圖

假定により M は無限個の點を含むから，Q_0 を x_1 軸，x_2 軸で 4 個の正方形 $Q_1^{(1)}$, $Q_1^{(2)}$, $Q_1^{(3)}$, $Q_1^{(4)}$ に分ければ，そのうちどれかは M の點を無限個含むから，今これを $Q_1^{(1)}$ とする. その邊の長さは K である. $Q_1^{(1)}$ を同様に 4 等分して小正方形を作れば，その中に M の點を無限個含むものであるから，これを $Q_2^{(2)}$ とすれば，$Q_2^{(2)}$ は $Q_1^{(1)}$ に含まれ，その邊の長さは $\dfrac{K}{2}$ である. 以下同様にして，正方形の列

$$Q_0 \supset Q_1^{(1)} \supset Q_2^{(2)} \supset \cdots\cdots \supset Q_n^{(n)} \supset \cdots\cdots$$

が得られる. $Q_n^{(n)}$ の邊の長さは $\dfrac{K}{2^{n-1}}$ であるから，$Q_n^{(n)}$ は一點 P_0 に收斂する. $P_0 \in Q_n^{(n)}$, $(Q_n^{(n)} \to P_0)$ で，$Q_n^{(n)}$ の中には M に屬する點が無限個あるから，P_0 は M の集積點である.

定 理 I. 8.　集合 M の孤立點の集合は高々可附番集合である.

證 明.　P を M の孤立點とし, r を十分小にとり, $U(P, r)$ は P 以外の M の點は含まないようにする. 今 M の各孤立點 P に對し近傍 $U\left(P, \frac{r}{2}\right)$ を作る時は, これ等の近傍は相重なり合わない. 何となれば P_1, P_2 を任意の二つの孤立點とすれば, P_2 は $U(P_1, r_1)$ の外にあるから, $\overline{P_1P_2} \geqq r_1$, 同様に P_1 は $U(P_2, r_2)$ の外にあるから $\overline{P_1P_2} \geqq r_2$, 從つて $\overline{P_1P_2} \geqq \frac{r_1}{2} + \frac{r_2}{2}$ となるから, $U\left(P_1, \frac{r_1}{2}\right)$, $U\left(P_2, \frac{r_2}{2}\right)$ は重なり合わない. $U\left(P, \frac{r}{2}\right)$ の中に一つの有理點 Q をとれば, $U\left(P, \frac{r}{2}\right)$ の集合に對して, 有理點 Q の集合が對應する. 定理 I.6, により, このような Q の集合は高々可附番集合であるから, $U\left(P, \frac{r}{2}\right)$ の集合, 從つて孤立點の集合は高々可附番集合である.

5.　閉集合, 開集合

集合 M の集積點の集合を M' で表わし, これを M の**導集合**といい,

$$\overline{M} = M + M'$$

を M の**閉包**という.

$\overline{M} = M$ の時, M を**閉集合**という.

即ち閉集合はその集積點を含む集合である. 故に集合 M が閉集合なることを證明するには, M の任意の集積點が M に屬することを證明すればよい.

$$M' = M$$

のような集合 M を**完全集合**という. 完全集合はこの各點が集積點なる閉集合である. 從つて孤立點を含まない. M を閉集合とし, これが互に素なる二つの閉集合に分れない時, M を**連續體** (continuum) という.

定 理 I. 9.　集合 M の導集合 M' は閉集合である.

證 明.　P_0 を M' の集積點とする時, P_0 が M' に屬することを證明すればよい. P_0 は M' の集積點だから, 定理 I. 6 により $P_n \to P_0$ $(P_n \in M')$ のような點列 $\{P_n\}$ が存在する. P_n は M の集積點だから, $U\left(P_n \ \frac{1}{n}\right)$ の中に M に屬する無限個の點があるから, $P_n \to P_0$ から, P_0 のどんな小さな近傍の中にも M の點が

無限個ある．故に P_0 は M の集積點である．從つて $P_0 \in M'$ となり，M' は閉集合である．

同様に

定理 I. 10.　集合 M の閉包 $\overline{M}$ は閉集合である

ことが證明される．

P_0 を M の點とし，P_0 の一つの近傍 $U(P_0)$ が全部 M に屬する時，P_0 を M の**内點**という．又 P_0 を M に屬せぬ點とし，P_0 の一つの近傍 $U(P_0)$ の中に M の點が存在せぬ時，P_0 を M の**外點**という．

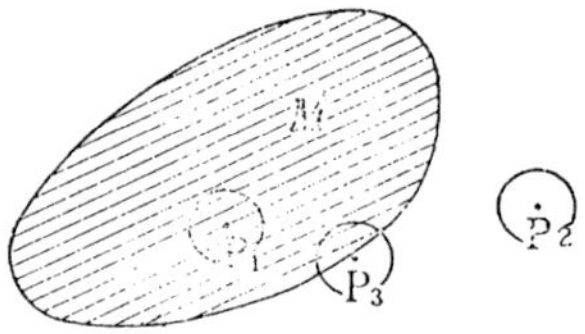

第 2 圖

若しどんな小さな近傍 $U(P_0)$ をとつても，その中に M に屬する點と，M に屬せぬ點とが存在する時，P_0 を M の**境界點**という．圖で P_1 は内點，P_2 は外點，P_3 は境界點である．

境界點の集合を M の**境界**という．

容易に

定理 I. 11.　集合 M の境界は閉集合である．

ことが證明される．

集合 M の各點が M の内點である時，M のことを**開集合**という．特に M が開集合で，M の任意の二點 P, Q が M に屬する連續曲線で連結できる時，M のことを**領域**という．領域 D にその境界を加えたものを**閉領域**といい，$\overline{D}$ で表わす．故に**領域 D は開集合で，閉領域 $\overline{D}$ は閉集合である．**

閉集合は記號 F で，開集合は記號 O で表わすのが普通である．

集合 M が含まれる空間を R とする時，$R-M$ のことを **M の餘集合**といい，$C(M)$ で表わす．

定理 I. 12.　閉集合の餘集合は開集合で，開集合の餘集合は閉集合である．

證明． F を閉集合とし，$C(F)$ が開集合なることを證明する．今 $P_0 \in C(F)$ とすれば，P_0 は F の集積點でない．何となれば，若し P_0 が F の集積點ならば，F は閉集合だから，P_0 は F に屬しなければならないが，$P_0 \in C(F)$ であるからこれは不可能である．故に P_0 は F 集積點でないから，P_0 の十分小なる近傍 $U(P_0)$ は F の點を含まない故，$U(P_0)\in C(F)$ である．故に P_0 は $C(F)$ の內點，從つて $C(F)$ は開集合である．定理の後半も同樣に證明出來る．

6. 被覆定理

$\{O\}$ を開集合 O の一つの集合とし，M を與えられた集合とする．M の任意の點を P とする時，$\{O\}$ の中から適當な一つの開集合 O_P を選んで，$P\in O_P$ ならしめることが出來る時，**集合 M は $\{O\}$ で覆われる**という．

定理 I. 13. (Lindelöf の被覆定理)．**集合 M が開集合の集合 $\{O\}$ で覆われるならば，$\{O\}$ の中から高々可附番個の開集合 O_n $(n=1, 2, \cdots\cdots)$ を選んで，$\{O_n\}$ だけで M を覆うことができる．**

證明． P を M の任意の點とする時，$\{O\}$ の中から適當な一つの開集合 O_P を選んで $P\in O_P$ ならしめることができる．P の十分近くに有理點 Q をとり，Q を中心して半徑 r (r は有理數) の近傍 $U(Q, r)$ が P を含み且つ O_P の中に含まれるようにすることができる．定理 I. 6 で有理點の集合は可附番集合で，又有理數の集合も可附番集合だから，定理 I. 4, で $U(Q, r)$ の集合は高々可附番個であるから，これを $U_n(n=1, 2, \cdots\cdots)$ とする．假定により U_n は $\{O\}$ の中の適當な開集合 O_n に含まれる．$\{U_n\}$ が既に M を覆うているから，$\{O_n\}$ は勿論 M を覆う．

定理 I. 14. (Borel の被覆定理)．**M を有界な閉集合とし，これが開集合の集合 $\{O\}$ で覆われるならば，$\{O\}$ の中から有限個の開集合 $O_1, O_2, \cdots\cdots, O_N$ を選んで，M を覆うことが出來る．**

證明． 先ず Lindelöf の定理で，$\{O\}$ の中から高々可附番個の O_n を選んで，$\{O_n\}$ で M を覆うておく

$$M\subset O_1+O_2+\cdots\cdots. \qquad (1)$$

今 P を M の任意の點とし，(1) の中で P を含む最初のものを $O_{n(P)}$ とする．N を十分大にとつて，すべての $P\in M$ に對し $n(P)\leqq N$ なる樣にできれば，

$O_1, O_2, \cdots\cdots, O_N$ で M を覆うことができる．故に $n(P) \leqq N$ のような定数 N が存在することを證明しよう．若しかかる N が存在しないならば，$n(P_\nu) \to \infty$ のような P_ν を M の中から選ぶことができる．M は有界だから $\{P_\nu\}$ は有界である．故に Weierstrass-Bolzano の定理で，$\{P_\nu\}$ は少くとも一つ集積點がある．今これを P_0 とすれば，M は閉集合だから $P_0 \in M$ である．從つて假定により $P_0 \in O_{n(P_0)}$ である．

定理 I. 9 により，$\{P_\nu\}$ の中から P_0 に收斂する點列を選ぶことが出來るから，記號を變じて $P_\nu \to P_0$ と假定すれば，ν が十分大なれば P_ν は $O_{n(P_0)}$ の中に入るから，$n(P)$ の定義から $n(P_\nu) \leqq n(P_0)$ である．これは $n(P_\nu) \to \infty$ なる假定に反する．故に $n(P) \leqq N$ なる定數 N が存在するから定理は證明された．

7. 集合の上端，下端

今集合 M は x 軸上にある一つの實數の集合とし，M に屬するすべての x に對して

$$x \leqq K \qquad (1)$$

なる定數 K が存在する時，M を**上方に有界**であるという．この時 K_1 を適當にとり區間 $K_1 \leqq x \leqq K$ は M の點を含むようにする．この區間を I_0 で表わす．I_0 を二等分して，區間 $I_1^{(1)}$, $I_1^{(2)}$ を作る．$I_1^{(2)}$ は $I_1^{(1)}$ の右にあるものとする．

假定により I_0 は M の點を含むから，$I_1^{(1)}$, $I_1^{(2)}$ のどれかは M の點を含む．若し兩方が M の點を含めば $I_1 = I_1^{(2)}$ とおき，若し $I_1^{(1)}$, $I_1^{(2)}$ のうち一つが M の點を含めば，それを I_1 とおく．故に I_1 は M の點を含み I_1 の右側には M の點は存在しない．

同樣にして，I_1 を二等分して，區間 I_2 を定義すれば，I_2 は I_1 に含まれ，M の點を含み，I_2 の右側には M の點はない．以下同樣にして

$$I_0 \supset I_1 \supset \cdots\cdots \supset I_n \supset \cdots\cdots$$

なる減少區間列が得られる．I_n の長さは順次半分になるから，I_n の長さは 0 に收斂する．故に I_n には一點 ξ に收斂する．I_n の性質から ξ は次の性質を持つこと

が分る．即ち

ξ の右側には M の點は存在しない．$\varepsilon>0$ をどんなに小にとつても區間 $\xi-\varepsilon<x\leqq\xi$ の中には M の點が少くとも一つある．

この ξ を**集合 M の上端**といい，記號

$$\xi=\sup M \tag{2}$$

で表わす*)．$\xi\leqq K$ なることは明らかである．

これに對し (1) を滿足するような K を**集合の上界**という．同樣に若し集合 M のすべての x に對して

$$k\leqq x \tag{3}$$

のような定數 k が存在すれば，M を**下方の有界**であるという．この時次の性質を持つ η が存在する．

η の左側には集合 M の點は存在しない．$\varepsilon>0$ をどんなに小にとつても區間 $\eta\leqq x<\eta+\varepsilon$ の中には M の點が少くも一つ存在する．

この η を**集合 M の下端**といい，記號

$$\eta=\inf M \tag{4}$$

で表わす*)．$k\leqq\eta$ なることは明らかである．

(3) を滿足するような k を**集合の下界**という．

注意． 若し (1) を滿足するような定數 K が存在せぬ時，即ちどんなに K を大きくとつて，K の右側に集合 M の點が現われる場合は

$$\sup M=+\infty$$

と定義し，同樣に (3) を滿足するような定數 k が存在せぬ時は

$$\inf M=-\infty$$

と定義する．

8. 有界變分函數

$f(x)$ は $a\leqq x\leqq b$ で定義された有界な函數とし**)，區間 $[a, b]$ 內に任意に分點

$$a=x_0<x_1<\cdots\cdots<x_n=b$$

*) sup は supremum, inf は infimum の略．

**) $f(x)$ は連續でなくてもよい．

をとり,

$$\sum_{k=0}^{n-1} |f(x_{k+1}) - f(x_k)| \tag{1}$$

を作る．若し分點 $\{x_k\}$ の選び方に無關係な定數 K が存在して，常に

$$\sum_{k=1}^{n-1} |f(x_{k-1}) - f(x_k)| \leqq K \tag{2}$$

が滿足される時，$f(x)$ は $[a,\ b]$ で**有界變分函數**という．すべての分點 $\{x_k\}$ に對する (2) の左邊の上端を $T(a,\ b)$ で表わせば，

$$T(a,\ b) = \sup \sum_k |f(x_{k+1}) - f(x_k)| \leqq K. \tag{3}$$

$T(a,\ b)$ を $f(x)$ の $[a, b]$ における**全變分**という．

明らかに

$$f(b) - f(a) = \sum_k \big(f(x_{k+1}) - f(x_k)\big)$$

である．右邊の正の項を加えたものを $\sum_1 \big(f(x_{k+1}) - f(x_k)\big)$，負の項を加えたものを $\sum_2 \big(f(x_{k+1}) - f(x_k)\big)$ とすれば，

$$\left.\begin{aligned} f(b) - f(a) &= \sum_k \big(f(x_{k+1}) - f(x_k)\big) \\ &= \sum_1 \big(f(x_{k+1}) - f(x_k)\big) + \sum_2 \big(f(x_{k+1}) - f(x_k)\big) \\ &= \sum_1 \big(f(x_{k+1}) - f(x_k)\big) - \sum_2 |f(x_{k+1}) - f(x_k)|. \end{aligned}\right\} \tag{4}$$

又

$$\sum_k |f(x_{k+1}) - f(x_k)| = \sum_1 \big(f(x_{k+1}) - f(x_k)\big) + \sum_2 |f(x_{k+1}) - f(x_k)| \tag{5}$$

であるから，(4)，(5) から

$$\left.\begin{aligned} \sum_k |f(x_{k+1}) - f(x_k)| &= 2\sum_1 \big(f(x_{k+1}) - f(x_k)\big) - \big(f(b) - f(a)\big) \\ &= 2\sum_2 |f(x_{k+1}) - f(x_k)| + \big(f(b) - f(a)\big). \end{aligned}\right\} \tag{6}$$

すべての分點 $\{x_k\}$ に對する $\sum_1$、$\sum_2$ の上端を夫々 $P(a,\ b)$，$N(a,\ b)$ で表わせば，

$$P(a, b) = \sup \sum_1 \big(f(x_{k+1}) - f(x_k)\big), \tag{7}$$

$$N(a, b) = \sup \sum_2 |f(x_{k+1}) - f(x_k)|. \tag{8}$$

$P(a, b)$, $N(a, b)$ を夫々 $f(x)$ の $[a, b]$ における**正變分**, **負變分**という.

(3), (5), (6) より

$$
\begin{aligned}
T(a,b) &= P(a,b) + N(a,b) \\
&\left.\begin{aligned} &= 2P(a,b) - \bigl(f(b) - f(a)\bigr) \\ &= 2N(a,b) + \bigl(f(b) - f(a)\bigr) \end{aligned}\right\}.
\end{aligned} \tag{9}
$$

従つて

$$
\left.\begin{aligned}
\boldsymbol{P(a,b)} &= \frac{1}{2}\boldsymbol{T(a,b)} + \frac{1}{2}\bigl(\boldsymbol{f(b)} - \boldsymbol{f(a)}\bigr), \\
\boldsymbol{N(a,b)} &= \frac{1}{2}\boldsymbol{T(a,b)} - \frac{1}{2}\bigl(\boldsymbol{f(b)} - \boldsymbol{f(a)}\bigr), \\
\boldsymbol{T(a,b)} &= \boldsymbol{P(a,b)} + \boldsymbol{N(a,b)}, \\
\boldsymbol{f(b)} - \boldsymbol{f(a)} &= \boldsymbol{P(a,b)} - \boldsymbol{N(a,b)}
\end{aligned}\right\} \tag{10}
$$

が得られる.

a, b の間に c をとり, $[a, b]$ を $[a, c]$, $[c, b]$ に分ける. 若し $f(x)$ が $[a, b]$ で有界變分ならば, 定義より明らかな如く, $f(x)$ は $[a, c]$, $[c, b]$ で有界變分である.

$$
a = x_0 < x_1 < \cdots\cdots < x_n = b
$$

を任意の分點とする時, 若し c が分點の一つと一致しない場合は, c を挾む分點を $x_i < c < x_{i+1}$ とすれば,

$$
|f(x_{i+1}) - f(x_i)| \leqq |f(c) - f(x_i)| + |f(x_{i+1}) - f(c)|
$$

だから, $\sum\limits_{k}|f(x_{k+1}) - f(x_k)|$ の上端を考える場合, c は常に分點の一つと一致する場合を考えればよい. 故に今 c が分點 x_i と一致したとし,

$$
\begin{aligned}
\sum_{k}|f(x_{k+1}) - f(x_k)| &= \sum_{a \leqq x_k \leqq c}|f(x_{k+1}) - f(x_k)| + \sum_{c \leqq x_k \leqq b}|f(x_{k+1}) - f(x_k)| \\
&= \sum{}' + \sum{}''
\end{aligned}
$$

とおけば, $\sum'$ の上端は $P(a, c)$, $\sum''$ の上端は $T(c, b)$ であるから,

$$
\boldsymbol{T(a,b) = T(a,c) + T(c,b)}. \tag{11}
$$

故に (10) から

$$
\boldsymbol{P(a,b) = P(a,c) + P(c,b)}, \tag{12}
$$

$$\boldsymbol{N}(a, b) = \boldsymbol{N}(a, c) + \boldsymbol{N}(c, b). \tag{13}$$

今 $a \leqq x_1 < x_2 \leqq b$ とすれば，$T(a, x_2) = T(a, x_1) + T(x_1, x_2)$ より

$$\left.\begin{aligned} T(a, x_2) - T(a, x_1) &= T(x_1, x_2) \\ P(a, x_2) - P(a, x_1) &= P(x_1, x_2) \\ N(a, x_2) - N(a, x_1) &= N(x_1, x_2) \end{aligned}\right\}. \tag{14}$$

定義より $T(x_1, x_2) \geqq 0$, $P(x_1, x_2) \geqq 0$, $N(x_1, x_2) \geqq 0$ であるから，(14) より **$\boldsymbol{T}(a, x)$, $\boldsymbol{P}(a, x)$, $\boldsymbol{N}(a, x)$ は x の増加函數である．**

(10) において b の代りに x とおけば，

$$f(x) - f(a) = P(a, x) - N(a, x),$$

$$\therefore \quad f(x) = \big(P(a, x) + f(a)\big) - N(a, x). \tag{15}$$

從つて

$$\varphi(x) = P(a, x) + f(a), \qquad \psi(x) = N(a, x) \tag{16}$$

と置けば，$\varphi(x)$, $\psi(x)$ は x の増加函數で，$f(x)$ は

$$f(x) = \varphi(x) - \psi(x) \tag{17}$$

の如く，二つの増加の函數の差として表わされる．逆に $f(x)$ が (17) の如く二つの増加函數 $\varphi(x)$, $\psi(x)$ の差として表わされたとすれば，$f(x)$ は有界變分函數である．何となれば

$$\begin{aligned} &\sum_k |f(x_{k+1}) - f(x_k)| \\ &\qquad \leqq \sum_k |\varphi(x_{k+1}) - \varphi(x_k)| + \sum_k |\psi(x_{k+1}) - \psi(x_k)| \\ &\qquad = \sum_k \big(\varphi(x_{k+1}) - \varphi(x_k)\big) + \sum_k \big(\psi(x_{k+1}) - \psi(x_k)\big) \\ &\qquad = \big(\varphi(b) - \varphi(a)\big) + \big(\psi(b) - \psi(a)\big) = K \end{aligned}$$

となり，$\sum_k |f(x_{k+1}) - f(x_k)|$ は分點に依存しない一定數 K より小となる故である．

故に

定理 I. 15. (Jordan). 區間 $[a, b]$ で有界な函數 $f(x)$ が $[a, b]$ で有界變分函數なるための必要且つ十分條件は，$[a, b]$ で

$$\boldsymbol{f}(x) = \boldsymbol{\varphi}(x) - \boldsymbol{\psi}(x)$$

の如く, $f(x)$ が二つの増加函數 $\varphi(x)$, $\psi(x)$ の差として表わされることである.

9. Stieltjes 積分

定理 I. 16. **$f(x)$ を $[a, b]$ で連續函數, $\varphi(x)$ を $[a, b]$ で増加函數とする. 今 $[a, b]$ 内に分點**

$$a = x_0 < x_1 < \cdots\cdots < x_n = b, \quad (\varDelta x_i = x_{i+1} - x_i),$$

$[x_i, x_{i+1}]$ 内に任意に ξ_i をとり,

$$S = \sum_{i=0}^{n-1} f(\xi_i)\bigl(\varphi(x_{i+1}) - \varphi(x_i)\bigr) = \sum_{i=1}^{n-1} f(\xi_i)\varDelta\varphi(x_i)$$

を作る. 若し $\underset{i}{\mathrm{Max}}\,\varDelta x_i \to 0$ なるよう, 分點 $\{x_i\}$ を密にとれば, S は分點及び ξ_i の選び方に依存しない一定の極限値に近づく.

この極限値を

$$\int_a^b f(x)d\varphi(x)$$

で表わし, これを $f(x)$ の $\varphi(x)$ に關する **Stieltjes 積分**という.

證 明. $[x_i, x_{i+1}]$ 内の $f(x)$ の最大値を M_i, 最小値を m_i とし,

$$S_n = \sum_{i=0}^{n-1} M_i \varDelta\varphi(x_i), \qquad s_n = \sum_{i=0}^{n-1} m_i \varDelta\varphi(x_i) \tag{1}$$

を作る. 明らかに $s_n \leqq S_n$ である.

今 $\{x_i'\}_{i=1,\dots,m}$ を任意の分點とし, この $\{x_i'\}$ に對して (1) を作つたものを夫々 S_m', s_m' とする.

次に分點 $\{x_i\}$ と $\{x_i'\}$ とを混ぜたものを $\{x_i''\}_{i=1,\dots,p}$ とし, これに對するものを S_p'', s_p'' とすれば, 容易に

$$S_p'' \leqq S_n, \qquad S_p'' \leqq S_m'$$

$$s_p'' \geqq s_n, \qquad s_p'' \geqq s_m'$$

なることが分るから,

$$s_m' \leqq s_p'' \leqq S_p'' \leqq S_n,$$

即ち

$$s_m' \leqq S_n. \tag{2}$$

ここで $\{x_i\}$ と $\{x_i'\}$ とは全く無關係な分點であるが，それに對して常に (2) が成立するのである．今すべての分點 $\{x_i\}$ に對する S_n の下端を $\overline{S}$，s_n の上端を $\underline{S}$ とすれば，(2) において S_n の下端をとることにより，

$$s_{m'}' \leqq \overline{S}.$$

次に s_m' の上端をとることにより，

$$\underline{S} \leqq \overline{S} \qquad (3)$$

を得．$\overline{S}$，$\underline{S}$ の定義から $s_n \leqq \underline{S}$，$\overline{S} \leqq S_n$ だから

$$s_n \leqq \underline{S} \leqq \overline{S} \leqq S_n \qquad (4)$$

である．

$f(x)$ は $[a,\ b]$ で連續だから，$\varDelta x_i < \delta$ なれば，

$$M_i - m_i < \varepsilon \ (i = 0,\ 1,\ \cdots\cdots,\ n-1)$$

となるから，

$$S_n - s_n = \sum_{i=0}^{n-1} (M_i - m_i) \varDelta\varphi(x_i) < \varepsilon \sum_{i=0}^{n-1} \varDelta\varphi(x_i) = \varepsilon\big((b) - \varphi(a)\big).$$

$\operatorname*{Max}_i \varDelta x_i \to 0$ とすれば，$\varepsilon \to 0$，従つて $S_n - s_n \to 0$ となるから，(4) から $\overline{S} = \underline{S}$ でなければならない．故に $\underline{S} = \overline{S} = I$ と置けば，(4) は

$$s_n \leqq I \leqq S_n \qquad (5)$$

となり，$\operatorname*{Max}_i \varDelta x_i \to 0$ の時，$S_n - s_n \to 0$ だから，$s_n \to I$，$S_n \to I$ となる．

$m_i \leqq f(\xi_i) \leqq M_i$ だから，

$$s_n \leqq S = \sum_{i=0}^{n-1} f(\xi_i) \varDelta\varphi(x_i) \leqq S_n,$$

故に $\operatorname*{Max}_i \varDelta x_i \to 0$ の時，$S \to I$ となる．これで定理は證明出來た．
定義により

$$I = \int_a^b f(x) d\varphi(x) \qquad (6)$$

である．[證明終]

次に $f(x)$ は $[a,\ b]$ で連續で，$\varphi(x)$ は $[a, b]$ で有界變分函數であるとすれば，Jordan の定理で，$\varphi(x) = \varphi_1(x) - \varphi_2(x)$ の如く二つの増加函數 $\varphi_1(x)$，$\varphi_2(x)$ の差として表わされるから，

$$S = \sum_{i=0}^{n-1} f(\xi_i) \Delta\varphi(x_i)$$
$$= \sum_{i=0}^{n-1} f(\xi_i)\Delta\varphi_1(x_i) - \sum_{i=0}^{n-1} f(\xi_i)\varphi_2(x_i) \qquad (7)$$

は $\operatorname*{Max}_i \Delta x_i \to 0$ とした時，一定の極限値に近づく．これを

$$\int_a^b \boldsymbol{f}(x) \boldsymbol{d\varphi}(x) \qquad (8)$$

で表わせば，

$$\int_a^b \boldsymbol{f}(x)\boldsymbol{d\varphi}(x) = \int_a^b \boldsymbol{f}(x)\boldsymbol{d\varphi}_1(x) - \int_a^b \boldsymbol{f}(x)\boldsymbol{d\varphi}_2(x). \qquad (9)$$

(8) を $f(x)$ の $\varphi(x)$ に關する Stieltjes 積分という．

定 理 I. 17. (部分積分法). $\boldsymbol{f}(x)$，$\boldsymbol{f}'(x)$ **は** $[a, b]$ **で連續で，** $\boldsymbol{\varphi}(x)$ **は** $[a, b]$ **で有界變分とすれば，**

$$\int_a^b \boldsymbol{f}(x)\boldsymbol{d\varphi}(x) = \Big[\boldsymbol{f}(x)\boldsymbol{\varphi}(x)\Big]_a^b - \int_a^b \boldsymbol{\varphi}(x)\boldsymbol{f}'(x)\boldsymbol{d}x,$$

但し $\Big[\boldsymbol{f}(x)\boldsymbol{\varphi}(x)\Big]_a^b = \boldsymbol{f}(b)\boldsymbol{\varphi}(b) - \boldsymbol{f}(a)\boldsymbol{\varphi}(a).$

證 明. $a = x_0 < x_1 < \cdots\cdots < x_n = b$ とし，

$$S = \sum_{i=0}^{n-1} f(x_{i+1})\big(\varphi(x_{i+1}) - \varphi(x_i)\big) \qquad (1)$$

とすれば，$\operatorname*{Max}_i \Delta x_i \to 0$ の時，

$$S \to \int_a^b f(x)d\varphi(x) \qquad (2)$$

となる．S を書き替えて

$$S = f(x_1)\big(\varphi(x_1) - \varphi(x_0)\big) + f(x_2)\big(\varphi(x_2) - \varphi(x_1)\big)$$
$$+ \cdots\cdots + f(x_n)\big(\varphi(x_n) - \varphi(x_{n-1})\big)$$
$$= f(b)\varphi(b) - f(x_1)\varphi(a) - \Big[\varphi(x_1)\big(f(x_2) - f(x_1)\big)$$
$$+ \cdots\cdots + \varphi(x_{n-1})\big(f(x_n) - f(x_{n-1})\big)\Big]$$
$$= f(b)\varphi(b) - f(x_1)\varphi(a) - \Big[\varphi(x_1)f'(\xi_1)\Delta x_1$$
$$+ \cdots\cdots + \varphi(x_{n-1})f'(\xi_{n-1})\Delta x_{n-1}\Big] \quad (x_{i-1} \leqq \xi_i \leqq x_i,\ \Delta x_i = x_{i+1} - x_i)$$

$f(x)$，$f'(x)$ の連續性から，$\operatorname*{Max}_i \Delta x_i \to 0$ とすれば

$$S \to f(b)\varphi(b) - f(a)\varphi(a) - \int_a^b \varphi(x)f'(x)dx \tag{3}$$

となるから，(2) より

$$\int_a^b f(x)d\varphi(x) = \Big[f(x)\varphi(x)\Big]_a^b - \int_a^b \varphi(x)f'(x)dx.$$

例. 今 $0 < a_1 \leqq a_2 \leqq \cdots\cdots \leqq a_n \leqq \cdots\cdots\cdots\cdots$ (1)

とし，$r>0$ より小なる a_n の個數を $n(r)$ とすれば，$n(r)$ は増加函數である．$a_{i-1}<r<a_i$ では $n(r)=\text{const}$ で，$r=a_i$ は $n(r)$ の不連續點であるから，$n(r)$ は階段函數である．Stieltjes 積分の定義から

$$\log a_1 + \cdots\cdots + \log a_n = \int_0^r \log t \cdot dn(t) \quad (a_n<r<a_{n+1})$$

と書ける．部分積分法により

$$\begin{aligned}\int_0^r \log t \cdot dn(t) &= \Big[\log t \cdot n(t)\Big]_0^r - \int_0^r \frac{n(t)}{t}dt \\ &= \log r \cdot n(r) - \int_0^r \frac{n(t)}{t}dt \\ &= n \log r - \int_0^r \frac{n(t)}{t}dt.\end{aligned}$$

従つて

$$\log\frac{r}{a_1} + \cdots\cdots + \log\frac{r}{a_n} = \int_0^r \frac{n(t)}{t}dt, \quad (a_n < r < a_{n+1}).$$

問. 若し $\varphi'(x)$ が連續ならば，

$$\int_a^b f(x)d\varphi(x) = \int_a^b f(x)\varphi'(x)dx$$

なることを證明せよ．

10. 曲線の長さ

平面上の一つの曲線 C が t を補助變數として

$$C:\quad x=\varphi(t), \quad y=\psi(t) \quad (a \leqq t \leqq b) \tag{1}$$

で表わされてあるものとする．$\varphi(t)$，$\psi(t)$ は $[a, b]$ で連續とする．$[a, b]$ 内に分點

$$a = t_0 < t_1 < \cdots\cdots < t_n = b$$

をとり，t_k に對する曲線の點を P_k とする．$P_0, P_1, \cdots\cdots, P_n$ を線分で結んで，曲線 C に内接する折線 Π_n を作り，その長さを L_n とすれば，

$$L_n = \overline{P_0P_1} + \overline{P_1P_2} + \cdots\cdots + \overline{P_{n-1}P_n} \qquad (2)$$

である.

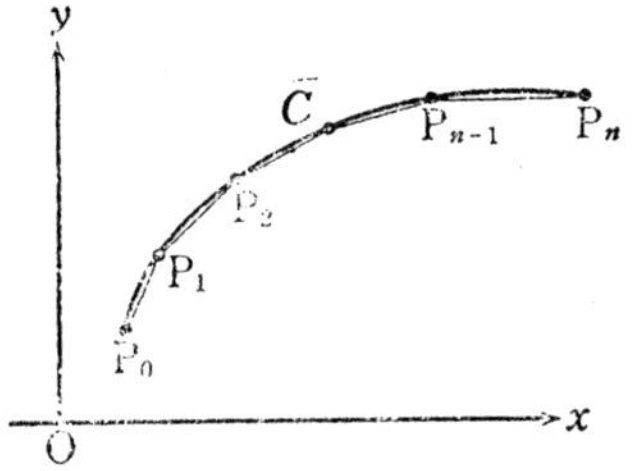

第 3 圖

定理 I. 18. $\max_i \Delta t_i \to 0$ **なるよう分點** $\{t_i\}$ **を密にとれば,** L_n **は分點** $\{t_i\}$ **の選び方に依存しない有限又は** $+\infty$ **の一定の極限値** L **に近づく:**

$$L_n \to L.$$

この時 C **に内接する任意の折線** Π_n **に對して,**

$$L_n \leqq L$$

である. 但し L_n **は** Π_n **の長さを表わす.**

この L を**曲線** C **の長さ**と定義し, 若し $L<\infty$ ならば, C のことを**長さの有限な曲線**という.

證明. $L_n = \sum_{i=0}^{n-1} \sqrt{(\varphi(t_{i+1}) - \varphi(t_i))^2 + (\psi(t_{i+1}) - \psi(t_i))^2}$

$$= \sum_{i=0}^{n-1} \sqrt{\Delta\varphi(t_i)^2 + \Delta\psi(t_i)^2}. \qquad (1)$$

今すべての分點 $\{t_i\}$ に對する L_n の上端を L とする:

$$L = \sup L_n. \qquad (2)$$

故に sup の定義から常に

$$L_n \leqq L \qquad (3)$$

である.

先ず $L<+\infty$ の場合を考える. この時は sup の定義から, 任意の $\varepsilon>0$ に對して, 適當に分點 $\{t_i'\}_{i=0,1,\ldots,m}$ をとり,

$$L_m = \sum_{i=0}^{m-1} \sqrt{\Delta\varphi(t_i')^2 + \Delta\psi(t_i')^2} \qquad (4)$$

を作れば,

$$L - \varepsilon < L_m \leqq L \qquad (5)$$

となる. 次に $\{t_i\}_{i=0,1,\ldots,n}$ を任意の分點として, これに對して (1) を作つたものを

$$L_n = \sum_{i=0}^{n-1} \sqrt{\Delta\varphi(t_i)^2 + \Delta\psi(t_i)^2} \qquad (6)$$

とし，分點 $\{t_i'\}$ と $\{t_i\}$ を混ぜて，大きさの順序に並べたものを $(t_i'')_{i=1,\cdots,p}$ とし，

$$L_p=\sum_{i=0}^{p-1}\sqrt{\varDelta\varphi(t_i'')^2+\varDelta\psi(t_i'')^2} \tag{7}$$

を作る．幾何學的に容易に

$$L_m\leqq L_p,\qquad L_n\leqq L_p \tag{8}$$

なることが分る．

分點 $\{t_i''\}$ と $\{t_i\}$ とちがうのは分點 $\{t_i'\}$ のところであるから，今分點 $\{t_i'\}$ を固定して，$\operatorname*{Max}_i \varDelta t_i$ を十分小にとれば，$\varphi(t)$，$\psi(t)$ の連續性から，

$$|L_p-L_n|<\varepsilon,\qquad \text{従つて}\ L_n>L_p-\varepsilon$$

となる．故に (3), (5), (8) から

$$L\geqq L_n>L_p-\varepsilon\geqq L_n-\varepsilon>L-2\varepsilon.$$

即ち $\operatorname*{Max}_i \varDelta t_i$ が十分小なれば，

$$L\geqq L_n>L-2\varepsilon \tag{9}$$

となるから，$\operatorname*{Max}_i \varDelta t_i\to 0$ なるよう分點 $\{t_i\}$ を密にとれば，

$$L_n\to L \tag{10}$$

となる．

次に $L=+\infty$ の場合を考えれば，任意に大なる正數 $G>0$ に對して，

$$L_m>G \tag{11}$$

となるような分點 $\{t_i'\}_{i=0,1,\dots,m}$ が存在する．これから $L<\infty$ の時の證明と同樣にして，

$$L_n>L_p-\varepsilon\geqq L_m-\varepsilon>G-\varepsilon.$$

故に $\varepsilon=\dfrac{G}{2}$ にとれば，

$$L_n>\frac{G}{2}$$

となるから，$\operatorname*{Max}_i \varDelta t_i\to 0$ の時，

$$L_n\to\infty \tag{12}$$

となる．

定 理 I. 19. **曲線 C: $x=\varphi(t)$, $y=\psi(t)$ $(a\leqq t\leqq b)$ が長さの有限な曲線で**

あるための必要且十分條件は，$\varphi(t)$，$\psi(t)$ が $[a,\ b]$ で有界變分函數なることである．

證明．

$$\left.\begin{array}{l}\left.\begin{array}{l}\sum_{i=0}^{n-1}|\varphi(t_{i+1})-\varphi(t_i)|\\ \sum_{i=0}^{n-1}|\psi(t_{i+1})-\psi(t_i)|\end{array}\right\}\leqq\sum_{i=0}^{n-1}\sqrt{(\Delta\varphi(t_i))^2+(\Delta\psi(t_i))^2}\\ \qquad=L_n\leqq\sum_{i=0}^{n-1}|\varphi(t_{i+1})-\varphi(t_i)|+\sum_{i=0}^{n-1}|\psi(t_{i+1})-\psi(t_i)|\end{array}\right\}\qquad(1)$$

より，若し C の長さ L が有限ならば，

$$\left.\begin{array}{l}\sum_{i=0}^{n-1}|\varphi(t_{i+1})-\varphi(t_i)|\leqq L_n\leqq L(<\infty)\\ \sum_{i=0}^{n-1}|\psi(t_{i+1})-\psi(t_i)|\leqq L_n\leqq L(<\infty)\end{array}\right\}\qquad(2)$$

より，$\varphi(t)$，$\psi(t)$ は $[a,\ b]$ で有界變分函數である．逆に若し $\varphi(t)$，$\psi(t)$ が $[a,b]$ で有界變分ならば，

$$\left.\begin{array}{l}\sum_{i=0}^{n-1}|\varphi(t_{i+1})-\varphi(t_i)|\leqq K\\ \sum_{i=0}^{n-1}|\psi(t_{i+1})-\psi(t_i)|\leqq K\end{array}\right\}\qquad(3)$$

のような分點に依存しない定義 K が存在なるから，(1) から

$$L_n\leqq 2K,$$

從つて

$$L=\sup L_n\leqq 2K<\infty\qquad(4)$$

となるから，C の長さは有限である．

11. 線　積　分

D を xy 平面上の領域とし，D の二點 A,B を長さの有限な曲線

$$C:\quad x=\varphi(t),\quad y=\psi(t)\quad(a\leqq t\leqq b)\qquad(1)$$

で連結する．$P(x,y)$ は D で (x,y) の連續函數とし，

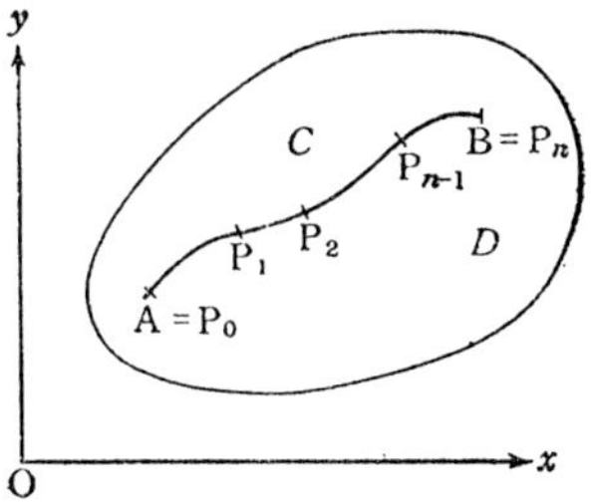

第 4 圖

$$P\bigl(\varphi(t),\ \psi(t)\bigr)=F(t) \tag{2}$$

とおけば，$F(t)$ は $a\leqq t\leqq b$ で連續である．

$$a=t_0<t_1<\cdots\cdots<t_n=b$$

を任意の分點とし，

$$x_i=\varphi(t_i),\quad y_i=\psi(t_i)$$

とし，又 $[t_i,\ t_{i+1}]$ の中に任意に τ_i をとり，

$$\xi_i=\varphi(\tau_i),\quad \eta_i=\psi(\tau_i),\quad (t_i\leqq\tau_i\leqq t_{i+1}) \tag{3}$$

と置き，

$$S_n=\sum_{i=0}^{n-1}P(\xi_i,\ \eta_i)(x_{i+1}-x_i)=\sum_{i=0}^{n-1}P(\xi_i,\ \eta_i)\varDelta x_i \tag{4}$$

を作れは，

$$S_n=\sum_{i=0}^{n-1}F(\tau_i)\bigl(\varphi(t_{i+1})-\varphi(t_i)\bigr)=\sum_{i=0}^{n-1}F(\tau_i)\varDelta\varphi(t_i). \tag{5}$$

C は長さが有限だから，$\varphi(t)$，$\psi(t)$ は有界變分の函數で，$F(t)$ は連續だから，$\operatorname{Max}_i \varDelta t_i\to 0$ とした時，

$$S_n\to\int_a^b F(t)d\varphi(t) \tag{6}$$

となる．(6) の右邊を曲線 C の上にとつた $P(x,y)$ の**線積分** (curvilinear integral) といい，

$$\int_C P(x,\ y)dx \tag{7}$$

で表わす．故に線積分は Stieltjes 積分

$$\int_C P(x,\ y)dx=\int_a^b P\bigl(\varphi(t),\ \psi(t)\bigr)d\varphi(t) \tag{8}$$

で表わされる．

同様に $Q(x,y)$ が D で連續なれば，

$$S_n=\sum_{i=0}^{n-1}Q(\xi_i,\ \eta_i)(y_{i+1}-y_i)\to\int_a^b Q\bigl(\varphi(t),\ \psi(t)\bigr)d\psi(t). \tag{9}$$

これを

$$\int_C Q(x,\ y)dy \tag{10}$$

と書けば，

$$\int_C Q(x,\ y)dy=\int_a^b Q\bigl(\varphi(t),\ \psi(t)\bigr)d\psi(t). \tag{11}$$

故に次の定理を得．

定 理 I. 20. **$P(x, y)$, $Q(x, y)$ は領域 D で (x, y) の連續函數とし，曲線 C: $x=\varphi(t)$, $y=\psi(t)$ $(a\leqq t\leqq b)$ は D の中にある長さの有限な曲線とする．$[a, b]$ の中に分點 $a=t_0<t_1<\cdots\cdots<t_n=b$ をとり，$[t_i, t_{i+1}]$ の中に任意に τ_i をとり，t_i, τ_i に對する曲線の點を夫々 (x_i, y_i), (ξ_i, η_i) とする．**

$$S_n=\sum_{i=0}^{n-1}[P(\xi_i, \eta_i)\Delta x_i+Q(\xi_i, \eta_i)\Delta y_i]$$

を作れば，$\underset{i}{\mathrm{Max}}\,\Delta t_i\to 0$ の時，S_n は分點 t_i 及び τ_i の選び方に依存しない一定の極限値に收斂する：

$$S_n\to\int_C\bigl(P(x, y)dx+Q(x, y)dy\bigr)$$

$$=\int_a^b\Bigl[P\bigl(\varphi(t), \psi(t)\bigr)d\varphi(t)+Q\bigl(\varphi(t), \psi(t)\bigr)d\psi(t)\Bigr].$$

C の向きを逆にしたものを C^{-1} で表わせば，容易に

$$\int_{C^{-1}}(Pdx+Qdy)=-\int_C(Pdx+Qdy)$$

なることが分る．

12. Jordan 曲線

曲線 C: $x=\varphi(t)$, $y=\psi(t)$ $(a\leqq t\leqq b)$ を閉曲線とする．即ち $\varphi(t)$, $\psi(t)$ は $[a, b]$ で連續で，$\varphi(a)=\varphi(b)$, $\psi(a)=\psi(b)$ とする．C は長さが ∞ でもよい．若し t が a から b まで動いた時，曲線が同じ點を二度通過しない時，C のことを **Jordan 曲線**という．原點を中心とし半徑 1 の圓を單位圓ということにすれば，**Jodan 曲線は單位圓と 1—對—1 に連續的に對應する點集合である**と定義出來る．

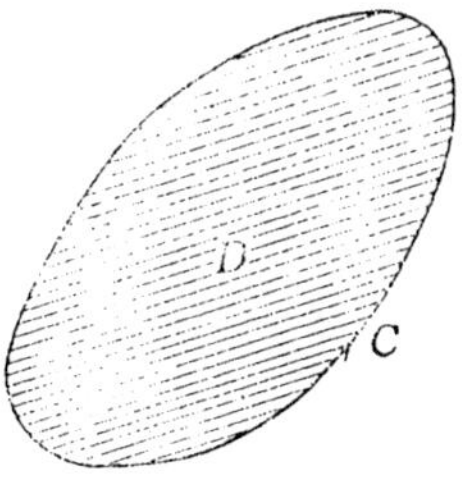

第 5 圖

Jordan 曲線は xy 平面を二つの領域に分けることは直觀的には明かであるが，これを嚴密に證明することは面倒である．(Jordan の定理)．C によつて分けられた二つの領域のうちで有限な領域を D とし，D は Jordan 曲線 C によつて圍まれるという．有限個の Jordan 曲線で圍まれた領域を **Jordan 領域** という．D を Jordan 領域とし，Γ をその境

界とする時，點が Γ の上を D を左にみて動くように Γ の方向を定めたものを Γ の**正の方向**という．(第 5 圖，第 6 圖で矢で示した向きが正の方向である)．

次に曲線 C: $x=\varphi(t)$，$y=\psi(t)$ $(a\leqq t\leqq b)$ は閉曲線でないとする．即ち $\bigl(\varphi(a)-\varphi(b)\bigr)^2+\bigl(\psi(a)-\psi(b)\bigr)^2\neq 0$ とし，若し t が a から b まで動く時，曲線が同じ點を二度通過しない時，C のことを **Jordan 弧**という．**Jordan 弧は線分 $0\leqq\xi\leqq 1$ と 1—對—1 に連續的に對應する點集合である**と定義することができる．

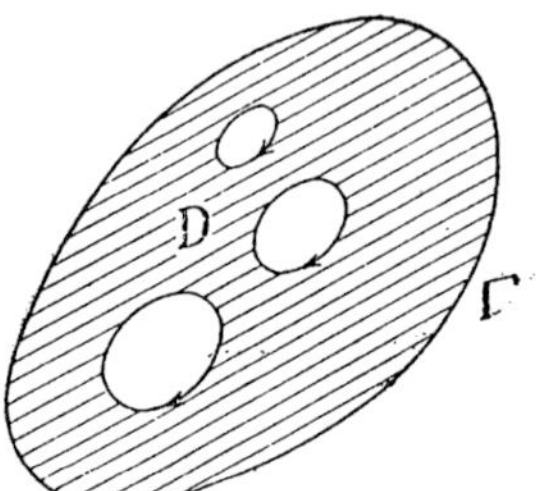

第 6 圖

C を Jordan 曲線とし，C によつて圍まれた領域を D とする．P を C の一點とし，P 點で C の接線 PT が存在するものとし，P において PT に垂直で D の內方へ向う直線 PN のことを**內法線**という．

PN の兩側へ PN と角 φ_0 $\left(0<\varphi_0<\dfrac{\pi}{2}\right)$ をなす二直線 PA，PB を引き，この二直線で圍まれた角領域 APB のことを P を**頂點**とし，**開き**が $2\varphi_0$ である **Stolz の角領域**という．この角領域の中にあつて P 點に終る曲線を**の Stolz の路**という．

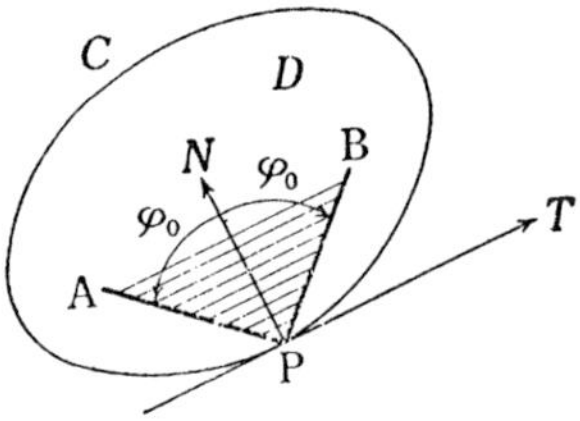

第 7 圖

定理 I. 21.　**C: $x=\varphi(t)$，$y=\psi(t)$ $(a\leqq t\leqq b)$ を Jordan 曲線とし，$\varphi'(t)$，$\psi'(t)$ は $[a\ \ b]$ で連續とす．C の圍む領域を D とすれば，D の面積 $|D|$ は線積分**

$$|D|=\int_C x\,dy=-\int_C y\,dx=\frac{1}{2}\int_C(x\,dy-y\,dx)$$

で表わされる．ここに C は正の方向とする．

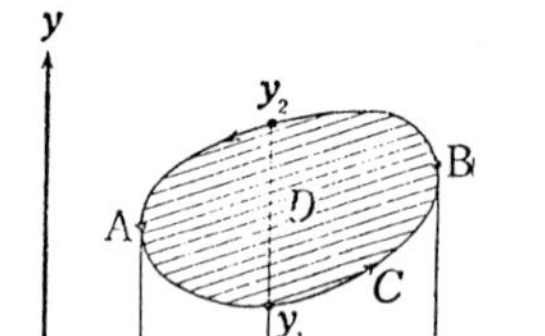

第 8 圖

證　明． 簡單のため座標軸に平行な直線は C と高々二點で交わるものとし，A, Bを 圖の如くとる．A, B によつて C は二つの弧に分かれる．x に對する y の値を夫々 y_1, y_2 とすれば，

$$|D|=\int_\alpha^\beta y_2\,dx-\int_\alpha^\beta y_1\,dx \qquad (1)$$

である．これを線積分で

$$|D| = -\int_C y\,dx \tag{2}$$

と書くことができる．何となれば (1) の dx は $dx>0$ であるが，(2) の dx は弧 y_1 に對しては $dx>0$，弧 y_2 に對しては $dx<0$ となるとなる故 (1)=(2) なることが分る．

一般の場合は y 軸に平行な直線で D を有限個の上の條件を滿足する領域に分けて，各領域の面積を (2) の形の線積分で表わし，これを加え合わせればよい．

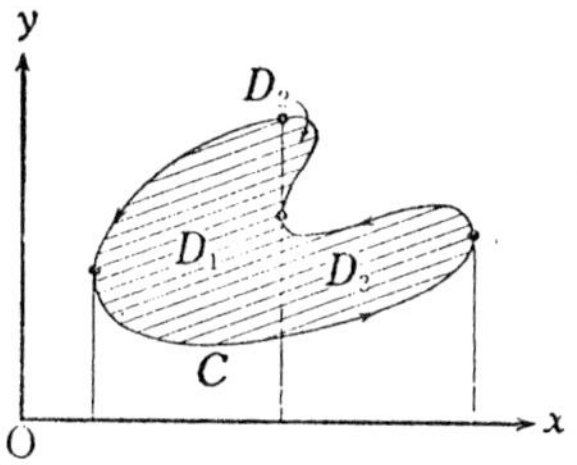

$D=D_1+D_2+D_3$

第 9 圖

同様に

$$|D| = \int_C x\,dy \tag{3}$$

なることが證明される．從つて

$$|D| = \frac{1}{2}\int_C (x\,dy - y\,dx). \tag{4}$$

13. 等周問題

長さが與えられた Jordan 曲線のうちで，それが圍む面積が最大となるのは C が圓の時に限る．これを**等周問題**という．與えられた長さを L とすれば，周の長さが L なる圓の圍む面積は $\dfrac{L^2}{4\pi}$ であるから，等周問題は次の定理と同値である．

定理 I. 22. **Jordan 曲線 C の長さを L，C の圍む面積を F とすれば，**

$$4\pi F \leqq L^2 \quad \text{（等周不等式）}.$$

等號が成立するのは C が圓の時に限る．

證 明 (Hurwitz による)．先ず C は連續的に變化する接線を持つと假定する．C の一點から測つた弧の長さを s とし，$\theta=\dfrac{2\pi}{L}s$ とすれば，點が C の上を一周すれば，θ は 0 から 2π まで變化する．C の點 (x, y) を Fourier 級數で展開し，

$$\left.\begin{aligned} x = x(\theta) &= \frac{a_0}{2} + \sum_{n=1}^{\infty}(a_n \cos n\theta + b_n \sin n\theta), \\ y = y(\theta) &= \frac{a_0'}{2} + \sum_{n=1}^{\infty}(a_n' \cos n\theta + b_n' \sin n\theta) \end{aligned}\right\} \tag{1}$$

とすれば,

$$\left.\begin{aligned} x'(\theta) &= \sum_{n=1}^{\infty} n(-a_n \sin n\theta + b_n \cos n\theta), \\ y'(\theta) &= \sum_{n=1}^{\infty} n(-a_n' \sin n\theta + b_n' \cos n\theta). \end{aligned}\right\} \quad (2)$$

$$\left(\frac{dx}{d\theta}\right)^2 + \left(\frac{dy}{d\theta}\right)^2 = \left(\frac{ds}{d\theta}\right)^2 = \frac{L^2}{4\pi^2},$$

$$\therefore \quad \frac{1}{\pi}\int_0^{2\pi} \left(x'(\theta)^2 + y'(\theta)^2\right) d\theta = \frac{L^2}{2\pi^2}. \quad (3)$$

Parseval の定理で, (2) より

$$\frac{1}{\pi}\int_0^{2\pi} \left(x'(\theta)^2 + y'(\theta)^2\right) d\theta = \sum_{n=1}^{\infty} n^2(a_n^2 + b_n^2 + a_n'^2 + b_n'^2),$$

故に

$$L^2 = 2\pi^2 \sum_{n=1}^{\infty} n^2(a_n^2 + b_n^2 + a_n'^2 + b_n'^2). \quad (4)$$

C の囲む面積 F は 線積分で,

$$F = \int_C x\,dy = \int_0^{2\pi} x(\theta)\,y'(\theta)\,d\theta = \pi \sum_{n=1}^{\infty} n(a_n b_n' - a_n' b_n), \quad (5)$$

故に

$$L^2 - 4\pi F = 2\pi^2 \sum_{n=1}^{\infty} [(na_n - b_n')^2 + (na_n' + b_n)^2 + (n^2-1)(b_n^2 + b_n'^2)] \geqq 0. \quad (6)$$

一般の場合は, $\Pi_k \to C$ $(k \to \infty)$ のような C に内接する閉多角形 Π_k $(k=1, 2, \cdots\cdots)$ の列を考え, Π_k の長さを L_k, Π_k の囲む面積を F_k とすれば, $F_k \to F$, $L_k \to L$ (定理 I. 18) である. Π_k の Fourier 展開 (1) の係数を夫々 $a_n^{(k)}$, $b_n^{(k)}$, $a_n^{(k)\prime}$, $b_n^{(k)\prime}$ とすれば, (6) より

$$\begin{aligned} L_k^2 - 4\pi F_k = 2\pi^2 \sum_{n=1}^{\infty} [&(na_n^{(k)} - b_n^{(k)\prime})^2 \\ &+ (na_n^{(k)\prime} + b_n^{(k)})^2 + (n^2-1)(b_n^{(k)2} - b_n^{(k)\prime 2})]. \end{aligned} \quad (7)$$

$a_n^{(k)} \to a_n$, $b_n^{(k)} \to b_n$, $a_n^{(k)\prime} \to a_n'$, $b_n^{(k)\prime} \to b_n'$ であるから, (7) で $k \to \infty$ として

$$\begin{aligned} L^2 - 4\pi F = 2\pi^2 \sum_{n=1}^{\infty} [&(na_n - b_n')^2 \\ &+ (na_n' + b_n)^2 + (n^2-1)(b_n^2 + b_n'^2)] \geqq 0. \end{aligned} \quad (8)$$

(8) で等號の成立する場合は容易に $a_n=0$, $b_n=0$, $a_n'=0$, $b_n'=0$ $(n \geqq 2)$, $a_1'=-b_1$, $b_1'=a_1$ の時に限ることが分る. この時 C は圓となることも容易に分る.

第二章　複　素　數

1. 複　素　數

二次方程式 $x^2+1=0$ を滿足する實數値 x は存在しない．今これを滿足する數を假想し，これを i で表わす．即ち

$$i^2+1=0, \quad i=\sqrt{-1}. \tag{1}$$

i を**虛數**という．

a, b を實數とし，$a+bi$ なる數を**複素數**という．複素數の相等及び四則は次の規約によつて定めるものとする．

(i)　$a+bi=0$ なることは，$a=0,\ b=0$ なることで，

(ii)　$a+bi=a'+b'i$ なることは，$a=a',\ b=b'$ なることである．

(iii)　$(a+bi)+(a'+b'i)=(a+a')+(b+b')i,$

(iv)　$(a+bi)-(a'+b'i)=(a-a')+(b-b')i,$

(v)　$(a+bi)(a'+b'i)=(aa'-bb')+(ab'+a'b)i,$

(vi)　$\dfrac{a+bi}{a'+b'i}=\dfrac{aa'+bb'}{a'^2+b'^2}+\dfrac{a'b-ab'}{a'^2+b'^2}i.$　(但し $a'^2+b'^2\neq 0$)．

上の規約は i を普通の數のように取り扱つて，$i^2=-1$ と代入した結果と一致するように定めてある．

$$z_1=a_1+b_1i, \quad z_2=a_2+b_2i, \quad z_3=a_3+b_3i$$

を複素數とすれば，上の規約から

交換律：　$z_1+z_2=z_2+z_1, \quad z_1z_2=z_2z_1,$

結合律：　$z_1+(z_2+z_3)=(z_1+z_2)+z_3,$

$z_1(z_2z_3)=(z_1z_2)z_3.$

分配律：　$z_1(z_2+z_3)=z_1z_2+z_1z_3$

が成立する．

複素數 $z=a+bi$ において，a をその**實部**，b をその**虛部**といい，記號

$$a=\Re z, \qquad b=\Im z \tag{2}$$

で表わす．$a=0$ の時，$z=bi$ と書き，これを**純虚數**という．

複素數 $z=a+bi$ に對し，複素數 $z-bi$ を z の**共軛複素數**といい，記號 $\bar{z}$ で表わす．即ち

$$z=a+bi, \qquad \bar{z}=a-bi \tag{3}$$

である．

2. 複素數の點表示

原點 O で直交する x 軸，y 軸をとり，座標が (x, y) である點 P を複素數 $z=x+iy$ に對應せしめれば，平面上の點と複素數とは 1-對-1 に對應する．

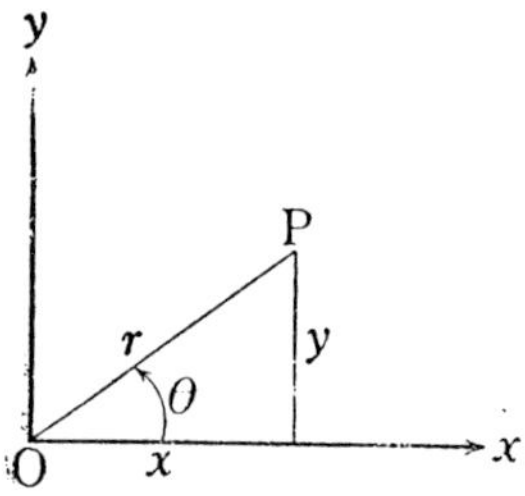

第 10 圖

かく複素數を平面上の點で表わすことは Gauss の創意による．

x 軸，y 軸を夫々**實軸**，**虛軸**といい，平面上の各點にそれが對應する複素數を盛り込んだ平面を**複素平面**又は**Gauss の平面**という．

$\overline{OP}=r$，x 軸と $\overline{OP}$ のなす角を θ とすれば，

$$x=r\cos\theta, \qquad y=r\sin\theta,$$

故に

$$z=x+iy=r(\cos\theta+i\sin\theta). \tag{1}$$

これを複素數の**極座表標示**という．

$$r=\sqrt{x^2+y^2}, \qquad \theta=\tan^{-1}\frac{y}{x}$$

であるが，θ の一つの角を θ_0 とすれば，θ の一般形は $\theta_0+2m\pi(m=0, \pm1, \pm2, \cdots\cdots)$ であるから，θ は一意的には定らない．普通は $-\pi\leqq\theta<\pi$ をとる．r のことを複素數 z の**絶對値**といい，記號 $|z|$ で表わし，θ のことを z の**偏角**といい，記號 $\arg z$ で表わす．即ち

$$|z|=r=\sqrt{x^2+y^2}, \qquad \arg z=\theta=\tan^{-1}\frac{y}{x}. \tag{2}$$

故に $z=0$ なることは $|z|=0$ なることと同値である．$\bar{z}$ を z の共軛複素數とすれば，

$$|z|^2 = x^2 + y^2 = z\bar{z}. \qquad (3)$$

$|z| = r = 1$ の時は，z を表わす點は原點を中心とする半徑1の圓（これを**單位圓**という）の上にある．複素數

$$z = x + iy,\ -z = (-x) + i(-y),\ \bar{z} = x - iy$$

を表わす點は第11圖のようになることは容易に分る．即ち $-z$ は原點に對する z の對稱點で，$\bar{z}$ は x 軸に對する z の對稱點である．但し複素數 z を表わす點を同じ記號 z で表わし，單に點 z ということにする．

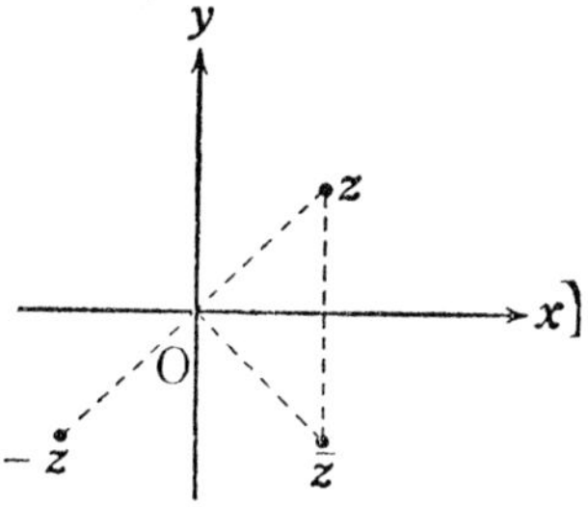

第 11 圖

微分學で既知の如く

$$e^x = 1 + \frac{x}{1!} + \frac{x^2}{2!} + \cdots\cdots + \frac{x^n}{n!} + \cdots\cdots (-\infty < x < \infty)$$

である．この x は實數であるが，x の代り $i\theta(i=\sqrt{-1})$ と置いてみると，

$$1 + \frac{i\theta}{1!} + \frac{(i\theta)^2}{2!} + \cdots\cdots + \frac{(i\theta)^n}{n!} + \cdots\cdots$$

$$= 1 + \frac{i\theta}{1!} - \frac{\theta^2}{2!} - \frac{i\theta^3}{3!} + \cdots\cdots = \left(1 - \frac{\theta^2}{2!} + \frac{\theta^4}{4!} - \cdots\cdots\right)$$

$$+ i\left(\theta - \frac{\theta^3}{3!} + \frac{\theta^5}{5!} - \cdots\cdots\right) = \cos\theta + i\sin\theta$$

となるから，これを記號 $e^{i\theta}$ で表わすことにすれば，

$$e^{i\theta} = \cos\theta + i\sin\theta. \qquad (4)$$

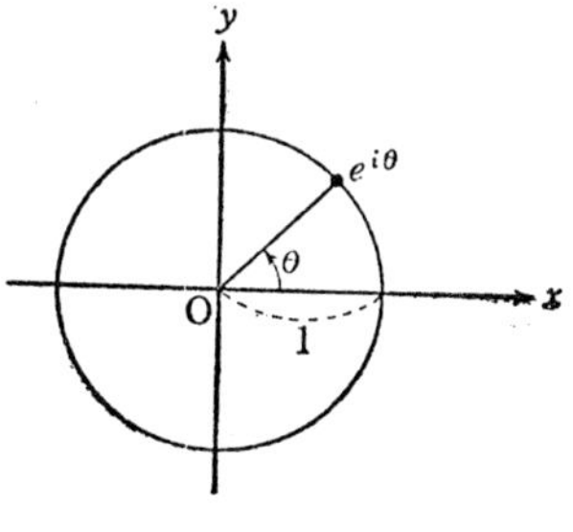

第 12 圖

故に複素數 z は

$$z = r(\cos\theta + i\sin\theta) = re^{i\theta} \qquad (5)$$

と書くことができる．後章では主として $z=re^{i\theta}$ なる表現を用いる．故に

$$z = e^{i\theta}$$

において θ が 0 から 2π まで變化すれば，z は單位圓の上を一周する

$$|e^{i\theta}| = \sqrt{\cos^2\theta + \sin^2\theta} = 1,$$

$$\therefore\quad |e^{i\theta}| = 1 \quad (\theta\ は實數). \tag{6}$$

又 $|z| = 1$ なる複素數 z は $z = e^{i\theta}$ の形に書くことができる.

例. $|z-a| = r$ を滿足する z は a を中心とし, 半徑 r の圓を描く. また $|z-a| < r$ を滿足する z は a を中心とし, 半徑 r の圓の内部を描く. これを a の r-近傍という.

3. 複素數の四則の幾何學的作圖

(i) $\dfrac{z_1+z_2}{2}$

$z_1 = x_1 + iy_1$, $z_2 = x_2 + iy_2$ とし, これを表わす點を夫々 z_1, z_2 とする.

$$\frac{z_1+z_2}{2} = \frac{x_1+x_2}{2} + i\,\frac{y_1+y_2}{2}$$

であるから, $\dfrac{z_1+z_2}{2}$ を表わす點は z_1, z_2 の中點となることが容易に分る.

同樣に

$$z = \frac{\lambda_1 z_1 + \lambda_2 z_2}{\lambda_1 + \lambda_2} \quad (\lambda_1 > 0,\ \lambda_2 > 0)$$

を表わす點 P は線分 $\overline{z_1 z_2}$ を $\overline{z_1 P} : \overline{P z_2} = \lambda_2 : \lambda_1$ に内分する點で表わされることも分る.

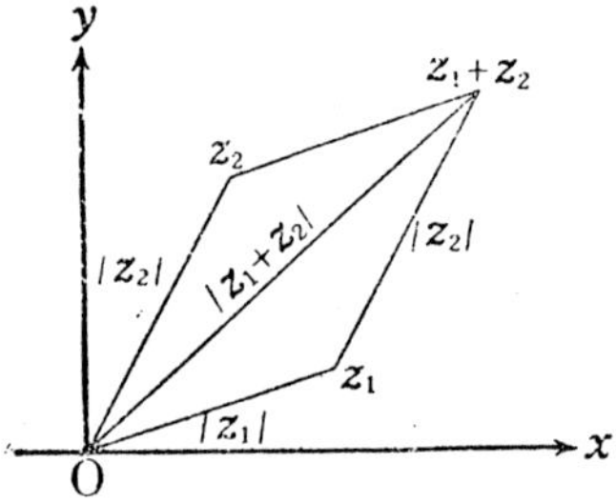

第 13 圖

(ii) **和** $z_1 + z_2$

$$z_1 = x_1 + iy_1,\quad z_2 = x_2 + iy_2\ とすれば,$$

$$z_1 + z_2 = (x_1 + x_2) + i(y_1 + y_2)$$

であるから, 容易に $z_1 + z_2$ を表わす點は Oz_1, Oz_2 を二邊とする平行四邊形の O に對する頂點 P で表わされることが分る. 但し O は原點を表わす.

$$\overline{OP} = |z_1 + z_2|,\quad \overline{Oz_1} = |z_1|,\quad \overline{Oz_2} = |z_2|$$

で, $\overline{OP} \leqq \overline{Oz_1} + \overline{Oz_2}$ であるから

$$|z_1 + z_2| \leqq |z_1| + |z_2|. \tag{1}$$

ここで等號が成立するのは Oz_1 と Oz_2 の向きが一致する時に限る. 同樣に

$$|z_1 + z_2 + z_3| \leqq |z_1| + |z_2 + z_3| \leqq |z_1| + |z_2| + |z_3|,$$

以下同樣にして一般に

$$|z_1 + \cdots\cdots + z_n| \leqq |z_1| + \cdots\cdots + |z_n|. \qquad (2)$$

ここで等號が成立するのは Oz_1, ……, Oz_n が同方向の時に限る.

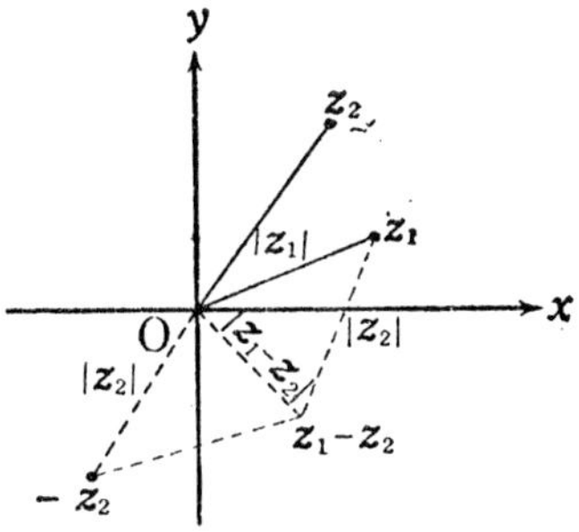

第 14 圖

(iii) **差** $z_1 - z_2$

$z_1 - z_2 = z_1 + (-z_2)$ として, (ii) を用いれば, $z_1 - z_2$ を表わす點は圖のように作圖することが出來る. 圖から容易に

$$|z_1 - z_2| \geqq |z_1| - |z_2| \qquad (\mathrm{i})$$

を得. 又

$$|z_1 + z_2| = |z_1 - (-z_2)| \geqq |z_1| - |-z_2| = |z_1| - |z_2|, \qquad (\mathrm{ii})$$

故に (i), (ii) から

$$|z_1 \pm z_2| \geqq |z_1| - |z_2|. \qquad (3)$$

(iv) **積** $z_1 z_2$

二つの複素數を

$$z_1 = r_1(\cos\theta_1 + i\sin\theta_1), \qquad z_2 = r_2(\cos\theta_2 + i\sin\theta_2)$$

とすれば, De Moivre の定理により,

$$z_1 z_2 = r_1 r_2\bigl(\cos(\theta_1 + \theta_2) + i\sin(\theta_1 + \theta_2)\bigr). \qquad (1)$$

故に

$$r_1 r_2 = |z_1 z_2|, \qquad \theta_1 + \theta_2 = \arg(z_1 z_2) + 2m\pi.$$

$$r_1 = |z_1|,\ r_2 = |z_2|, \qquad \theta_1 = \arg z_1,\ \theta_2 = \arg z_2$$

であるから,

$$|z_1 z_2| = |z_1||z_2|, \qquad \arg(z_1 z_2) = \arg z_1 + \arg z_2 + 2m\pi. \qquad (2)$$

一般に

$$\left.\begin{aligned} &|z_1 \cdots\cdots z_n| = |z_1| \cdots\cdots |z_n|, \\ &\arg(z_1 \cdots\cdots z_n) = \arg z_1 + \cdots\cdots + \arg z_n + 2m\pi \end{aligned}\right\} \qquad (3)$$

を得. 但し m は整數を表わす.

特に $z_1=\cdots\cdots=z_n=z$ とすれば,

$$\left.\begin{array}{l}|z^n|=|z|^n,\\ \arg(z^n)=n\arg z+2m\pi\end{array}\right\}. \qquad (4)$$

(3) から**積の絶對値は絶對値の積に等しく, 積の偏角は偏角の和に 2π の整數倍を加えたものに等しい**ことが分る.

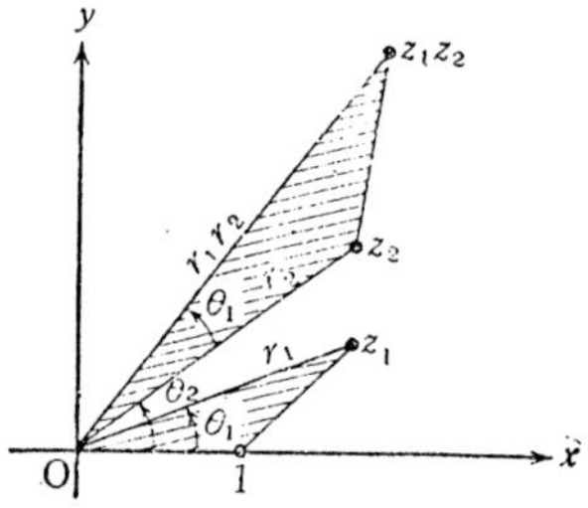

第 15 圖

(2) から z_1z_2 を表わす點 P は次のように求まる.

即ち x 軸上に $z=1$ なる點をとり, 三角形 $O1z_1$ と向きが同じな相似三角形 Oz_2P を線分 Oz_2 の上に作れば, その第三の頂點 P が z_1z_2 を表わす點である.

(v) 商 $\dfrac{z_1}{z_2}$ (但 $z_2\neq 0$)

$$z_1=r_1(\cos\theta_1+i\sin\theta_1), \qquad z_2=r_2(\cos\theta_2+i\sin\theta_2)\ (r_2\neq 0)$$

とすれば, De Moivre の定理により

$$\begin{aligned}\frac{z_1}{z_2}&=\frac{r_1(\cos\theta_1+i\sin\theta_1)}{r_2(\cos\theta_2+i\sin\theta_2)}\\&=\frac{r_1}{r_2}\frac{(\cos\theta_1+i\sin\theta_1)(\cos\theta_2-i\sin\theta_2)}{(\cos\theta_2+i\sin\theta_2)(\cos\theta_2-i\sin\theta_2)}\\&=\frac{r_1}{r_2}\frac{(\cos\theta_1+i\sin\theta_1)\big(\cos(-\theta_2)+i\sin(-\theta_2)\big)}{\cos^2\theta_2+\sin^2\theta_2}\\&=\frac{r_1}{r_2}\big(\cos(\theta_1-\theta_2)+i\sin(\theta_1-\theta_2)\big).\end{aligned}$$

故に

$$\left|\frac{z_1}{z_2}\right|=\frac{r_1}{r_2}, \qquad \theta_1-\theta_2=\arg\frac{z_1}{z_2}+2m\pi,$$

從つて

$$\left|\frac{z_1}{z_2}\right|=\frac{|z_1|}{|z_2|}, \qquad \arg\left(\frac{z_1}{z_2}\right)=\arg z_1-\arg z_2+2m\pi. \qquad (1)$$

故に**商の絶對値は絶對値の商に等しく, 商の偏角は偏角の差に 2π の整數倍を加えたものに等しい.**

故に偏角を適當にとれば，

$$\left|\frac{1}{z}\right| = \frac{1}{|z|}, \qquad \arg\frac{1}{z} = -\arg z \tag{2}$$

となる．$\frac{1}{z}$ を表わす點は次に示すように求められるから，$\frac{z_1}{z_2}$ を表わす點は $\frac{z_1}{z_2}=z_1\cdot\frac{1}{z_2}$ として，(iv) の方法で求められる．

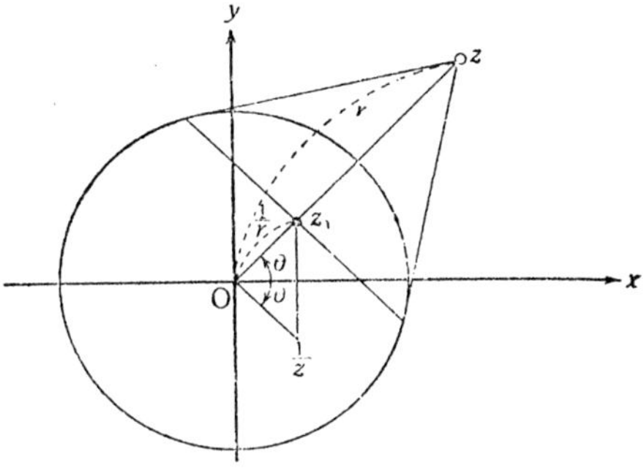

第 16 圖

$\frac{1}{z}$ を表わす點を求めるには，z が單位圓の外にある場合は，z から單位圓へ二本の接線を引き，その接點を結ぶ直線と直線 Oz との交點を z_1 とすれば，容易に $\overline{Oz_1}=\frac{1}{r}$ なることが分る．故に x 軸に對し z_1 の對稱點をとれば，これが $\frac{1}{z}$ を表わことは (2) より分る．若し z が單位圓の内にあれば，z と z_1 とを取り替えて考え，Oz に z で直交する直線が單位圓と交わる點において引いた二本の接線の交點の x 軸に對する對稱點が $\frac{1}{z}$ を表わす點となる．

4. ベクトル

複素數は又ベクトルでも表示できる．先ずベクトルを定義しよう．

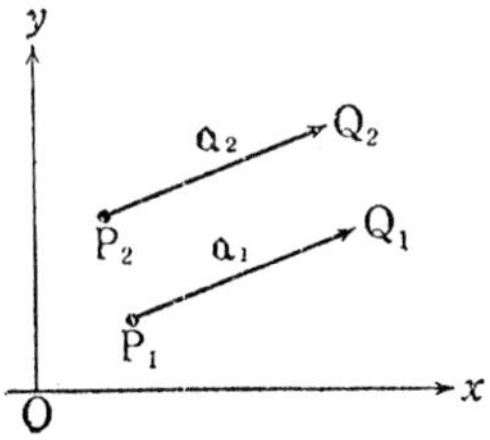

第 17 圖

平面上の二點 P, Q を結ぶ線分 PQ に P から Q へ向う方向をつけたものを**ベクトル** (vector) といい，$\overrightarrow{PQ}$ 又はドイツ文字 $\mathfrak{a}$, $\mathfrak{b}$, $\mathfrak{c}$, ……で表わす．即ち

$$\mathfrak{a} = \overrightarrow{PQ}. \tag{1}$$

P をベクトルの**始點**，Q を**終點**といい，PQ の長さ $\overline{PQ}$ を**ベクトル $\mathfrak{a}$ の長さ**又は**絶對値**といい $|\mathfrak{a}|$ で表わす．即ち

$$|\mathfrak{a}| = \overline{PQ}. \tag{2}$$

二つのベクトル $\mathfrak{a}_1=\overrightarrow{P_1Q_1}$, $\mathfrak{a}_2=\overrightarrow{P_2Q_2}$ が方向が一致し，且つ長さが等しい時，二つのベクトル $\mathfrak{a}_1$, $\mathfrak{a}_2$ は相等しいと規約し

$$\mathfrak{a}_1 = \mathfrak{a}_2 \qquad (3)$$

で表わす．故に**ベクトルは平行移動しても變らない．**

従つてベクトルは方向と長さだけが問題となるので，その始點，終點の位置には依存しない．物理學で力，速度等はベクトルで表わされる．これに反し重量，溫度等の如く，大さのみあつて方向のない量のことを**スカラー** (scalar) という．

ベクトルは平行移動しても變らないから，ベクトル $\mathfrak{a}=\overrightarrow{PQ}$ の始點 P が原點 O に一致するように平行移動したものとし，その時 Q が Q_0 に來たとする．Q_0 の座標を (α, β) とする時，α をベクトル $\mathfrak{a}$ の x **成分**，β を y **成分**といい，記號で夫々

$$\alpha = \mathfrak{a}_x, \qquad \beta = \mathfrak{a}_y \qquad (4)$$

で表わす．成分が $\mathfrak{a}_x$, $\mathfrak{a}_y$ なるベクトルを

$$\mathfrak{a} = (\mathfrak{a}_x, \ \mathfrak{a}_y) \qquad (5)$$

で表わす．故に

$$|\mathfrak{a}| = \sqrt{\mathfrak{a}_x^2 + \mathfrak{a}_y^2} \qquad (6)$$

である．

二つのベクトル $\mathfrak{a}=(\mathfrak{a}_x, \mathfrak{a}_y)$, $\mathfrak{b}=(\mathfrak{b}_x, \mathfrak{b}_y)$ が等しいのは，平行移動して相重なる場合であるから，

$\mathfrak{a}=(\mathfrak{a}_x, \mathfrak{a}_y)$, $\mathfrak{b}=(\mathfrak{b}_x, \mathfrak{b}_y)$ **において**，$\mathfrak{a}=\mathfrak{b}$ **なることは，**

$$\mathfrak{a}_x = \mathfrak{b}_x, \qquad \mathfrak{a}_y = \mathfrak{b}_y \qquad (7)$$

なることと同値である．

k を實數，$\mathfrak{a}=(\mathfrak{a}_x, \mathfrak{a}_y)$ をベクトルとする時，$k\mathfrak{a}_x$, $k\mathfrak{a}_y$ を x 成分，y 成分とするベクトルを $k\mathfrak{a}$ で表わす．即ち

$$k\mathfrak{a} = (k\mathfrak{a}_x, \ k\mathfrak{a}_y). \qquad (8)$$

特に $k=-1$ とすれば，

$$-\mathfrak{a} = (-\mathfrak{a}_x, \ -\mathfrak{a}_y) \qquad (9)$$

である．

$\mathfrak{a}=(\mathfrak{a}_x, \mathfrak{a}_x)$, $\mathfrak{b}=(\mathfrak{b}_x, \mathfrak{b}_y)$ を二つのベクトルとする時，$\mathfrak{a}+\mathfrak{b}$ は

$$\mathfrak{a} + \mathfrak{b} = (\mathfrak{a}_x + \mathfrak{b}_x,\ \mathfrak{a}_y + \mathfrak{b}_y) \tag{10}$$

によつて定義する．$\mathfrak{a}+\mathfrak{b}$ は $\mathfrak{a}$, $\mathfrak{b}$ を二邊とする平行四邊形の對角線で與えられることは容易に分る．

ベクトルは平行移動しても變らないから，$\mathfrak{a}+\mathfrak{b}$ は第 18 圖の右側のようにしても求まる．これから

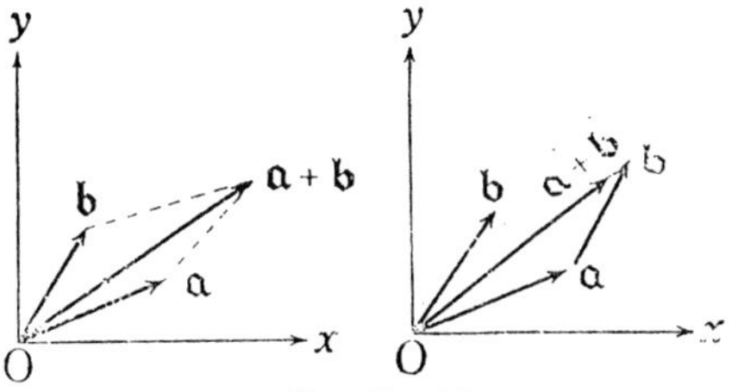

第 18 圖

$$|\mathfrak{a} + \mathfrak{b}| \leqq |\mathfrak{a}| + |\mathfrak{b}| \tag{11}$$

が得られる．同様に n 個のベクトル $\mathfrak{a}_1, \cdots\cdots, \mathfrak{a}_n$ が與えられてある場合，$\mathfrak{a}_1+\cdots\cdots+\mathfrak{a}_n$ は第 19 圖のように作圖することが出來　從つて

$$|\mathfrak{a}_1 + \cdots\cdots + \mathfrak{a}_n| \leqq |\mathfrak{a}_1| + \cdots\cdots + |\mathfrak{a}_n| \tag{12}$$

が得られる．

又 $\mathfrak{a}-\mathfrak{b}=\mathfrak{a}+(-\mathfrak{b})$ とすれば，$\mathfrak{a}-\mathfrak{b}$ は第 20 圖のように求まる．

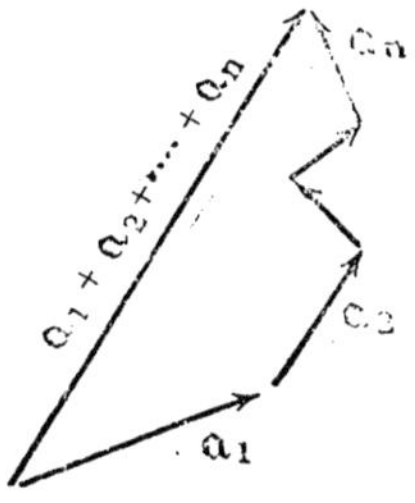

第 19 圖

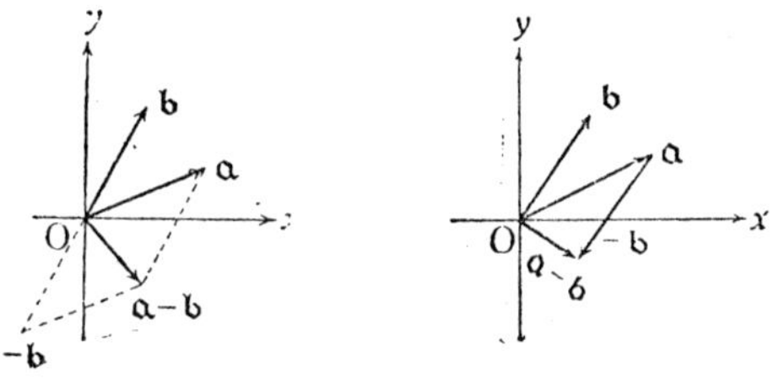

第 20 圖

5. 複素數のベクトル表示

複素數 $z=x+iy$ に對し，x, y を夫々 x, y 成分に持つベクトル $\mathfrak{a}=(x, y)$ を對應させれば，複素數とベクトルとを 1-對-1 に對應させることが出來る．これを**複素數のベクトル表示**という．複素數 z を表わすベクトルを同じ記號 z で表わす．

このベクトル表示は複素數の和，差を考える時非常に便利である．z_1+z_2, z_1-z_2 は次の圖のように作圖すればよいことは容易に分る（ベクトルは平行移動しても不

變なることに注意). z_1-z_2 を表わすベクトルは點 z_2 から點 z_1 へ引いたベクトルである.

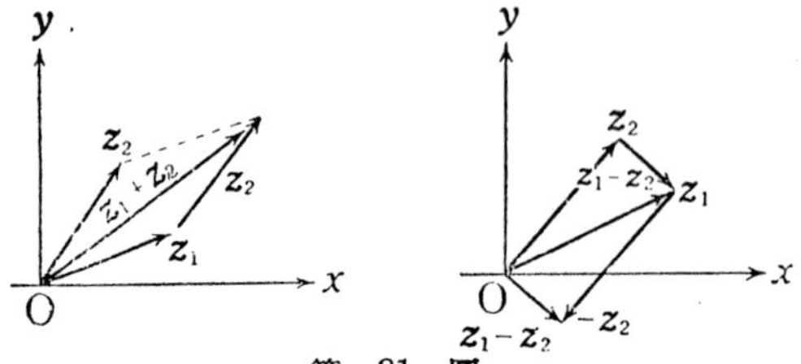

第 21 圖

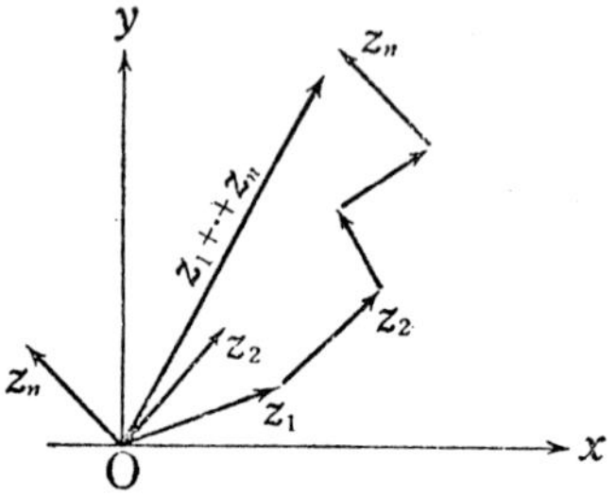

第 22 圖

同様に $z_1+\cdots\cdots+z_n$ を表わすベクトルは第 22 圖のようになる. これから既に得た

$$|z_1+\cdots\cdots+z_n|\leqq|z_1|+\cdots\cdots+|z_n|$$

が得られる.

6. Riemann の球面

Gauss 平面の無限遠の點は一點であると規約する. この規約の妥當なることを示すために先ず Riemann の球面を定義しよう. 今 xy 平面を Gauss 平面とし, 複素數は xy 平面上の點で表わされるものとする. xy 平面に原點 O で接する半徑 $\frac{1}{2}$ の球面 K のことを **Riemann の球面**という*). K の北極を N とし, xy 平面上の任意の點 P と N とを結ぶ直線が K と交わる點を Q とすれば, P と Q とは 1-對-1 に對應する. このように平面上の點を球面上の點に對應せさることを**極射影** (stereographic projection) という.

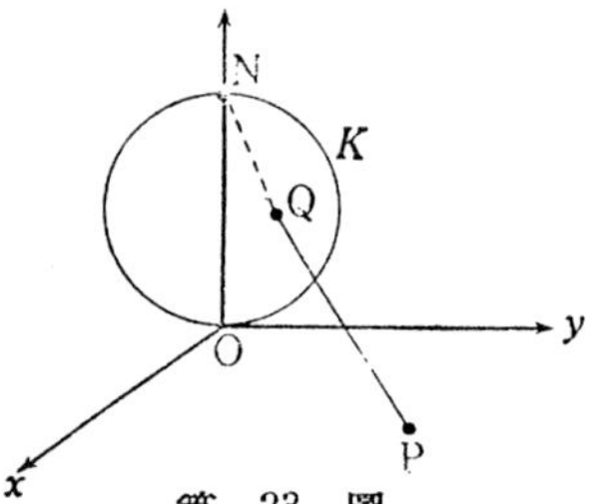

第 23 圖

P が平面上を動いて, 原點 O との距離 $\overline{OP}$ が無限大に近づけば, Q は北極 N に限りなく近づく. 故に N は無限遠點に對應するものと考えることができる. このように考えれば, xy 平面上の無限遠點は一點であると規約してもよいことが分る.

---

*) 半徑は $\frac{1}{2}$ でなくても任意でよいが, 後で示すように半徑を $\frac{1}{2}$ にとつて置けば種々の關係式が簡單になる故, 半徑を $\frac{1}{2}$ とするのである.

故に

Gauss 平面上の無限遠點は一點である

と規約する．この點を $z=\infty$ で表わす．

次に P と Q との關係式を求めよう．そのために O で直交する空間座標軸 ξ, η, ζ をとり，ξ 軸は x 軸と一致し，η 軸は y 軸と一致するものとする．

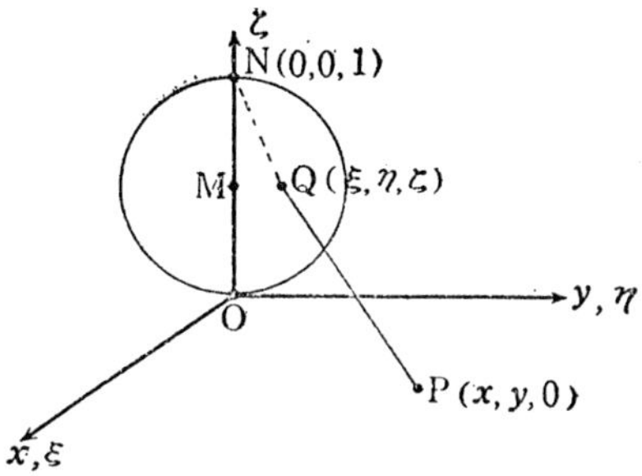

第 24 圖

點 P を表わす複素数を $z=x+iy$ とすれば，P 點の空間座標は $P(x, y, 0)$ である．Q の座標を $Q(\xi, \eta, \zeta)$ とする．北極 N の座標は $N(0, 0, 1)$ である．N, Q, P は一直線上にあるから，

$$\frac{x-0}{\xi-0}=\frac{y-0}{\eta-0}=\frac{0-1}{\zeta-1},$$

$$\therefore\quad x=\frac{\xi}{1-\zeta},\qquad y=\frac{\eta}{1-\zeta}. \tag{1}$$

これによつて $Q(\xi, \eta, \zeta)$ が分れば，x, y は求められる．

Riemann 球面 K の中心を $M\left(0, 0, \frac{1}{2}\right)$ とすれば，K の方程式は

$$\xi^2+\eta^2+\left(\zeta-\frac{1}{2}\right)^2=\left(\frac{1}{2}\right)^2,$$

即ち

$$K:\quad \xi^2+\eta^2=\zeta-\zeta^2 \tag{2}$$

である．故に (1) から

$$x^2+y^2=\frac{\xi^2+\eta^2}{(1-\zeta)^2}=\frac{\zeta-\zeta^2}{(1-\zeta)^2}=\frac{\zeta}{1-\zeta}. \tag{3}$$

従つて

$$\zeta=\frac{x^2+y^2}{1+x^2+y^2},\qquad 1-\zeta=\frac{1}{1+x^2+y^2},$$

(1) から

$$\xi=x(1-\zeta)=\frac{x}{1+x^2+y^2},\qquad \eta=y(1-\zeta)=\frac{y}{1+x^2+y^2}.$$

故に

$$\xi=\frac{x}{1+x^2+y^2},\quad \eta=\frac{y}{1+x^2+y^2},\quad \zeta=\frac{x^2+y^2}{1+x^2+y^2}. \tag{4}$$

これによつて x, y が分れば ξ, η, ζ が求まる．故に (1), (4) によつて P, Q の一方が分れば，他方が求められる．

複素数 a, b に對する Riemann 球面上の點を A, B とし，$\overline{AB}$ を a, b の**球面距離**といい，$[a, b]$ で表わす．

定理 I. 1.　$\overline{AB}=[a,b]=\dfrac{|a-b|}{\sqrt{(1+|a|^2)(1+|b|^2)}}.$

これは最近の函數論でよく使われる重要な公式である．

證明.

$$a=x_1+iy_1,\qquad b=x_2+iy_2,$$
$$A=(\xi_1,\eta_1,\zeta_1),\qquad B=(\xi_2,\eta_2,\zeta_2)$$

とすれば，

$$\begin{aligned}
|a-b|^2&=(x_1-x_2)^2+(y_1-y_2)^2\\
&=\left(\frac{\xi_1}{1-\zeta_1}-\frac{\xi_2}{1-\zeta_2}\right)^2+\left(\frac{\eta_1}{1-\zeta_1}-\frac{\eta_2}{1-\zeta_2}\right)^2\\
&=\frac{1}{(1-\zeta_1)^2(1-\zeta_2)^2}\Big[\big(\xi_1(1-\zeta_2)-\xi_2(1-\zeta_1)\big)^2\\
&\qquad+\big(\eta_1(1-\zeta_2)-\eta_2(1-\zeta_1)\big)^2\Big]\\
&=\frac{1}{(1-\zeta_1)^2(1-\zeta_2)^2}[(\xi_1^2+\eta_1^2)(1-\zeta_2)^2+(\xi_2^2+\eta_2^2)(1-\zeta_1)^2\\
&\qquad-2(1-\zeta_1)(1-\zeta_2)(\xi_1\xi_2+\eta_1\eta_2)]\\
&=\frac{1}{(1-\zeta_1)^2(1-\zeta_2)^2}[(\zeta_1-\zeta_1^2)(1-\zeta_2)^2+(\zeta_2-\zeta_2^2)(1-\zeta_1)^2\\
&\qquad-2(1-\zeta_1)(1-\zeta_2)(\xi_1\xi_2+\eta_1\eta_2)]\\
&=\frac{1}{(1-\zeta_1)(1-\zeta_2)}[\zeta_1(1-\zeta_2)+\zeta_2(1-\zeta_1)-2(\xi_1\xi_2+\eta_1\eta_2)]\\
&=\frac{1}{(1-\zeta_1)(1-\zeta_2)}[\zeta_1+\zeta_2-2\zeta_1\zeta_2-2(\xi_1\xi_2+\eta_1\eta_2)]. \qquad (1)
\end{aligned}$$

$$\begin{aligned}
\overline{AB}^2&=(\xi_1-\xi_2)^2+(\eta_1-\eta_2)^2+(\zeta_1-\zeta_2)^2\\
&=(\xi_1^2+\eta_1^2)+(\xi_2^2+\eta_2^2)-2(\xi_1\xi_2+\eta_1\eta_2)+\zeta_1^2+\zeta_2^2-2\zeta_1\zeta_2
\end{aligned}$$

$$= (\zeta_1 - \zeta_1^2) + (\zeta_2 - \zeta_2^2) - 2(\xi_1\xi_2 + \eta_1\eta_2) + \zeta_1^2 + \zeta_2^2 - 2\zeta_1\zeta_2$$
$$= \zeta_1 + \zeta_2 - 2\zeta_1\zeta_2 - 2(\xi_1\xi_2 + \eta_1\eta_2). \qquad (2)$$

故に

$$\overline{AB}^2 = (1-\zeta_1)(1-\zeta_2)|a-b|^2$$
$$= \frac{|a-b|^2}{(1+x_1^2+y_1^2)(1+x_2^2+y_2^2)}$$
$$= \frac{|a-b|^2}{(1+|a|^2)(1+|b|^2)},$$
$$\therefore \quad \overline{AB} = \frac{|a-b|}{\sqrt{(1+|a|^2)(1+|b|^2)}}.$$

注意. $a=z$, $b=z+\Delta z$, $\overline{AB}=\Delta\sigma$ とおけば,

$$\Delta\sigma = \frac{|\Delta z|}{\sqrt{(1+|z|^2)(1+|z+\Delta z|^2)}}.$$

ここで Δz を微小にとれば,

$$d\sigma = \frac{|dz|}{1+|z|^2} \qquad (3)$$

となる.

xy 平面上の直線は半径が ∞ な圓の特別な場合と見做し, 直線も圓ということにすれば, 次の定理が成立する.

定理 II. 2. Gauss 平面上の圓は Riemann 球面上の圓に對應し, 逆に Riemann 球面上の圓は Gauss 平面上の圓に對應する.

證明. Gauss 平面上の一つの圓の方程式を

$$A(x^2+y^2) + Bx + Cy + D = 0 \qquad (1)$$

とする*). これを Riemann 球面上に極射影すれば, 35 頁 (1), (3) により

$$A\frac{\zeta}{1-\zeta} + B\frac{\xi}{1-\zeta} + C\frac{\eta}{1-\zeta} + D = 0,$$

即ち
$$B\xi + C\eta + \zeta(A-D) + D = 0 \qquad (2)$$

となる. これは ξ, η, ζ に對し一次式であるから一つの平面 π を表わす. 故に圓 (1) は平面 π と球面 K との交線に射影されるから, (1) の射影は Riemann 球面上の一つの圓である.

*) $A \neq 0$ ならば普通の圓で, $A=0$ ならば直線 (半徑 ∞ の圓) である.

次に Riemann 球面 K 上の任意の圓は K と一つの平面 π

$$\pi:\qquad \alpha\xi+\beta\eta+\gamma\zeta+\delta=0 \tag{3}$$

との交線で與えられるから，その Gauss 平面上への射影は 36 頁 (4) により

$$\alpha\frac{x}{1+x^2+y^2}+\beta\frac{y}{1+x^2+y^2}+\gamma\frac{x^2+y^2}{1+x^2+y^2}+\delta=0,$$

即ち

$$(\gamma+\delta)(x^2+y^2)+\alpha x+\beta y+\delta=0 \tag{4}$$

となり，一つの圓となる．

定理 II. 3.　Gauss 平面上にあつて一點 P で交わる二曲線を C_1, C_2 とし，θ をその交角とす．C_1, C_2 が Riemann 球面 K 上の Q 點で交わる二つ曲線 Γ_1, Γ_2 に射影されたとし，φ をその交角とすれば，

$$\varphi=\theta \quad (\text{等角性})$$

である．

證明． 先ず特別の場合として，C_2 が原點 O を通る直線の場合を證明する．この時 Γ_2 は北極 N と原點 O を通る K の大圓となる．P 點における C_1 の接線を PR とし，Q 點における Γ_1, Γ_2 の接線を夫々 QR, QM とする．R と原點 O 及び M とを結ぶ．

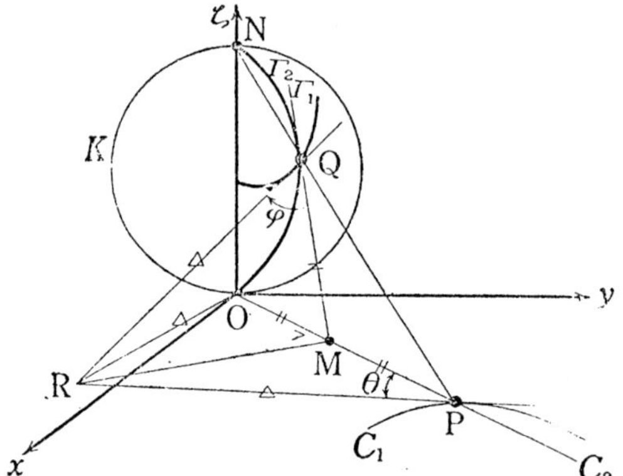

第 25 圖

容易に

$$OM=MP=MQ,$$
$$O\hat{M}R=\frac{\pi}{2}$$

なることが證明されるから，$\triangle ORP$ は二等邊三角形である．故に

$$RO=RP.$$

然るに RO, RQ は R から球面 K へ引いた二本の接線であるから，

$$RO=RQ,$$

$$\therefore\ RQ=RP.$$

三角形 $\triangle RMP$, $\triangle RMQ$ において, 三邊の長さは一致するから, $\triangle RMP \equiv \triangle RMQ$, 故に

$$\varphi = \theta$$

となる.

一般の場合は, 直線 OP と C_1, C_2 との交角を θ_1, θ_2 とし, O と Q とを通る大圓と Γ_1, Γ_2 との交角を φ_1, φ_2 とすれば,

$$\theta = \theta_2 - \theta_1, \qquad \varphi = \varphi_2 - \varphi_1$$

である. 上に證明した特別の場合から, $\theta_1 = \varphi_1$, $\theta_2 = \varphi_2$ であるから,

$$\varphi = \theta$$

となり, 一般の場合が證明出來た.

7. 單一連結領域

K を Reimann 球面とし, K の上に一つの Jordan 曲線 C を描けば, C は K を二つの領域に分ける. 今 $\varDelta$ を K の上の一つの領域とし, $\varDelta$ の中に任意に Jordan 曲線 C を描いた時, C が K を分ける二つの領域のうちで, 少くとも一つは $\varDelta$ に含まれる時, $\varDelta$ を單一連結の領域という. $\varDelta$ が單一連結領域なれば, $\varDelta$ は K と一致するか, 若し一致しなければ $\varDelta$ は K から一點を除いたものであるか, 又は K から一つの連續體を除いたものになることが證明出來る. D を z 平面上の一つの領域とし, これを Riemann 球面へ極射影した時に, 單一連結領域になる時, D を**單一連結領域**という. 故に D が單一連結領域ならば, D は $|z| \leqq \infty$ と一致するか, 又は $|z| \leqq \infty$ から一點を除いたものであるか又は $|z| \leqq \infty$ から一つの連續體を除いたものである.

第三章　正　則　函　數

1. 複素函數

Gauss 平面上の一つの領域 D の各點 $z=x+iy$ に，一つの複素數 $w=u+iv$ が與えられてある時，w を領域 D で定義された**複素函數**といい，$w=f(z)$ と記す．u, v は x, y の函數だから，これを $u=u(x, y)$，$v=v(x, y)$ と書けば，

$$w=f(z)=u+iv=u(x, y)+iv(x, y).$$

z と w との對應を表わすために z の動く平面と w の動く平面と二つの平面を用いなければならない．これを夫々 **z 平面**，**w 平面**という．w 平面に原點で接する Riemann 球面を **w 球面**といい，w は w 球面上の點でも表わすことが出來る．

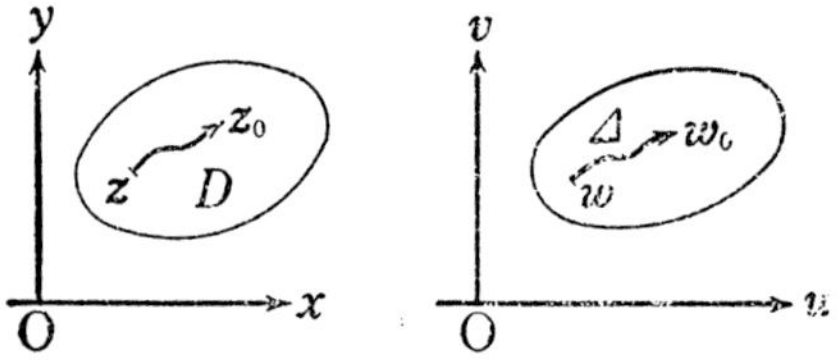

z 平面　　w 平面

第 26 圖

z が z_0 に近づいた時，$w=f(z)$ が w_0 に近づく時，w_0 を z が z_0 に近づいた時の $f(z)$ の**極限値**といい，

$$\lim_{z\to z_0} f(z)=w_0, \quad 又は \quad f(z)\to w_0 \ (z\to z_0) \tag{1}$$

と記す．

$w=f(z)$ と w_0 との距離は $|f(z)-w_0|$，z と z_0 の距離は $|z-z_0|$ であるから，(1) は次のことと同値である．即ち

$f(z)\to w_0(z\to z_0)$ なることは，任意の $\varepsilon>0$ に對して $\delta>0$ が定まり，$0<|z-z_0|<\delta$ なる任意の z に對して

$$|f(z)-w_0|<\varepsilon \tag{2}$$

なることである．

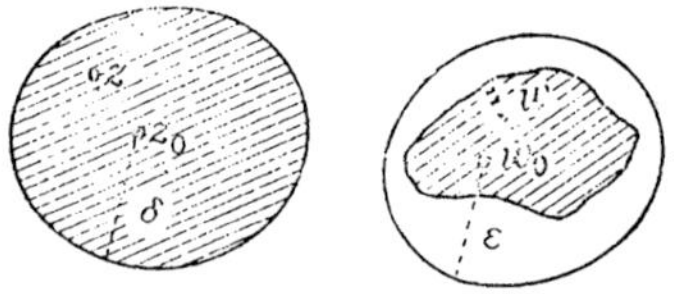

第 27 圖

このことから容易に次のことが分る．

$$\lim_{z\to z_0} f(z)=A, \qquad \lim_{z\to z_0} g(z)=B$$

ならば，

(i) $$\lim_{z\to z_0}\big(f(z)\pm g(z)\big)=A\pm B=\lim_{z\to z_0}f(z)\pm\lim_{z\to z_0}g(z),$$

(ii) $$\lim_{z\to z_0}\big(f(z)g(z)\big)=AB=\lim_{z\to z_0}f(z)\lim_{z\to z_0}g(z),$$

(iii) $$\lim_{z\to z_0}\frac{f(z)}{g(z)}=\frac{A}{B}=\frac{\lim_{z\to z_0}f(z)}{\lim_{z\to z_0}g(z)}\quad (\text{但し } B\neq 0).$$

若し $\lim_{z\to z_0}f(z)=w_0$ が存在して，$w_0=f(z_0)$ なる時，即ち

$$\lim_{z\to z_0}f(z)=f(z_0) \tag{3}$$

が成立する時，$f(z)$ は z_0 で**連續**であるという．(3) は (2) から次のことと同値である．即ち

$f(z)$ が z_0 で連續なることは，任意の $\varepsilon>0$ に對して $\delta>0$ が定まり，$|z-z_0|<\delta$ なる任意の z に對して，

$$|f(z)-f(z_0)|<\varepsilon \tag{4}$$

となることである．

容易に次のことが證明される．

$f(z)$，$g(z)$ が z_0 で連續なれば，$f(z)+g(z)$，$f(z)-g(z)$，$f(z)g(z)$，$\dfrac{f(z)}{g(z)}$ (但し $g(z_0)\neq 0$) は z_0 で連續である．$F(w)$ は $w=w_0$ で連續で，$w=f(z)$ は z_0 で連續，且つ $w_0=f(z_0)$ とすれば，$F\big(f(z)\big)$ は z_0 で連續である．

2. 複素函数の微係数

複素函数 $w=u+iv=f(z)$ が z 平面の領域 D で定義されてあるものとし，$z_0=x_0+iy_0$ を D の一點とする．$z=x+iy$ を z_0 に近い點とし，

$$\begin{aligned}\Delta z&=z-z_0\\&=(x-x_0)+i(y-y_0)=\Delta x+i\Delta y,\end{aligned} \tag{1}$$

$$\begin{aligned}\Delta f&=f(z)-f(z_0)\\&=\big(u(x,y)-u(x_0,y_0)\big)+i\big(v(x,y)-v(x_0,y_0)\big)=\Delta u+i\Delta v\end{aligned} \tag{2}$$

と置き，$z \to z_0$ の時，若し有限な

$$\lim_{z \to z_0} \frac{f(z)-f(z_0)}{z-z_0} = \lim_{\Delta z \to 0} \frac{\Delta f}{\Delta z} \tag{3}$$

が存在すれば，この極限値を $f'(z_0)$ と書き，$f(z)$ の z_0 における**微係數**という．即ち

$$f'(z_0) = \lim_{\Delta z \to 0} \frac{\Delta f}{\Delta z}. \tag{4}$$

微分學で $f'(x_0)$ を定義した時，x が x_0 の右側又は左側から x_0 に近づいた時の $\dfrac{f(x)-f(x_0)}{x-x_0}$ の極限値を $f'(x_0)$ としたのであるが，(3) は任意の方向から z が z_0 に近づいても極限値が存在して，その極限値が方向に依存しないことを要求しているのでこの點が微積分と非常に異う點である．先ず z が x 軸の方向から z_0 に近づいた時の極限値と，y 軸の方向から z_0 に近づいた時の極限値とが一致しなければない．z が x 軸の方向から z_0 に近づけば，

$$\Delta z = \Delta x,$$

従つて

$$\begin{aligned} \lim_{z \to z_0} \frac{\Delta f}{\Delta z} &= \lim_{\Delta x \to 0} \frac{\Delta f}{\Delta x} \\ &= \frac{\partial f}{\partial x} = u_x(x_0, y_0) + iv_x(x_0, y_0). \end{aligned} \tag{5}$$

次に z が y 軸の方向から z_0 に近づけば，

$$\Delta z = i\Delta y,$$

従つて

$$\begin{aligned} \lim_{z \to z_0} \frac{\Delta f}{\Delta z} &= \lim_{\Delta y \to 0} \frac{\Delta f}{i\Delta y} = \frac{1}{i} \frac{\partial f}{\partial y} \\ &= \frac{1}{i}\big(u_y(x_0, y_0) + i\,v_y(x_0, y_0)\big) \\ &= v_y(x_0, y_0) - i\,u_y(x_0, y_0). \end{aligned} \tag{6}$$

(5) と (6) との極限値は一致するから，

$$\begin{aligned} &u_x(x_0, y_0) + iv_x(x_0, y_0) \\ &\qquad = v_y(x_0, y_0) - i\,u_y(x_0, y_0), \end{aligned}$$

従つて

$$\left.\begin{array}{l} u_x(x_0,\ y_0)=v_y(x_0,\ y_0) \\ u_y(x_0,\ y_0)=-v_x(x_0,\ y_0) \end{array}\right\} \tag{7}$$

故に D の各點 $z=x+iy$ で有限な $f'(z)$ が存在すれば,

$$\frac{\partial u}{\partial x}=\frac{\partial v}{\partial y},\qquad \frac{\partial u}{\partial y}=-\frac{\partial v}{\partial x} \tag{8}$$

が成立しなければならない. (8) を **Cauchy-Riemann の微分方程式**という. $f'(z)$ が存在すれば, x 軸の方向と, y 軸の方向とに微分したものが一致するから

$$f'(z)=\frac{\partial f}{\partial x}=\frac{\partial f}{\partial(iy)} \tag{9}$$

である. これが (8) の條件である. (8) が成立すれば (9) が成立するが, z が z_0 へ任意の方向から近づいた時, 有限な $\lim\limits_{\Delta z\to 0}\dfrac{\Delta f}{\Delta z}$ が存在するか, 若し存在しても, その極限値は方向に依存しないかということは (8) が滿足されただけでは必しも直ぐは分らない. 然し次のことが證明される*).

定理 III. 1. $u(x,\ y)$, $v(x,\ y)$, $u_x(x,\ y)$, $u_y(x,\ y)$, $v_x(x,\ y)$, $v_y(x,y)$ **が領域 D で連續で, D の各點で (8) が滿足されていれば, D の各點で有限な $f'(z)$ が存在する.**

證明. $z_0=x_0+iy_0$ を D の任意の點とし, $z=x+iy$ を z_0 に近い點とすれば,

$$\frac{\Delta f}{\Delta z}=\frac{\Delta u+i\,\Delta u}{\Delta x+i\,\Delta y}. \tag{1}$$

平均値の定理で

$$\Delta u=u(x,\ y)-u(x_0,\ y_0)=u_x(\xi,\ \eta)\Delta x+u_y(\xi,\ \eta)\Delta y, \tag{2}$$

$$(\xi=x_0+\theta\Delta x,\ \ \eta=y_0+\theta\Delta y,\ \ 0<\theta<1),$$

$$\Delta v=v(x,\ y)-v(x_0,\ y_0)=v_x(\xi',\ \eta')\Delta x+v_y(\zeta',\ \eta')\Delta y, \tag{3}$$

$$(\xi'=x_0+\theta'\Delta x,\ \ \eta'=y_0+\theta'\Delta y,\ \ 0<\theta'<1).$$

假定により u_x, u_y, v_x, v_y は連續だから,

$$u_x(\xi,\ \eta)=u_x(x_0,\ y_0)+\varepsilon,\qquad u_y(\xi,\ \eta)=u_y(x_0,\ y_0)+\delta,$$

---

*) u_x, u_y, v_x, v_y の連續性を假定しなくても, D で (8) が滿足されていれば, $f'(z)$ が存在することは Looman—Menchoff によつて證明されているが, その證明は面倒である. (拙著「實變數函數論」參照)

$$v_x(\xi', \eta') = v_x(x_0, y_0) + \varepsilon', \quad v_y(\xi', \eta') = v_y(x_0, y_0) + \delta'$$

と置けば，$\Delta z \to 0$ の時，$\varepsilon \to 0$, $\delta \to 0$, $\varepsilon' \to 0$, $\delta' \to 0$ である．43 頁 (7) を使えば

$$\left.\begin{aligned} u_x(\xi, \eta) &= u_x(x_0, y_0) + \varepsilon, \quad u_y(\xi, \eta) = -v_x(x_0, y_0) + \delta, \\ v_x(\xi', \eta') &= v_x(x_0, y_0) + \varepsilon', \quad v_y(\xi', \eta') = u_x(x_0, y_0) + \delta'. \end{aligned}\right\} \qquad (4)$$

故に

$$\begin{aligned} \Delta f = \Delta u + i\,\Delta v &= \Big[\big(u_x(x_0, y_0) + \varepsilon\big)\Delta x + \big(-v_x(x_0, y_0) + \delta\big)\Delta y\Big] \\ &\quad + i\Big[\big(v_x(x_0, y_0) + \varepsilon'\big)\Delta x + \big(u_x(x_0, y_0) + \delta'\big)\Delta y\Big] \\ &= \big(u_x(x_0, y_0) + i\,v_x(x_0, y_0)\big)(\Delta x + i\,\Delta y) + \rho, \end{aligned}$$

但し

$$\rho = (\varepsilon + i\varepsilon')\Delta x + (\delta + i\delta')\Delta y.$$

故に

$$\frac{\Delta f}{\Delta z} = u_x(x_0, y_0) + i\,v_x(x_0, y_0) + \frac{\rho}{\Delta z}. \qquad (5)$$

$$\begin{aligned} |\rho| &\leqq |\varepsilon + i\varepsilon'||\Delta x| + |\delta + i\delta'||\Delta y| \\ &\leqq (|\varepsilon| + |\varepsilon'|)|\Delta x| + (|\delta| + |\delta'|)|\Delta y| \\ &\leqq (|\varepsilon| + |\varepsilon'| + |\delta| + |\delta'|)|\Delta z|, \end{aligned}$$

$$(\because \quad |\Delta z| = \sqrt{\Delta x^2 + \Delta y^2})$$

$$\therefore \quad \left|\frac{\rho}{\Delta z}\right| \leqq |\varepsilon| + |\varepsilon'| + |\delta| + |\delta'| \to 0, \quad (\Delta z \to 0),$$

從つて (5) より

$$\lim_{\Delta z \to 0} \frac{\Delta f}{\Delta z} = u_x(x_0, y_0) + i\,v_x(x_0, y_0). \qquad (6)$$

これは z がどの方向から z_0 に近づいてもよいから，$f'(z_0)$ が存在して

$$f'(z_0) = u_x(x_0, y_0) + i\,v_x(x_0, y_0) \qquad (7)$$

となる．故に任意の z に對して

$$f'(z) = \frac{\partial u}{\partial x} + i\frac{\partial v}{\partial x}. \qquad (8)$$

$f'(z)$ を $f(z)$ の**導函數**という．

注 意.　$u(x, y)$, $v(x, y)$ が第二次迄連續な偏導函數を持てば 43 頁，(8) を x, y で偏微分して

$$\frac{\partial^2 u}{\partial^2 x} = \frac{\partial^2 v}{\partial x \partial y}, \quad \frac{\partial^2 u}{\partial y^2} = -\frac{\partial^2 v}{\partial x \partial y},$$

$$\therefore \quad \varDelta u = \frac{\partial^2 u}{\partial x^2} + \frac{\partial^2 u}{\partial y^2} = 0. \tag{9}$$

同様に y, x で偏微分して

$$\frac{\partial^2 u}{\partial x \partial y} = \frac{\partial^2 v}{\partial y^2}, \quad \frac{\partial^2 u}{\partial x \partial y} = -\frac{\partial^2 v}{\partial x^2}$$

$$\therefore \quad \varDelta v = \frac{\partial^2 v}{\partial x^2} + \frac{\partial^2 v}{\partial y^2} = 0. \tag{10}$$

一般に偏微分方程式 $\frac{\partial^2 u}{\partial x^2} + \frac{\partial^2 u}{\partial y^2} = 0$ を滿足する函數 $u(x, y)$ を**調和函數**という．故に(9)，(10) より **$u(x, y)$，$v(x, y)$ は調和函數である**．調和函數に關しては下卷第十九章で詳說する．

定 理 III. 2. 若し有限な $f'(z_0)$ が存在すれば，$f(z)$ は z_0 で連續である．

證 明．

$$f'(z_0) = \lim_{z \to z_0} \frac{f(z) - f(z_0)}{z - z_0}$$

であるから，任意の $\varepsilon > 0$ に對して，$\delta > 0$ を定めて，$0 < |z - z_0| < \delta$ なる任意の z に對して

$$\left| \frac{f(z) - f(z_0)}{z - z_0} - f'(z_0) \right| < \varepsilon$$

である．從つて

$$|f(z) - f(z_0) - f'(z_0)(z - z_0)| < \varepsilon |z - z_0|,$$

$$\begin{aligned} \therefore \quad |f(z) - f(z_0)| &= |f(z) - f(z_0) - f'(z_0)(z - z_0) + f'(z_0)(z - z_0)| \\ &\leqq |f(z) - f(z_0) - f'(z_0)(z - z_0)| + |f'(z_0)| \, |z - z_0| \\ &< \left(\varepsilon + |f'(z_0)| \right) |z - z_0|. \end{aligned}$$

故に $z \to z_0$ とすれば，$f(z) \to f(z_0)$ となるから $f(z)$ は z_0 で連續である．

3. 正則函數

$w = f(z)$ を z 平面の領域 D で定義された複素函數とし，D の各點で有限な $f'(z)$ が存在する時，$f(z)$ は **D で正則である**という．若し $f(z)$ が z_0 を中心とした一つの圓の中で正則である時，$f'(z)$ は**點 z_0 で正則である**という．又閉領域 $\overline{D}$ が一

つの領域 $\varDelta$ の中に含まれ，$f(z)$ が $\varDelta$ の中で正則ならば，$f(z)$ は**閉領域 $\overline{D}$ で正則である**という．

例．　$f(z)=z^n$ (n は正整數)．

$$\varDelta f=(z+\varDelta z)^n-z^n=nz^{n-1}\varDelta z+\frac{n(n-1)}{4}z^{n-2}(\varDelta z)^2+\cdots\cdots+(\varDelta z)^n,$$

$$\frac{\varDelta f}{\varDelta z}=nz^{n-1}+\frac{n(n-1)}{2}z^{n-2}\varDelta z+\cdots\cdots+(\varDelta z)^{n-1}\to nz^{n-1}\qquad(\varDelta z\to 0).$$

$$\therefore\ f'(z)=nz^{n-1}$$

であるから，$f(z)=z^n$ はすべての z に對して正則である．

微分學と同樣にして次の定理が證明出來る．

定理 III．3． **$f(z)$，$g(z)$ が領域 D で正則ならば $f(z)+g(z)$，$f(z)-g(z)$，$f(z)g(z)$，$\dfrac{f(z)}{g(z)}$ (但し $g(z)\neq 0$) は D で正則で，その導函數は次式で與えられる．**

$$\big(f(z)\pm g(z)\big)'=f'(z)\pm g'(z),$$

$$\big(f(z)g(z)\big)'=f'(z)g(z)+f(z)g'(z),$$

$$\left(\frac{f(z)}{g(z)}\right)'=\frac{f'(z)g(z)-f(z)g'(z)}{\big(g(z)\big)^2}.$$

$F(w)$ は w の正則函數で，$w=f(z)$ は z の正則函數ならば，$F\big(f(z)\big)$ は z の正則函數で

$$\Big(F\big(f(z)\big)\Big)'=F'(w)\cdot f'(z).$$

問 1．　$f(z)=u(x, y)+iv(x, y)$ を z の正則函數とする．若し $u(x, y)\equiv$const. ならば，$f(z)\equiv$const. なることを證明せよ．

問 2．　$f(z)$ を z の正則函數とし，若し $|f(z)|\equiv$const. ならば，$f(z)\equiv$const. なることを證明せよ，

問 3．　$f(z)$ を z の正則函數とする時，

$$\frac{\partial^2|f|^2}{\partial x^2}+\frac{\partial^2|f|^2}{\partial y^2}=4|f'(z)|^2$$

を證明せよ．

4. 等角寫像

$w=f(z)$ は領域 D で正則とする．$w=f(z)$ によつて領域 D が $w=u+iv$ 平

面上の一つの領域 $\varDelta$ に 1-對-1 に寫像されたとし，D の一點 z_0 に w_0 が對應したとすれば，$w_0=f(z_0)$ である．

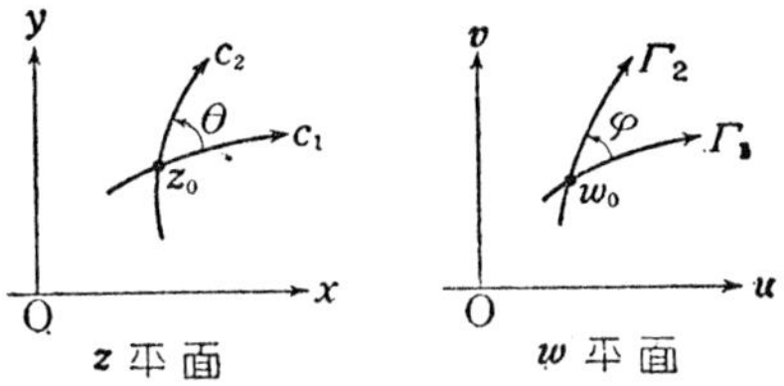

第 28 圖

定理 III. 4. **z_0 を通る任意の二曲線 C_1, C_2 に對して w-平面で w_0 を通る二曲線 Γ_1, Γ_2 が對應したものとし，C_1, C_2 の交角を θ, Γ_1, Γ_2 の交角を φ とすれば，若し $f'(z_0)\neq 0$ ならば，符號もこめて**

$$\varphi=\theta$$

である．

この意味は z_0 における C_2 の接線が C_1 の接線を $\theta>0$ だけ回轉して得られたものとすれば，w_0 における Γ_2 の接線は Γ_1 の接線を同じ向きに θ だけ回轉して得られることである．

角が不變なることから，D から $\varDelta$ へ移る寫像を**等角寫像**という．故に**正則函數 $w=f(z)$ によつて，z 平面上の領域 D は w 平面上の領域 $\varDelta$ に等角に寫像せられる．**

證 明.

$$f'(z_0)=\lim_{z\to z_0}\frac{f(z)-f(z_0)}{z-z_0}$$

より

$$\frac{f(z)-f(z_0)}{z-z_0}=f'(z_0)+\eta(z)$$

と置けば，$|z-z_0|<\delta$ ならば，$|\eta(z)|<\varepsilon$ となる．故に

$$w-w_0=f(z)-f(z_0)=\bigl(f'(z_0)+\eta(z)\bigr)(z-z_0).$$

偏角を適當にとれば，

$$\arg(w-w_0)=\arg(z-z_0)+\arg\bigl(f'(z_0)+\eta(z)\bigr). \tag{1}$$

假定により $f'(z_0)\neq 0$ であるから，ε を $\varepsilon<|f'(z_0)|$ なるようにとれば，$f'(z_0)+\eta(z)\neq 0$ である．$\delta\to 0$ の時 $\eta(z)\to 0$ であるから，

$$\arg\bigl(f'(z_0)+\eta(z)\bigr)\to\arg f'(z_0)\quad (z\to z_0).$$

故に

$$\arg\bigl(f'(z)+\eta(z)\bigr)=\arg f'(z_0)+\rho(z)$$

と置けば，$z\to z_0$ の時，$\rho(z)\to 0$. 故に (1) は

$$\left.\begin{array}{l}\arg(w-w_0)=\arg(z-z_0)+\alpha+\rho(z)\\ \text{但}\quad \alpha=\arg f'(z_0),\qquad \lim\limits_{z\to z_0}\rho(z)=0\end{array}\right\}\qquad (2)$$

となる. $\rho(z)$ を無視して考えれば，

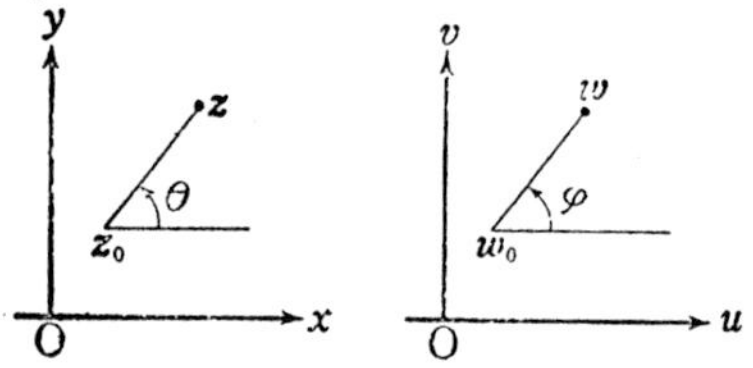

第 29 圖

$$\arg(w-w_0)\fallingdotseq\arg(z-z_0)+\alpha. \quad (3)$$

ベクトル $\overrightarrow{z_0z}$ が x 軸となす角を θ とすれば，$\theta=\arg(z-z_0)$，ベクトル $\overrightarrow{w_0w}$ が u 軸となす角を φ とすれば，$\varphi=\arg(w-w_0)$.

故に (3) は

$$\boldsymbol{\varphi\fallingdotseq\theta+\alpha}\quad\bigl(\textbf{但し}\quad \boldsymbol{\alpha=\arg f'(z_0)}\bigr). \qquad (4)$$

故に

ベクトル $\overrightarrow{z_0z}$ を角 $\alpha=\arg f'(z_0)$ だけ回轉すれば大體ベクトル $\overrightarrow{w_0w}$ の方向になる.

今 z_0 を通る一つの曲線を C とし，これが $w=f(z)$ によつて，w_0 を通る曲線 Γ に寫像されたとし，z_0 における C の接線が x 軸となす角を θ_0，w_0 における Γ の接線が u 軸となす角を φ_0 とすれば，

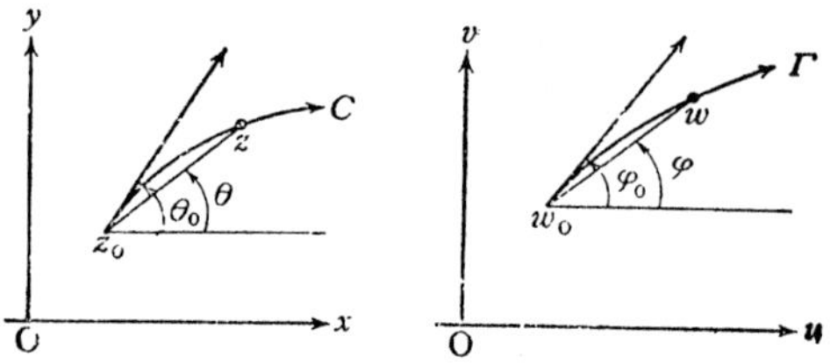

z 平面　　　w 平面

第 30 圖

$$\lim_{z\to z_0}\theta=\theta_0,\qquad \lim_{w\to w_0}\varphi=\varphi_0.$$

故に (4) において，$z\to z_0$ とすれば，

$$\boldsymbol{\varphi_0=\theta_0+\alpha} \qquad (5)$$

となる. これは C の接線を角 α だけ回轉すれば Γ の接線の方向となることを示す. 故に z_0 を通る二つの曲線 C_1, C_2 の接線が x 軸となす角を夫々 θ_1, θ_2 とし，$w=f(z)$ によつて C_1, C_2 が w-平面上の二曲線 Γ_1, Γ_2 に寫像されたとし，Γ_1,

Γ_2 の w_0 における接線が u 軸となす角を夫々 φ_1, φ_2 とすれば,

$$\varphi_1 = \theta_1 + \alpha, \qquad \varphi_2 = \theta_2 + \alpha,$$

$$\therefore \quad \varphi_2 - \varphi_1 = \theta_2 - \theta_1. \tag{6}$$

$\theta = \theta_2 - \theta_1$ は C_1, C_2 のなす角で, $\varphi = \varphi_2 - \varphi_1$ は Γ_1, Γ_2 のなす角であるから,

$$\varphi = \theta \tag{7}$$

となり定理は證明された.

注 意. 定理 II. 2 の時は角の大きさは變らないが, 角の向きが反對となることは容易に分る.

例. $w = f(z) = z^2$.

$f'(z) = 2z$ であるから, $z \neq 0$ ならば $f'(z) \neq 0$ である. $z = x + iy$, $w = u + iv$ とすれば,

$$(x + iy)^2 = (x^2 - y^2) + 2ixy,$$

$$\therefore \quad u = x^2 - y^2, \qquad v = 2xy.$$

w-平面において $u = \text{const.}$ なる v 軸に平行な直線群と $v = \text{const.}$ なる u 軸に平行なる直線群は互に直交する. 從つて寫像の等角性からこれに對する z 平面上の二つの曲線群 (双曲線群)

$$x^2 - y^2 = \text{const.}, \qquad xy = \text{const.}$$

は互に直交する.

圖で曲線群が $z = 0$ の近傍で特異の状態を示すが, これは $f'(0) = 0$ なる故, 上の定理が $z = 0$ では成立しないためである.

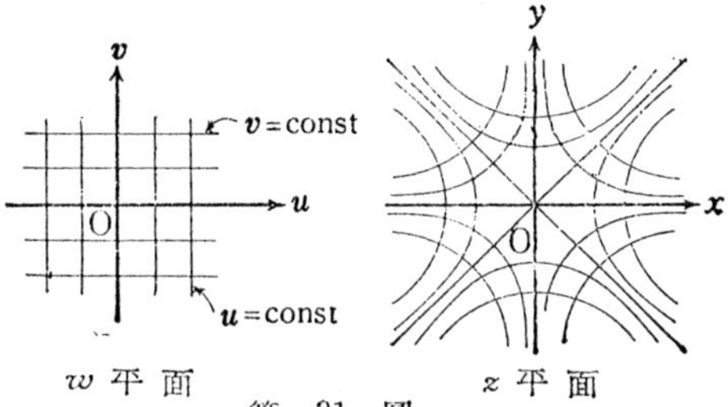

第 31 圖

$w = f(z)$ を領域 D で正則とし, z が D の中を動けば, w は w 平面上の一つの領域 Δ を描く. 今 D の中に一つの曲線 C を考えれば, これは Δ の中の一つの曲線 Γ に對應する. C の上に相近き二點 z, $z + \Delta z$ をとり, これが Γ の上の w, $w + \Delta w$ に對應したとする. z と $z + \Delta z$ との間の C の弧の長さを Δs, w と $w + \Delta w$ との間の Γ の弧の長さを $\Delta\sigma$ とすれば, $\Delta z \to 0$ の時

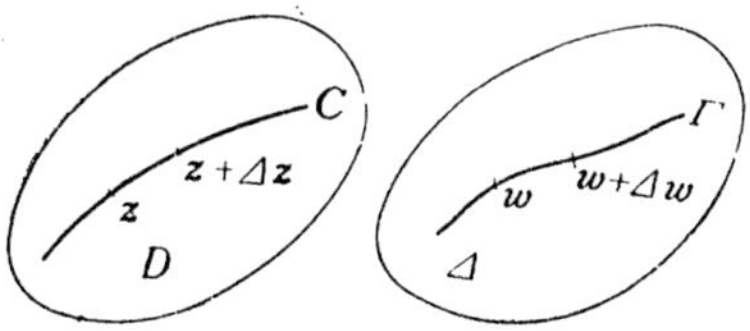

第 32 圖

$$\frac{\Delta s}{|\Delta z|} \to 1, \qquad \frac{\Delta\sigma}{|\Delta w|} \to 1 \tag{1}$$

である*). $f'(z)$ が存在するから, $\varDelta z\to 0$ の時,

$$\frac{\varDelta w}{\varDelta z}\to f'(z),\qquad 從つて\quad \frac{|\varDelta w|}{|\varDelta z|}\to |f'(z)|. \qquad (2)$$

故に (1), (2) より

$$\frac{\varDelta\sigma}{\varDelta s}\to |f'(z)|,\qquad \therefore\quad \frac{d\sigma}{ds}=|f'(z)|,$$

$$d\sigma=|f'(z)|ds$$

である. ds を $|dz|$, $d\sigma$ を $|dw|$ と書けば,

$$|dw|=|f'(z)||dz| \qquad (3)$$

となる. 故に $\varGamma$ の長さを L で表わせば,

$$L=\int_\varGamma d\sigma=\int_\varGamma |dw|=\int_C |f'(z)|ds=\int_C |f'(z)||dz|.$$

故に**曲線 C が $w=f(z)$ によつて w 平面の曲線 $\varGamma$ に寫像されたとし, L を $\varGamma$ の長さとすれば,**

$$\boldsymbol{L=\int_C |f'(z)||dz|}$$

である.

$w=f(z)$ は領域 D で正則とし, $w=f(z)$ によつて D が w 平面上の領域 $\varDelta$ に 1—對—1 に寫像されたとする.

今等距離 δ なる各座標軸に平行な直線を引いて, z 平面を邊の長さ δ なる正方

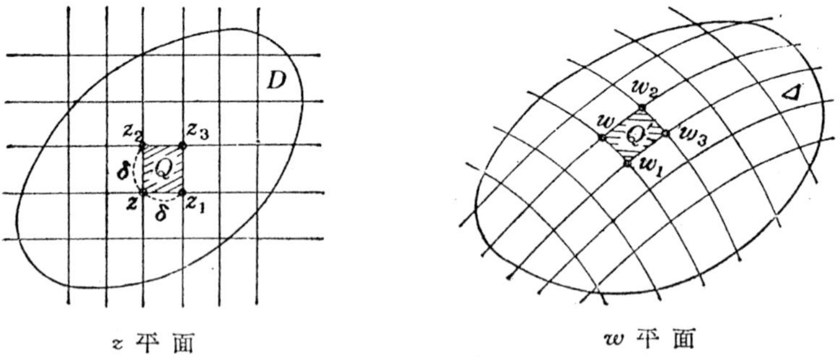

第 33 圖

*) $|\varDelta z|$ は z と $z+\varDelta z$ との直線距離, 同様に $|\varDelta w|$ は w と $w+\varDelta w$ との直線距離.

形に分け，そのうちで領域 D の中に含まれるものを考える．そのうちの一つを Q とし，Q の頂點を z, $z_1=z+\delta$, $z_2=z+i\delta$, $z_3=z+(\delta+i\delta)$ とし，これに $\varDelta$ の w, w_1, w_2, w_3 が對應したとする．$\overrightarrow{zz_1}$ と $\overrightarrow{zz_2}$ とは直交するから等角性から曲線 ww_1 と ww_2 とは直交する．故に Q の寫像を Q' とすれば，その面積は大體

$$|w_1-w|\cdot|w_2-w| = |\varDelta w_1|\cdot|\varDelta w_2|$$

に等しい．Q, Q' の面積を $|Q|$, $|Q'|$ で表わせば，

$$|Q|=|z_1-z|\cdot|z_2-z_1|=|\varDelta z_1|\cdot|\varDelta z_2|,$$

$$|Q'|\fallingdotseq|\varDelta w_1|\cdot|\varDelta w_2|.$$

然るに

$$|\varDelta w_1|\fallingdotseq|f'(z)|\cdot|\varDelta z_1|, \qquad |\varDelta w_2|\fallingdotseq|f(z)|\cdot|\varDelta z_2|$$

であるから，

$$|Q'|\fallingdotseq|f'(z)|^2|\varDelta z_1|\cdot|\varDelta z_2|=|f'(z)|^2\delta^2.$$

このことから容易に次のことが分る．

$w=f(z)$ は D で正則とし，$w=f(z)$ により D が w 平面の領域 $\varDelta$ に寫像されたとすれば，

$$\varDelta \text{ の面積} = \iint_D |f'(z)|^2 dx\,dy \quad (z=x+iy)$$

である．

第四章　一　次　變　換

1. 一次變換

$$w=f(z)=\frac{az+b}{cz+d}\quad (ad-bc\neq 0) \tag{1}$$

とすれば，$f'(z)=\dfrac{ad-bc}{(cz+d)^2}$ であるから，分母を 0 としない z に對して $f(z)$ は正則である．

z 平面の z に對して w 平面の w を (1) によつて對應させる變換を**一次變換**という．w を z 平面上の點で表わせば，(1) は z 平面を自分自身に變換する．

$c\neq 0$ とすれば，

$$w-\frac{a}{c}=\frac{bc-ad}{c(cz+d)}=\frac{bc-ad}{c^2\left(z+\dfrac{d}{c}\right)}. \tag{2}$$

(2) は次の一次變換を組合わせたものである．

$$\left.\begin{aligned} z_1&=z+\frac{d}{c}, & z_2&=\frac{1}{z_1}, \\ z_3&=\frac{bc-ad}{c^2}z_2, & w&=z_3+\frac{a}{c} \end{aligned}\right\}. \tag{3}$$

今

$$\frac{bc-ad}{c^2}=Ae^{i\theta}\quad (A,\ \theta \text{ は實數},\ A>0)$$

と置けば，$z_3=\dfrac{bc-ad}{c^2}z_2$ は

$$z_2'=Az_2,\qquad z_3=e^{i\theta}z_2' \tag{4}$$

に分解出來る．$c=0$ の場合も同樣に考えれば次の結果を得．

定 理 IV. 1.　一次變換 $w=\dfrac{az+b}{cz+d}$ は次の基本一次變換に分解出來る．

$$w=z+a,\quad w=Az\ \ (A>0),\quad w=e^{i\theta}z,\quad w=\frac{1}{z}.$$

(i)　$w=z+a$　は z をベクトル a だけ移動したものであるから，$w=z+a$ は z 平面の平行移動を表わす．

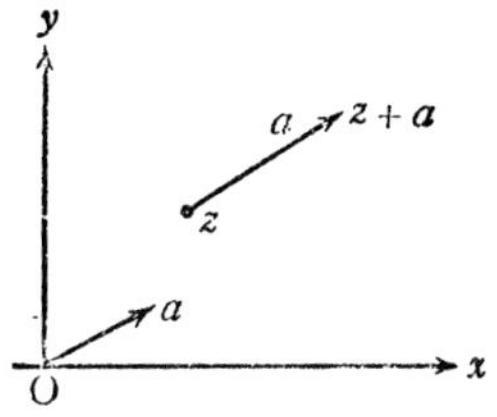

第 34 圖

(ii) $w=Az$ は原點を中心とした A 倍の**相似變換**を表わす.

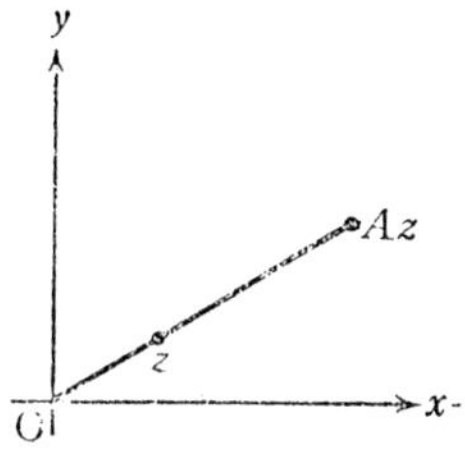

第 35 圖

(iii) $w=e^{i\theta}z$ は原點を中心とし角 θ だけ z 平面を**回轉**したものである.

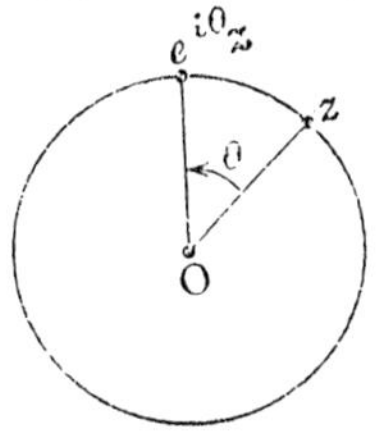

第 36 圖

(iv) $w=\dfrac{1}{z}$ の z と w との對應點の作圖は既に31頁で說明した.

今 $w=\dfrac{az+b}{cz+d}$ によつて任意の三點 z_1, z_2, z_3 が w_1, w_2, w_3 に移つたとすれば,

$$w_i=\frac{az_i+b}{cz_i+d}\quad (i=1,2,3).$$

これによつて $\dfrac{a}{c}$, $\dfrac{b}{c}$, $\dfrac{d}{c}$ は定まるから**三對の對應點を與えることによつて一次變換は一意的に決定する**.

(1) によつて z_1, z_2, z_3, z_4, が w_1, w_2, w_3, w_4 に對應したとすれば, 容易に

$$\frac{(w_1-w_3)(w_2-w_4)}{(w_1-w_4)(w_2-w_3)}=\frac{(z_1-z_3)(z_2-z_4)}{(z_1-z_4)(z_2-z_3)} \tag{5}$$

が得られる．この兩邊を夫々 $[w_1, w_2, w_3, w_4]$, $[z_1, z_2, z_3, z_4]$ で表わし，これを四點の**非調和比**という．故に (5) は

定理 IV. 2.　四點の非調和比は一次變換によつて不變である

ことを示す．

今
$$\frac{(w-w_1)(w_2-w_3)}{(w-w_2)(w_1-w_3)}=\frac{(z-z_1)(z_2-z_3)}{(z-z_2)(z_1-z_3)} \tag{6}$$

を考えれば，これを w について解けば，z の一次式になるから，(6) は一つの一次變換を表わす．(6) で $z=z_1$, $z=z_2$, $z=z_3$ と置けば，$w=w_1$, $w=w_2$, $w=w_3$ となるから，

定理 IV. 3.　任意の三點 z_1, z_2, z_3 を任意の三點 w_1, w_2, w_3 に移す一次變換は常に存在し，
$$\frac{(w-w_1)(w_2-w_3)}{(w-w_2)(w_1-w_3)}=\frac{(z-z_1)(z_2-z_3)}{(z-z_2)(z_1-z_3)}$$
によて與えられる．且つこれによつて一次變換は一意的に決定する．

注意．　若し $z_1=\infty$ ならば，$\dfrac{z-\infty}{\infty-z_3}=-1$, $w_1=\infty$ ならば $\dfrac{w-\infty}{\infty-w_3}=-1$ と規約する．

2.　鏡　　像

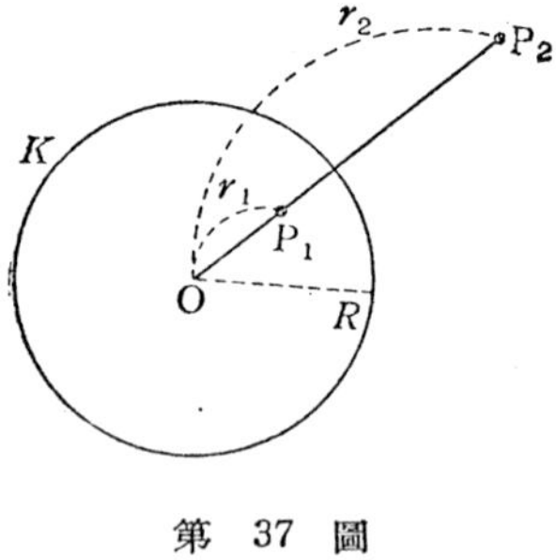

第 37 圖

中心 O, 半徑 R の圓 K の半徑の延長線上に二點 P_1, P_2 をとり，

$$OP_1=r_1,\quad OP_2=r_2$$

とする．若し

$$r_1r_2=R^2 \tag{1}$$

ならば圓 K に對して P_1 は P_2 の**鏡像**，P_2 は P_1 の鏡像という．P_1, P_2 を**鏡像の位置にある二點**という．

中心 O の鏡像は無限遠點であると規約する．

次に K を直線とし，K に關して對稱の位置にある二點 P_1, P_2 を互に他の**鏡像**

という．直線は半徑 ∞ の圓の特別の場合と見做し，以下**圓という時は，直線もこめて考えるものとする**．

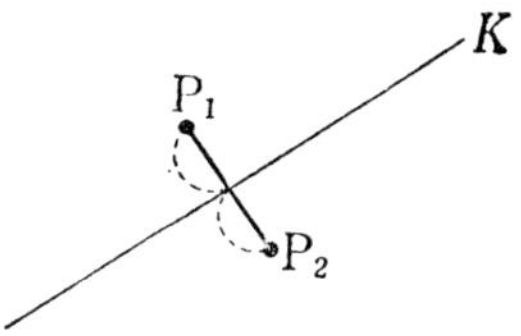

第 38 圖

幾何學から次のことは既知である．

（ i ）　**圓 K に對して，P_1, P_2 が鏡像の位置にあれば，K 上の任意の點 P に對して**

$$\frac{PP_1}{PP_2} = \text{一定}$$

である．

（ ii ）　**二定點 P_1, P_2 からの距離の比が一定 $=(k)$ なる點 P の軌跡は一つの圓*) で，P_1，P_2 はこの圓に對して鏡像の位置にある．**

定理 IV. 4.　**一次變換 $w=\dfrac{az+b}{cz+d}$ によつて z 平面上の圓 K は w 平面上の圓 K' に移る．このとき圓 K に對して互に鏡像の位置にある二點 P, Q は圓 K' に對して互に鏡像の位置にある二點 P', Q' に移る．**

證 明．

$$w=\frac{az+b}{cz+d} \quad \text{を解けば，} \quad z=\frac{dw-b}{-cw+a} \quad \text{となる．}$$

圓 K に對して鏡像の位置にある二點を z_1，z_2 とすれば，(i) により圓 K 上の任意の z に對して，

$$\left|\frac{z-z_1}{z-z_2}\right| = \text{一定} \quad (=k) \tag{1}$$

となるから，

$$\left|\frac{\dfrac{dw-b}{-cw+a}-z_1}{\dfrac{dw-b}{-cw+a}-z_2}\right| = k.$$

これを簡單にすれば，

$$\left|\frac{w-\dfrac{az_1+b}{cz_1+d}}{w-\dfrac{az_2+b}{cz_2+d}}\right| = k\left|\frac{cz_2+d}{cz_1+d}\right| = \text{一定}. \tag{2}$$

*)　$k=1$ なれば直線．

$$w_1=\frac{az_1+b}{cz_1+d},\qquad w_2=\frac{az_2+b}{cz_2+d}\quad とすれば,$$

$$\left|\frac{w-w_1}{w-w_2}\right|=一定$$

となるから，w は二點 w_1, w_2 よりの距離の比が一定となり，(ii) により一つの圓 K' を描き，w_1, w_2 は K' に對して鏡像の位置にある．故に圓 K は w 平面上の圓 K' に移り，K に對して鏡像の位置にある二點 z_1, z_2 は K' に對して鏡像の位置にある二點 w_1, w_2 に移る．

(2) において $cz_1+d\neq 0$, $cz_2+d\neq 0$, 即ち $w_1\neq\infty$, $w_2\neq\infty$ と假定したが

（i） $w_1=\infty$, $w_2\neq\infty$, 即ち $cz_1+d=0$, $cz_2+d\neq 0$ の時は，(2) を變形して

$$\left|\frac{w(cz_1+d)-(az_1+b)}{w-w_2}\right|=k|cz_2+d|$$

とし，ここで $cz_1+d=0$ とおけば，

$$\left|\frac{az_1+b}{w-w_2}\right|=k|cz_2+d|,$$

即ち

$$|w-w_2|=一定$$

となり，圓 K の寫像は w_2 を中心とする圓となる．$w_1=\infty$ であるから w_1 と w_2 は規約によりこの圓に對して鏡像の位置にある．

（ii） $w_1\neq\infty$, $w_2=\infty$, 即ち $cz_1+d\neq 0$, $cz_2+d=0$ の時には，(2) を變形して

$$\left|\frac{w-w_1}{w(cz_2+d)-(az_2+b)}\right|=\frac{k}{|cz_1+d|}$$

として，$cz_2+d=0$ とおけば，

$$\left|\frac{w-w_1}{az_2+b}\right|=\frac{k}{|cz_1+d|},$$

$$|w-w_1|=一定$$

となるから，圓 K の寫像は w_1 を中心とする圓となり，w_1 と $w_2=\infty$ はこの圓に對して鏡像の位置にある．

故に定理はすべての場合に證明された．

3. 一次變換の標準形

一次變換

$$w=\frac{az+b}{cz+d} \tag{1}$$

において，w も z 平面上の點で表わすものとし，w と z と一致するような z のことを一次變換の**不動點**という．$w=z$ として

$$z=\frac{az+b}{cz+d}$$

から次式を得る．

$$cz^2+(d-a)z-b=0. \tag{2}$$

(2) は z に關する二次方程式だから一般に二根を有す．

（i） $c\neq 0$ とすれば，(1) の不動點は

$$\xi_1=\frac{a-d+\sqrt{D}}{2c}, \qquad \xi_2=\frac{a-d-\sqrt{D}}{2c} \tag{3}$$

但し
$$D=(d-a)^2+4bc$$

で與えられる．この時

$$\begin{cases} D\neq 0 \text{ ならば，} \xi_1\neq\xi_2 \text{（相異なる不動點），} \\ D=0 \text{ ならば，} \xi_1=\xi_2=\dfrac{a-d}{2c} \text{（相合する不動點）.} \end{cases}$$

（ii） $c=0$ とすれば，(1) は

$$w=\frac{az+b}{d} \tag{4}$$

となり，(2) は

$$(d-a)z-b=0 \tag{5}$$

となる．故に $d-a\neq 0$ ならば，

$$\xi_1=\frac{b}{d-a}$$

は不動點である．又 (4) より $z=\infty$ ならば $w=\infty$ となるから，$\xi_2=\infty$ も不動點である．故に $d-a\neq 0$ ならば，二つの不動點 (ξ_1, ∞) がある．若し $d-a=0$ ならば，(4) は

$$w=z+\frac{b}{a}$$

となり，∞ が不動點である．これを相合する不動點 (∞, ∞) と見做す．

$c=0$ の時，$D=(d-a)^2$ であるから，以上をまとめれば次の結果を得．

定理 IV. 5. **一次變換 $w=\dfrac{az+b}{cz+d}$ において，$D=(d-a)^2+4bc$ とすれば，**

(i) $c\neq0$

$$\begin{cases} D\neq0 \text{ ならば，相異なる不動點 } (\xi_1, \xi_2), \\ D=0 \text{ ならば，相合する不動點 } (\xi_1, \xi_1), \end{cases}$$

(ii) $c=0$

$$\begin{cases} D\neq0 \text{ ならば，相異なる不動點 } (\xi_1, \infty), \\ D=0 \text{ ならば 相合する不動點 } (\infty, \infty) \end{cases}$$

が存在する．

定理 IV. 6. **一次變換 $w=\dfrac{az+b}{cz+d}$ は次の標準形にすることができる．**

(i) $c\neq0$

$$\begin{cases} D\neq0 \text{ ならば} & \dfrac{w-\xi_1}{w-\xi_2}=K\dfrac{z-\xi_1}{z-\xi_2}, \quad \left(K=\dfrac{a-c\xi_1}{a-c\xi_2}\right) \\ D=0 \text{ ならば} & \dfrac{1}{w-\xi_1}=\dfrac{1}{z-\xi_1}+k. \end{cases}$$

(ii) $c=0$

$$\begin{cases} D\neq0 \text{ ならば}, & w-\xi_1=K(z-\xi_1), \quad \left(K=\dfrac{a}{d}\right) \\ D=0 \text{ ならば}, & w=z+k. \end{cases}$$

K を multiplier という．

證明. $c\neq0$, $D\neq0$ とし，ξ_1, ξ_2 を不動點とする．定理 IV. 3 において，

$$z_1, z_2, z_3=\xi_1,\ \xi_2,\ \infty$$
$$w_1, w_2\ w_3=\xi_1,\ \xi_2,\ \frac{a}{c}$$

にとれば，$w=\dfrac{az+b}{cz+d}$ は

$$\frac{(w-\xi_1)\left(\xi_2-\dfrac{a}{c}\right)}{(w-\xi_2)\left(\xi_1-\dfrac{a}{c}\right)}=\frac{z-\xi_1}{z-\xi_2}$$

即ち

$$\frac{w-\xi_1}{w-\xi_2}=K\frac{z-\xi_1}{z-\xi_2}, \qquad \left(K=\frac{a-c\xi_1}{a-c\xi_2}\right) \tag{1}$$

となる.

$c\neq0$, $D=0$ ならば, ξ_1 を相合する不動點とし,

$$z_1,\ z_2,\ z_3=\infty,\ \xi_1,\ -\frac{d}{c},$$

$$w_1,\ w_2,\ w_3=\frac{a}{c},\ \xi_1,\ \infty$$

にとれば,

$$\frac{\left(w-\frac{a}{c}\right)(\xi_1-\infty)}{(w-\xi_1)\left(\frac{a}{c}-\infty\right)}=\frac{(z-\infty)\left(\xi_1+\frac{d}{c}\right)}{(z-\xi_1)\left(\infty+\frac{d}{c}\right)},$$

即ち

$$\frac{w-\frac{a}{c}}{w-\xi_1}=-\frac{\xi_1+\frac{d}{c}}{z-\xi_1} \tag{2}$$

となる. 1 を兩邊から引けば,

$$\frac{\xi_1-\frac{a}{c}}{w-\xi_1}=-\frac{\xi_1+\frac{d}{c}}{z-\xi_1}-1. \tag{3}$$

$$\xi_1-\frac{a}{c}=\frac{a-d}{2c}-\frac{a}{c}=-\frac{a+d}{2c},$$

$$\xi_1+\frac{d}{c}=\frac{a-d}{2c}+\frac{d}{c}=\frac{a+d}{2c}.$$

故に (3) は

$$\frac{1}{w-\xi_1}=\frac{1}{z-\xi_1}+k$$

の形となる.

次に $c=0$, $D\neq0$ ならば, $\xi_1=\frac{b}{d-a}$, $\xi_2=\infty$. 故に

$$w-\xi_1=w-\frac{b}{d-a}=\frac{az+b}{d}-\frac{b}{d-a}$$

$$=\frac{a}{d}\left(z-\frac{b}{d-a}\right)=\frac{a}{d}(z-\xi_1).$$

$$\therefore \quad w-\xi_1=K(z-\xi_1), \quad \left(K=\frac{a}{d}\right) \qquad (4)$$

の形となる.

$c=0$, $D=0$ ならば,

$$w=z+k \qquad (5)$$

となることは明らかである.

4. 一次變換の分類

$D=0$ の時, 一次變換を**拋物線的** (parabolic) **變換**といい, $D\neq0$ の時, $K=Ae^{i\theta}$ $(A>0)$ と置く時, 一次變換を夫々 $K=A\,(>0)$ の時, **双曲線的** (hyperbolic), $K=e^{i\theta}$ $(\theta\neq0)$ の時, **楕圓的** (elliptic), $K=Ae^{i\theta}$ $(A\neq0,\ \theta\neq0)$ の時, **ロクソドロム的** (loxodromic) **變換**という.

今 双曲線的變換

$$\frac{w-\xi_1}{w-\xi_2}=A\,\frac{z-\xi_1}{z-\xi_2} \quad (A>0) \qquad (1)$$

において,

$$W=\frac{w-\xi_1}{w-\xi_2}, \qquad Z=\frac{z-\xi_1}{z-\xi_2} \qquad (2)$$

とおけば,

$$W=AZ \ (A>0) \qquad (3)$$

となる. これは Z 平面を原點を中心として A 倍に擴大したものであるから, 原點を通る直線は自分自身に變る.

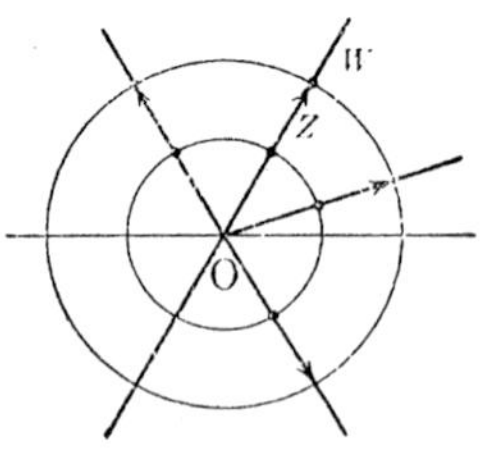

z 平面

第 39 圖

又原點を中心として半徑 R の圓は原點を中心とした半徑 AR の圓となる.

これから z 平面へもどれば, 一次變換で圓は圓になること及び $z=\xi_1$, $z=\xi_2$ は夫々 $Z=0$, $Z=\infty$ に對應することから, z, wの對應は次の圖のようになる.

即ち ξ_1, ξ_2 を通る圓はそれ自身に變り

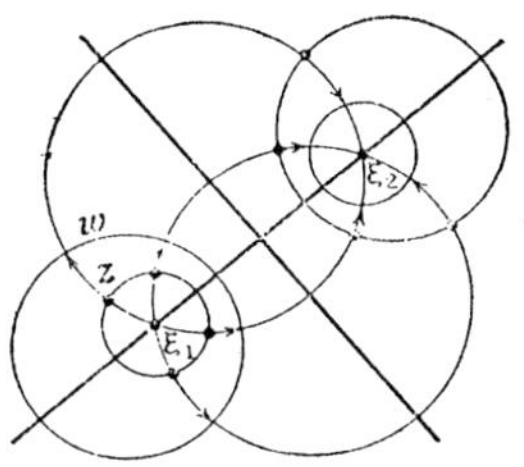

第 40 圖　双曲線的變換

$$\left|\frac{z-\xi_1}{z-\xi_2}\right| = 一定\ (=k)$$

なる圓は

$$\left|\frac{w-\xi_1}{w-\xi_2}\right| = 一定\ (=Ak)$$

なる圓に移る.

次に楕圓的變換 $K=e^{i\theta}$ の時は, (2) により

$$W = e^{i\theta}Z \qquad (4)$$

となるから, これは Z 平面の回轉である. この時 $|Z|=$ 一定 $(=k)$ なる圓は自分自身に變り, 原點を通る直線はこれを角 θ だけ回轉した直線になる.

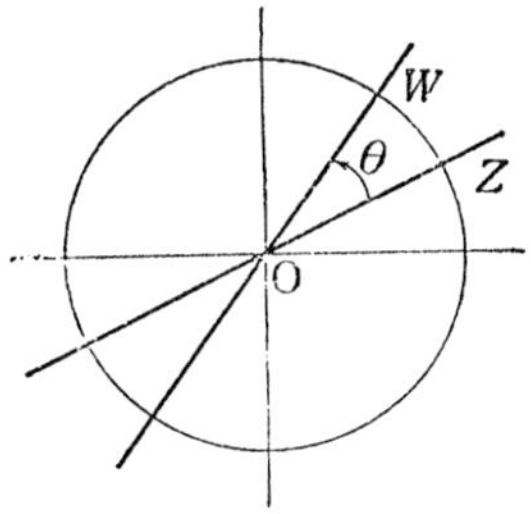

第 41 圖

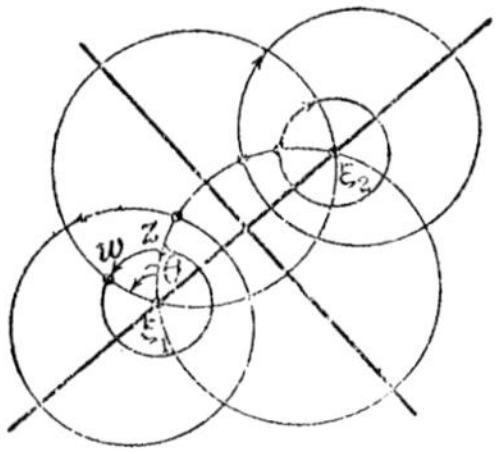

第 42 圖　楕圓的變換

z 平面へもどれば, z, w の對應は第 42 圖のようになる.

次に拋物線的變換

$$\frac{1}{w-\xi_1} = \frac{1}{z-\xi_1} + k$$

において,

$$W = \frac{1}{w-\xi_1}, \qquad Z = \frac{1}{z-\xi_1}$$

とすれば,

$$W = Z + k$$

となる. これは Z 平面の平行移動であるから, ベクトル k に直交する直線はこれをベクトル k だけ平行移動したものになり, ベクトル k の方向の直線は自分自身に移るから, z 平面では第 44 圖のようになる.

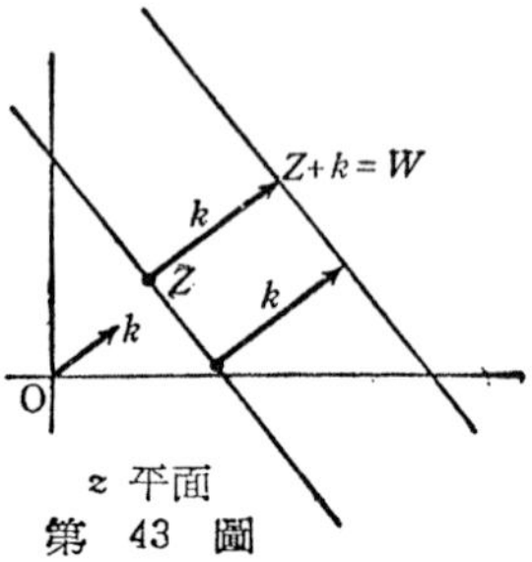

z 平面
第 43 圖

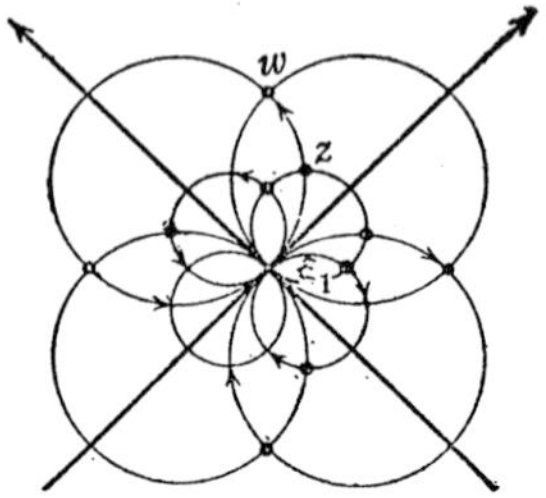

第 44 圖　拋物線的變換

5. 半平面を單位圓の内部に寫像する一次變換

定理 IV. 7.　z 平面の上半面 $\Im z>0$ を w 平面の單位圓の内部 $|w|<1$ に寫像する最も一般な一次變換は

$$w = e^{i\theta}\frac{z-\alpha}{z-\bar{\alpha}} \quad (\Im\alpha > 0)$$

で與えられる.

證 明.　條件を滿足する一次變換を

$$w = \frac{az+b}{cz+d}$$

と假定すれば, $c\neq 0$ である. 何となれば, 若し $c=0$ ならば, $w=az+b$ の形となり, $z=\infty$ が $w=\infty$ に對應するが, $z=\infty$ には單位圓 $|w|=1$ 上の點が對應せねばならぬから不合理である. 故に $c\neq 0$ である.

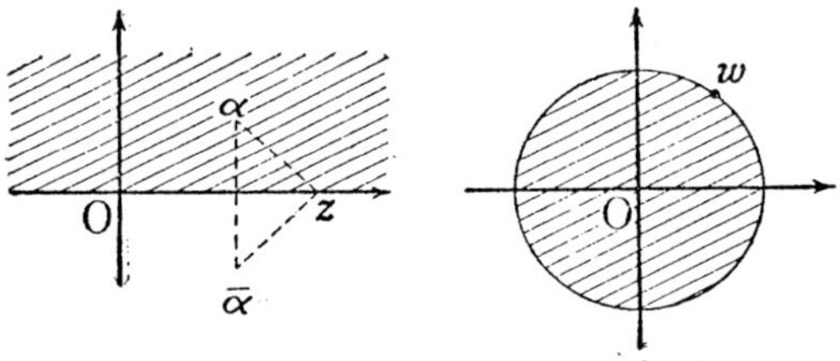

z 平面　　　　w 平面
第 45 圖

$$w=0,\quad w=\infty \text{ には夫々 } z=-\frac{b}{a},\quad z=-\frac{d}{c}$$

が對應する. $w=0$, $w=\infty$ は單位内 $|w|=1$ に對して鏡像の位置にある. 又 $|w|=1$ に對しては z 平面の實軸が對應するから, 定理 IV. 4 により, $-\dfrac{b}{a}$, $-\dfrac{d}{c}$ は實軸に對して鏡像の位置にある. 故に $\alpha=-\dfrac{b}{a}$ と置けば, $-\dfrac{d}{c}=\bar{\alpha}$ (α の共軛複素數) で

ある. $w=0$ は α に對應するから, α は z 平面の上半面にある故 $\Im(\alpha)>0$ である. 故に (1) は

$$w=\frac{a}{c}\cdot\frac{z+\dfrac{b}{a}}{z+\dfrac{d}{c}}=\frac{a}{c}\cdot\frac{z-\alpha}{z-\bar{\alpha}}\quad\left(\Im(\alpha)>0\right) \tag{2}$$

となる.

z が實軸上にあれば, $|z-\alpha|=|z-\bar{\alpha}|$, $\left|\dfrac{z-\alpha}{z-\bar{\alpha}}\right|=1$ で, これには $|w|=1$ 上の點が對應するから,

$$1=|w|=\left|\frac{a}{c}\right|\left|\frac{z-\alpha}{z-\bar{\alpha}}\right|=\left|\frac{a}{c}\right|.$$

$\left|\dfrac{a}{c}\right|=1$ であるから, $\dfrac{a}{c}=e^{i\theta}$ の形に書ける. 故に條件を滿足する一次變換は

$$w=e^{i\theta}\frac{z-\alpha}{z-\bar{\alpha}}\quad(\Im\alpha>0) \tag{3}$$

の形でなければならない.

逆に (3) の形の一次變換は條件を滿足する. 何となれば, z が實軸上にあれば, $\left|\dfrac{z-\alpha}{z-\bar{\alpha}}\right|=1$ だから,

$$|w|=|e^{i\theta}|\left|\frac{z-\alpha}{z-\bar{\alpha}}\right|=1.$$

故に z 平面の實軸には w 平面の單位圓が對應する.

若し z が z 平面の上半面にあれば, $|z-\alpha|<|z-\bar{\alpha}|$, $\left|\dfrac{z-\alpha}{z-\bar{\alpha}}\right|<1$ であるから, $|w|<1$ となり, w 平面の單位圓の内部の點が對應する. 同樣に z 平面の下半面の點は w 平面の單位圓の外部の點が對應する. 故に條件を滿足する最も一般な一次變換は (3) の形で與えられる.

6. 單位圓の内部を單位圓の内部に寫像する一次變換

定理 IV. 8. z 平面の單位圓の内部 $|z|<1$ を w 平面の單位圓の内部 $|w|<1$ に寫像する最も一般な一次變換は

$$\boldsymbol{w = e^{i\theta}\frac{z-\alpha}{1-\bar{\alpha}z} \quad (|\alpha|<1)}$$

で與えられる.

證明. 條件を滿足する一次變換を

$$w=\frac{az+b}{cz+d} \tag{1}$$

と假定する. $w=0$, $w=\infty$ には, $z=-\frac{b}{a}$, $z=-\frac{d}{c}$が對應する. $w=0$, $w=\infty$は單位圓 $|w|=1$に關して鏡像の位置にあるから, $z=-\frac{b}{a}$, $z=-\frac{d}{c}$ は單位圓 $|z|=1$ に關して鏡像の位置にある. 故に $\alpha=-\frac{b}{a}$ とおけば, $-\frac{d}{c}=\frac{1}{\bar{\alpha}}$ である. 故に (1) は

$$w=\frac{a}{c}\cdot\frac{z-\alpha}{z-\dfrac{1}{\bar{\alpha}}}=k\frac{z-\alpha}{1-\bar{\alpha}z} \tag{2}$$

の形となる. $z=1$ に對しては, 單位圓 $|w|=1$ 上の點 w_0 が對應するから,

$$1=|w_0|=|k|\left|\frac{1-\alpha}{1-\bar{\alpha}}\right|=|k|.$$

故に $k=e^{i\theta}$ の形に書ける. 從つて (2) は

$$w=e^{i\theta}\frac{z-\alpha}{1-\bar{\alpha}z} \quad (|\alpha|<1) \tag{3}$$

の形となる. ここで α は $w=0$ に對應するから $|\alpha|<1$ でなければならない.

逆に (3) の形の一次變換は條件を滿足する. 何となれば

$$1-|w|^2=1-\left|\frac{z-\alpha}{1-\bar{\alpha}z}\right|^2=\frac{|1-\bar{\alpha}z|^2-|z-\alpha|^2}{|1-\bar{\alpha}z|^2}$$

$$=\frac{(1-\bar{\alpha}z)(1-\alpha\bar{z})-(z-\alpha)(\bar{z}-\bar{\alpha})}{|1-\bar{\alpha}z|^2}$$

$$=\frac{(1-|\alpha|^2)(1-|z|^2)}{|1-\bar{\alpha}z|^2}. \tag{4}$$

故に

$|z|<1$ ならば $|w|<1$, $|z|=1$ ならば $|w|=1$, $|z|>1$ ならば $|w|>1$ となる故である. 故に條件を滿足する最も一般な一次變換は (3) の形で與えられる.

定理 IV. 9. **一次變換** $w=e^{i\theta}\dfrac{z-\alpha}{1-\bar{\alpha}z}$ $(|\alpha|<1)$ **は**

$$|\alpha| > \left|\sin\frac{\theta}{2}\right| \text{ ならば，双曲線的，}$$

$$|\alpha| = \left|\sin\frac{\theta}{2}\right| \text{ ならば，抛物線的，}$$

$$|\alpha| < \left|\sin\frac{\theta}{2}\right| \text{ ならば，楕圓的}$$

である．いずれにしてもロクソドロム的變換ではない．

證 明.
$$w = e^{i\theta}\frac{z-\alpha}{1-\overline{\alpha}z} = \frac{az+b}{cz+d} \tag{1}$$

と置けば，$a=e^{i\theta}$, $c=-\overline{\alpha}$ である．(1) の不動點を ξ_1, ξ_2 とすれば，ξ_1, ξ_2 は

$$\overline{\alpha}z^2 + z(e^{i\theta}-1)-\alpha e^{i\theta} = 0$$

の根であるから，

$$\xi_1, \xi_2 = \frac{1-e^{i\theta}\pm\sqrt{(1-e^{i\theta})^2+4|\alpha|^2 e^{i\theta}}}{2\overline{\alpha}} = \frac{1-e^{i\theta}\pm 2e^{i\frac{\theta}{2}}\sqrt{|\alpha|^2-\sin^2\frac{\theta}{2}}}{\overline{\alpha}},$$

$$\therefore\quad K = \frac{a-c\xi_1}{a-c\xi_2} = \frac{\cos\frac{\theta}{2}+\sqrt{|\alpha|^2-\sin^2\frac{\theta}{2}}}{\cos\frac{\theta}{2}-\sqrt{|\alpha|^2-\sin^2\frac{\theta}{2}}}.$$

故に $|\alpha| > \left|\sin\frac{\theta}{2}\right|$ ならば K は實數，$|\alpha| < \left|\sin\frac{\theta}{2}\right|$ ならば K は複素數で $|K|=1$ となるから $K=e^{i\theta}$ の形となる．$|\alpha| = \left|\sin\frac{\theta}{2}\right|$ ならば $\xi_1=\xi_2$ となる．

故に

$$\begin{aligned} |\alpha| &> \left|\sin\frac{\theta}{2}\right| \text{ ならば双曲線的，} \\ |\alpha| &= \left|\sin\frac{\theta}{2}\right| \text{ ならば抛物線的，} \\ |\alpha| &< \left|\sin\frac{\theta}{2}\right| \text{ ならば楕圓的} \end{aligned} \tag{2}$$

となり，いずれにしてもロクソドロム的變換でない．

$|\xi_1\xi_2| = \left|-\frac{\alpha}{\overline{\alpha}}e^{i\theta}\right| = 1$ だから，$|\xi_1|<1$, $|\xi_2|>1$ 又は $|\xi_1|>1$, $|\xi_2|<1$ であるか，$|\xi_1|=|\xi_2|=1$ $(\xi_1\neq\xi_2)$ であるか又は $\xi_1=\xi_2$ $(|\xi_1|=1)$ である．

$|\xi_1|<1$, $|\xi_2|>1$ ($|\xi_1|>1$, $|\xi_2|<1$) の時は楕圓的, $\xi_1 \neq \xi_2$, $|\xi_1|=|\xi_2|=1$ の時は双曲線的なることは容易に分る.

注 意. $|z|<R$, $|\alpha|<R$ とし, $x=\frac{z}{R}$, $\beta=\frac{\alpha}{R}$ とすれば, $|x|<1$, $|\beta|<1$ で

$$\left|\frac{x-\beta}{1-\bar{\beta}x}\right|=\left|\frac{R(z-\alpha)}{R^2-\bar{\alpha}z}\right|.$$

故に

$$\left.\begin{array}{l} |z|=R \text{ ならば}, \left|\dfrac{R(z-\alpha)}{R^2-\bar{\alpha}z}\right|=1 \\ |z|<R \text{ ならば}, \left|\dfrac{R(z-\alpha)}{R^2-\bar{\alpha}z}\right|<1 \end{array}\right\} (|\alpha|<R) \tag{1}$$

である. 従つて

$$\varphi(z)=\prod_{\nu=1}^{n}\frac{R(z-z_\nu)}{R^2-\bar{z}_\nu z} \quad (|z_\nu|<R) \tag{2}$$

とおけば,

$$\left\{\begin{array}{l} |z|=R \text{ ならば}, |\varphi(z)|=1, \\ |z|<R \text{ ならば}, |\varphi(z)|<1 \end{array}\right. \tag{3}$$

である. $\varphi(z)$ は後章で屢々用いる重要な函數である.

定 理 IV. 10. $w=e^{i\theta}\dfrac{z-\alpha}{1-\bar{\alpha}z}$ ($|\alpha|<1$) **とすれば,**

$$\frac{|dw|}{1-|w|^2}=\frac{|dz|}{1-|z|^2}. \quad \textbf{(Poincaré の微分不變式)}$$

證 明.

$$dw=e^{i\theta}\frac{1-|\alpha|^2}{(1-\bar{\alpha}z)^2}dz,$$

$$\therefore \quad |dw|=\frac{1-|\alpha|^2}{|1-\bar{\alpha}z|^2}|dz|.$$

64 頁の (4) より

$$1-|w|^2=\frac{(1-|\alpha|^2)(1-|z|^2)}{|1-\bar{\alpha}z|^2},$$

故に

$$\frac{|dw|}{1-|w|^2}=\frac{|dz|}{1-|z|^2}.$$

注 意. $w=e^{i\theta}\dfrac{z-\alpha}{1-\bar{\alpha}z}$ は單位圓の内部 $|z|<1$ を自分自身に變換するから, 今單位圓の内部 $|z|<1$ を一つの**非ユークリッド空間**と考えれば, $w=e^{i\theta}\dfrac{z-\alpha}{1-\bar{\alpha}z}$ はこの空間内の運動と考えることが出來る. この運動によつて $\dfrac{|dz|}{1-|z|^2}$ は不變であるから, 今 $|z|<1$ の中に

ある曲線 C が $w=e^{i\theta}\dfrac{z-\alpha}{1-\bar{\alpha}z}$ によつて $|z|<1$ 內にある曲線 Γ になつたとすれば,

$$\int_C \frac{2\,|dz|}{1-|z|^2}=\int_\Gamma \frac{2\,|dw|}{1-|w|^2} \tag{1}$$

である. 故に $\displaystyle\int_C \frac{2|dz|}{1-|z|^2}$ を曲線 C の**非ユークリッド的長さ**と定義すれば, これは $w=e^{i\theta}\dfrac{z-\alpha}{1-\bar{\alpha}z}$ で不變である. z_1, z_2 を $|z|<1$ の二點とし, これを曲線 C で結び, その長さを (1) で定義した時, (1) が最小となるのは, C が z_1, z_2 を通つて $|z|=1$ に直交する圓弧であることを證明しよう. 故に $|z|=1$ に直交する圓弧が丁度ユークリッド幾何學の直線に相應するものである. これを**非ユークリッド的直線**という.

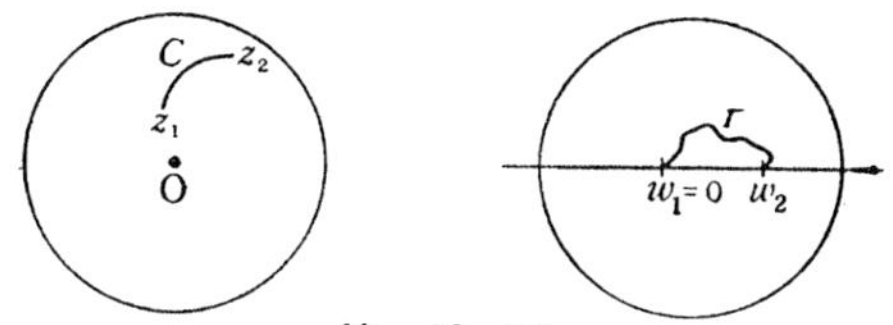

第 46 圖

一次變換 $w=e^{i\theta}\dfrac{z-\alpha}{1-\bar{\alpha}z}$ で非ユークリッド的長さは不變であるから, 適當な一次變換によつて, z_1 を $w_1=0$, z_2 を $0<w_2<1$ に變換すれば, C は $w_1=0$ と w_2 とを結ぶ曲線 Γ になる. (1) により $\displaystyle\int_\Gamma \frac{2|dw|}{1-|w|^2}$ が最小になるような Γ を求めればよい. Γ の上の w を $w=re^{i\theta}$ と置けば, $|w|=r$, $|dw|=\sqrt{dr^2+r^2d\theta^2}\geqq dr$ であるから,

$$\int_\Gamma \frac{2\,|dw|}{1-|w|^2}\geqq 2\int_0^{w_2}\frac{dr}{1-r^2}=\log\frac{1+w_2}{1-w_2}. \tag{2}$$

故に Γ が線分 $0\cdots\cdots w_2$ と一致した時が $\displaystyle\int_\Gamma \frac{2|dw|}{1-|w|^2}$ が最小となり, その値は (2) の右邊になる. w_2 を通る直徑は $|w|=1$ と直交するから z 平面にもどれば, w_2 を通る直徑は z_1, z_2 を通り, $|z|=1$ と直交する圓弧になる. 故に

z_1, z_2 を通る曲線のうちで, 單位圓に直交する圓弧の時が, その非ユークリッド的長さが最小になる. その長さは (2) の右邊で表わされる. これを **z_1, z_2 間の非ユークリッド的距離**と定義し, (z_1, z_2) で表わす. w_2 が $w=1$ に近づけば (2) の右邊は $\to\infty$ となるから **$|z|=1$ は無限遠の距離にあると考えられる.**

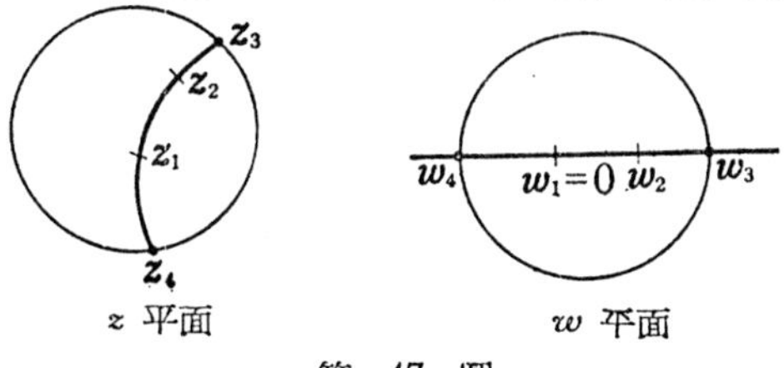

第 47 圖

$w_1=0$, w_2, $w_3=1$, $w_4=-1$ とし, これに z_1, z_2, z_3, z_4 が對應したとすれば, 四點の非調和比は一次變換で不變だから,

$$[z_1, z_2, z_3, z_4]=\frac{(z_1-z_3)(z_2-z_4)}{(z_1-z_4)(z_2-z_3)}=\frac{(w_1-w_3)(w_2-w_4)}{(w_1-w_4)(w_2-w_3)}$$

$$=\frac{(0-1)(w_2+1)}{(0+1)(w_2-1)}=\frac{1+w_2}{1-w_2}.$$

故に (2) の右邊より,

$$(z_1, z_2)=\log[z_1, z_2, z_3, z_4]. \tag{3}$$

單位圓に直交する圓弧を直線といい，二つの圓弧の交角を二直線の交角といい，二點間の距離を (3) によつて定義すれば **Lobatschewski の非ユークリッド幾何學**と全く同じ幾何學が成立する．

直線 AB 外の一點 P を通り單位圓と直交する圓弧 APC を作り，又 P を通り單位圓に直交する圓弧 BPD を作れば，これは直線 AB と無限遠點で交わるから，平行線と考えることが出來る．故に**直線の外の一點を通つて二本の平行線が引ける．又三角形 ABC の内角の和は 2 直角より小である．**

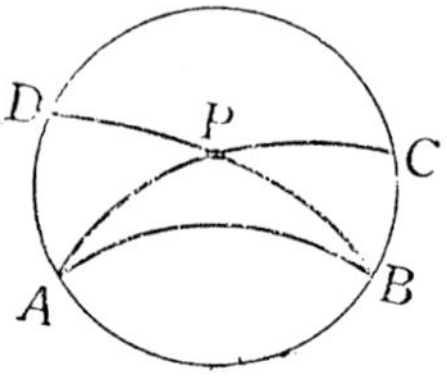

第 48 圖

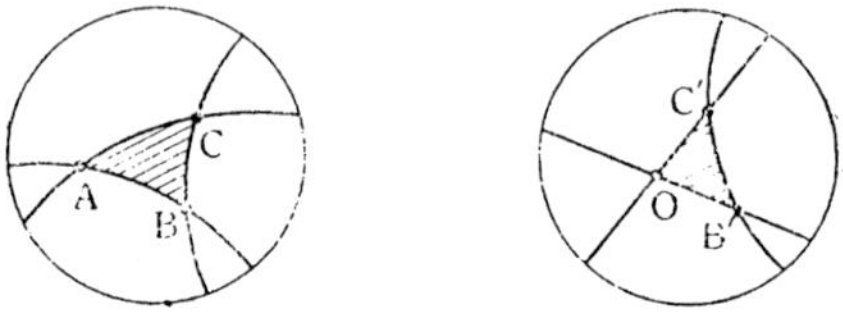

第 49 圖

何となれば單位圓を變えない一次變換で A 點が原點 O に來るようにし，B, C が B', C' になつたとすれば，AB, AC は直徑 OB', OC' となり，BC は單位圓に直交する圓弧 $\widehat{B'C'}$ となる．$\widehat{B'C'}$ は O に對して凸だから三角形 $OB'C'$ の内角の和は 2 直角より小であるから，寫像の等角性から三角形 ABC の内角の和も 2 直角より小である．

問．單位圓内にある領域 D の非ユークリッド的面積を $\sigma(D)=\iint_D \frac{4\,r\,dr\,d\theta}{(1-r^2)^2}$ で定義すれば，單位圓に直交する三つの圓弧で圍まれた非ユークリッド的三角形 $\varDelta$ の面積は $\sigma(\varDelta)=\pi-(A+B+C)$ なることを證明せよ．但し A, B, C は $\varDelta$ の内角とする (卷末の解參照)．

7. Riemann 球面の回轉

定理 IV. 11. **Riemann 球面の回轉は**

$$w=e^{i\varphi}\frac{z-\alpha}{1+\bar{\alpha}z}$$

で與えられる．

證明． Riemann 球面 K の中心を M とし，K の一つの直徑 P_1P_2 を軸として，角 θ だけ回轉するものとす．

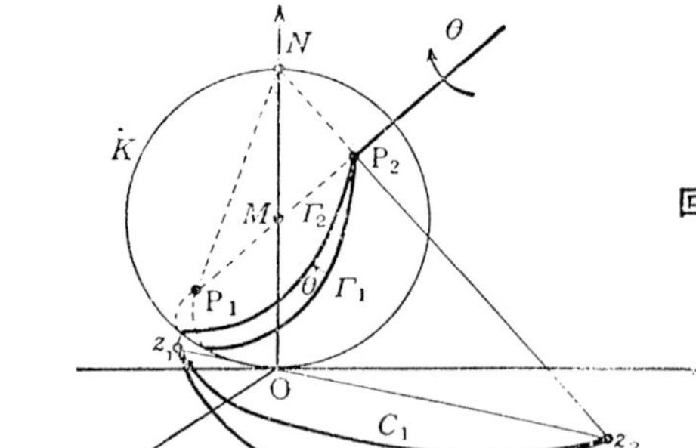

第 50 圖

P_1, P_2 に z 平面で z_1, z_2 が對應したとすれば，容易に $z_1=a$, $z_2=-\dfrac{1}{\bar{a}}$ の形になることが分る．今 a, $-\dfrac{1}{\bar{a}}$ を不動點とする楕圓的變換

$$\frac{w-a}{w+\dfrac{1}{\bar{a}}}=e^{i\theta}\cdot\frac{z-a}{z+\dfrac{1}{\bar{a}}} \tag{1}$$

を考える．z_1, z_2 を通る圓 C_1 に對して球面 K では，P_1, P_2 を通る大圓 Γ_1 が對應する（定理 II. 1）．(1) によつて圓 C_1 は z_1, z_2 を通る圓 C_2 になり，C_1 と C_2 との間の角は θ である．C_2 に球面 K で大圓 Γ_2 が對應したとすれば，等角性から Γ_1 と Γ_2 との間の角も θ である．又等角性から C_1, C_2 に直交する圓は Γ_1, Γ_2 に直交する圓が對應するから，(1) は直徑 P_1P_2 を軸とし，回轉角 θ の回轉となる．(1) を w について解けば，

$$w=\frac{e^{i\theta}+|a|^2}{1+|a|^2e^{i\theta}}\cdot\frac{z+a\dfrac{1-e^{i\theta}}{e^{i\theta}+|a|^2}}{1+\dfrac{\bar{a}z(1-e^{i\theta})}{1+|a|^2e^{i\theta}}} \tag{2}$$

となる．$\mu=\dfrac{e^{i\theta}+|a|^2}{1+|a|^2e^{i\theta}}=e^{i\theta}\dfrac{1+|a|^2e^{-i\theta}}{1+|a|^2e^{i\theta}}$ とおけば，$|\mu|=1$，從つて $\mu=e^{i\varphi}$ の形に書ける．又 $\alpha=a\dfrac{e^{i\theta}-1}{e^{i\theta}+|a|^2}$ とおけば，$\dfrac{\bar{a}(1-e^{i\theta})}{1+|a|^2e^{i\theta}}=\dfrac{\bar{a}(e^{-i\theta}-1)}{e^{-i\theta}+|a|^2}=\bar{\alpha}$．故に (2) は

$$w=e^{i\varphi}\frac{z-\alpha}{1+\bar{\alpha}z} \tag{3}$$

の形となり，これが Riemann 球面の回轉を與える一次變換である．

逆に (3) の形の一次變換は Riemann 球面の回轉である．何となれば $w=\dfrac{z-\alpha}{1+\bar{\alpha}z}$ の不動點は $\xi_1=\sqrt{-\dfrac{\alpha}{\bar{\alpha}}}$，$\xi_2=-\sqrt{-\dfrac{\alpha}{\bar{\alpha}}}=-\dfrac{1}{\xi_1}$，$K=\dfrac{a-c\xi_1}{a-c\xi_2}$ $(a=1,\ c=\bar{\alpha})$ $K=\dfrac{1-\bar{\alpha}\xi_1}{1-\bar{\alpha}\xi_2}=\dfrac{1-i|\alpha|}{1+i|\alpha|}$，從つて $|K|=1$ だから，$w=\dfrac{z-\alpha}{1+\bar{\alpha}z}$ を標準形に直せば (1) の形となる故，$w=\dfrac{z-\alpha}{1+\bar{\alpha}z}$ は Riemann 球面の回轉である．從つて $w=e^{i\varphi}\dfrac{z-\alpha}{1+\bar{\alpha}z}$ は Riemann 球面の回轉である．

注意． (3) から容易に**微分不變式**

$$\frac{|dw|}{1+|w|^2}=\frac{|dz|}{1+|z|^2} \tag{4}$$

が得られる．（これは 37 頁 (3) から幾何學的にも分る）

問． 半平面 $\mathfrak{J}z>0$ を半平面 $\mathfrak{J}w>0$ に寫像する最も一般な一次函數を求めよ．且つこの時 $\dfrac{|dz|}{\mathfrak{J}z}=\dfrac{|dw|}{\mathfrak{J}w}$ を證明し，$\dfrac{|dz|}{\mathfrak{J}z}$ がこのような一次變換で不變なることを示せ．

第五章　Cauchy の基本定理

1. 複素積分

$$w=f(z)=u(x,\ y)+iv(x,\ y)\ \ (z=x+iy) \qquad (1)$$

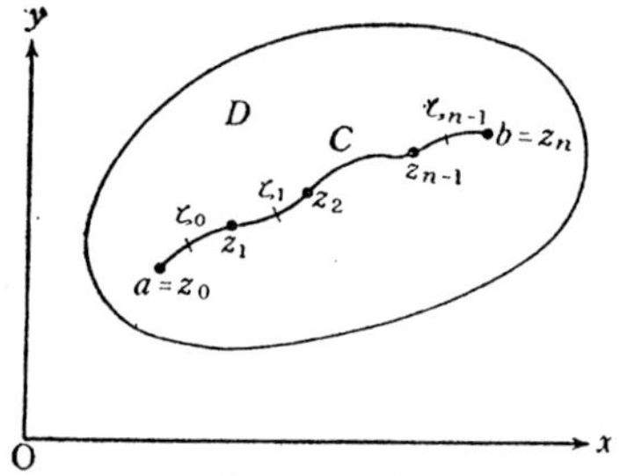

第 51 圖

は z 平面上の領域 D で一價連續とする.

$$C:\ \left.\begin{array}{l} x=\varphi(t), \\ y=\psi(t) \end{array}\right\}(\alpha\leqq t\leqq\beta) \qquad (2)$$

を D の中にある長さの有限な曲線とし,

$$z=z(t)=\varphi(t)+i\psi(t) \qquad (3)$$

とすれば, t が α から β まで動けば, z は曲線 C を描く. 定理 I. 19 により $\varphi(t)$, $\psi(t)$ は $[\alpha,\ \beta]$ で有界變分の函數である. $[\alpha,\ \beta]$ の中に分點

$$\alpha=t_0<t_1\cdots\cdots<t_n=\beta$$

をとり又 $[t_k,\ t_{k+1}]$ の中に任意に τ_k をとり,

$$z_k=z(t_k),\ \ \zeta_k=z(\tau_k)$$

と置く.

定 理 V. 1. $\max\limits_k \varDelta t_k\to 0$ **なるよう分點を密にとれば,**

$$S_n=\sum_{k=0}^{n-1}f(\zeta_k)\varDelta z_k \qquad (\varDelta z_k=z_{k+1}-z_k)$$

は分點 t_k 及び τ_k の撰び方に依存しない一定の有限な極限値に收斂する.

この極限値を

$$\int_C f(z)dz$$

で表わし, $f(z)$ の曲線 C の上の**複素積分**という.

證 明.　$z_k=x_k+iy_k,\ \ \zeta_k=\xi_k+i\eta_k$ と置けば,

$$S_n=\sum_{k=0}^{n-1}\bigl(u(\xi_k,\ \eta_k)+i\,v(\xi_k,\ \eta_k)\bigr)(\varDelta x_k+i\,\varDelta y_k)$$

$$=\sum_{k=0}^{n-1}\big(u(\xi_k,\ \eta_k)\varDelta x_k - v(\xi_k,\ \eta_k)\varDelta y_k\big) + i\sum_{k=0}^{n-1}\big(v(\xi_k,\ \eta_k)\varDelta x_k + u(\xi_k,\ \eta_k)\varDelta y_k\big)$$

となるから，定理 I. 20 により，$\underset{k}{\mathrm{Max}}\ \varDelta t_k \to 0$ の時，

$$S_n \to \int_\alpha^\beta \Big[u\big(\varphi(t),\ \psi(t)\big)d\varphi(t) - v\big(\varphi(t),\ \psi(t)\big)d\psi(t)\Big]$$

$$+ i\int_\alpha^\beta \Big[v\big(\varphi(t),\ \psi(t)\big)d\varphi(t) + u\big(\varphi(t),\ \psi(t)\big)d\psi(t)\Big]$$

$$= \int_C \big(u(x,\ y)dx - v(x,\ y)dy\big) + i\int_C \big(v(x,\ y)dx + u(x,\ y)dy\big)$$

$$= \int_C \big(u(x,\ y) + iv(x,\ y)\big)(dx + i\,dy).$$ 〔證明終〕

故に

$$\int_C f(z)dz = \int_C \big(u(x,\ y) + iv(x, y)\big)(dx + i\,dy).$$

定義から容易に次のことが分る.

(i) **$f(z)$, $g(z)$ を D で連續とすれば,**

$$\int_C \big(f(z) \pm g(z)\big)dz = \int_C f(z)dz \pm \int_C g(z)dz.$$

(ii) $$\int_C kf(z) = k\int_C f(z)dz \qquad (k:\ \text{定數}).$$

(iii) **C を二つの部分 $C=C_1+C_2$ に分ければ,**

$$\int_C f(z)dz = \int_{C_1} f(z)dz + \int_{C_2} f(z)dz.$$

(iv) **C の向きを逆にした曲線を C^{-1} で表わせば,**

$$\int_{C^{-1}} f(z)dz = -\int_C f(z)dz.$$

(v) **C の上の $|f(z)|$ の最大値を M とし，C の長さを L とすれば,**

$$\left|\int_C f(z)dz\right| \leqq ML.$$

(i−iv) の證明は容易であるから (v) を證明する.

$$\left|\sum_{k=0}^{n-1} f(\zeta_k)\varDelta z_k\right| \leqq \sum_{k=0}^{n-1}|f(\zeta_k)|\,|\varDelta z_k| \leqq M\sum_{k=0}^{n-1}|\varDelta z_k|.$$

$\sum_{k=0}^{n-1}|\varDelta z_k|$ は C に內接する折線の長さであるから

$$\sum_{k=0}^{n-1}|\Delta z_k|\leqq L \quad (\text{定理 I. 18}).$$

故に

$$\left|\sum_{k=0}^{n-1}f(\zeta_k)\Delta z_k\right|\leqq ML.$$

$\operatorname*{Max}_k \Delta t_k\to 0$ とすれば，

$$\left|\int_C f(z)dz\right|\leqq ML$$

を得．[證明終]

z_k, z_{k+1} で限られた C の弧の長さを Δs_k とすれば，$|\Delta z_k|\leqq \Delta s_k$ だから，

$$\left|\sum_{k=0}^{n-1}f(\zeta_k)\Delta z_k\right|\leqq \sum_{k=0}^{n-1}|f(\zeta_k)|\Delta s_k. \tag{1}$$

ここで $\operatorname*{Max}_k \Delta t_k\to 0$ とすれば，(1) の右邊は

$$\int_0^L |f(z)|ds \tag{2}$$

に收斂する．ここに L は C の長さで，ds はその弧要素を表わす．(2) を記號で

$$\int_C |f(z)||dz| \tag{3}$$

と書けば，(1) より

(vi)
$$\left|\int_C f(z)dz\right|\leqq \int_C |f(z)||dz| \tag{4}$$

を得．

(v), (vi) は後で屢々用いる重要な不等式である．

今 C を Jordan 曲線とし，C の圍む領域を Δ とし，C は正の方向とする．この時

$$\int_C f(z)dz=\int_{(\Delta)}f(z)dz$$

と書く．

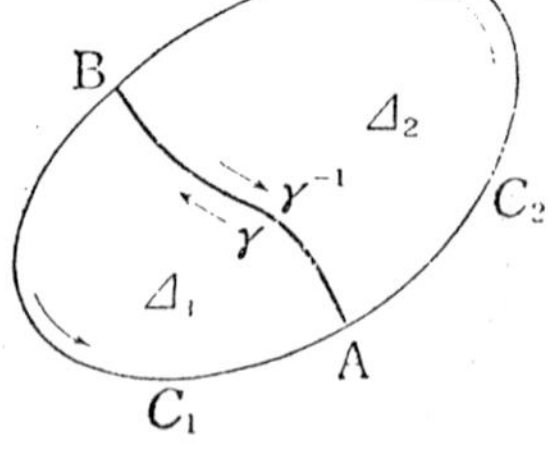

第 52 圖

C の上に二點 A, B をとり，これを Δ の中で曲線 γ で連結して Δ を二つの領域 Δ_1, Δ_2 に分ける．A から B へ向う方向のものを γ とすれば，B から A へ向うものは γ^{-1} である．A, B で C が二つの弧 C_1, C_2

に分れたとすれば，$C_1+\gamma$ は $\varDelta_1$ を圍み，$C_2+\gamma^{-1}$ は $\varDelta_2$ を圍む．

$$\int_{C_1} f(z)dz+\int_{\gamma} f(z)dz=\int_{(\varDelta_1)} f(z)dz,$$

$$\int_{C_2} f(z)dz+\int_{\gamma^{-1}} f(z)dz=\int_{(\varDelta_2)} f(z)dz.$$

然るに (iv) により

$$\int_{\gamma} f(z)dz+\int_{\gamma^{-1}} f(z)dz=0$$

であるから，

$$\int_{(\varDelta)} f(z)dz=\int_{C_1} f(z\ dz+\int_{C_2} f(z)dz$$

$$=\left(\int_{C_1} f(z)dz+\int_{\gamma} f(z)dz\right)+\left(\int_{C_2} f(z)dz+\int_{\gamma^{-1}} f(z)dz\right)$$

$$=\int_{(\varDelta_1)} f(z)dz+\int_{(\varDelta_2)} f(z)dz.$$

同様に

(vii) **領域 $\varDelta$ の中に有限個の長さの有限な曲線を引いて，$\varDelta$ を領域 $\varDelta_1$, ……, $\varDelta_n$ に分ければ，**

$$\int_{(\varDelta)} f(z)dz=\int_{(\varDelta_1)} f(z)dz+\cdots\cdots+\int_{(\varDelta_n)} f(z)dz.$$

$$(\varDelta=\varDelta_1+\cdots\cdots+\varDelta_n)$$

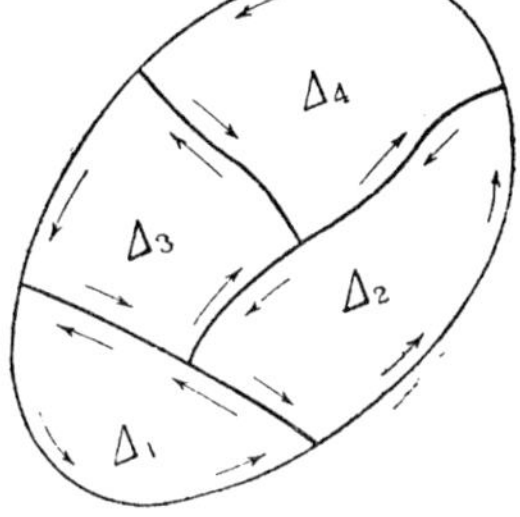

第 53 圖

後で必要のため次の定理を證明して置く．

定 理 V. 2. **$f(z)$ は領域 D で連續とし，C を D の中にある長さが有限な曲線とする．**

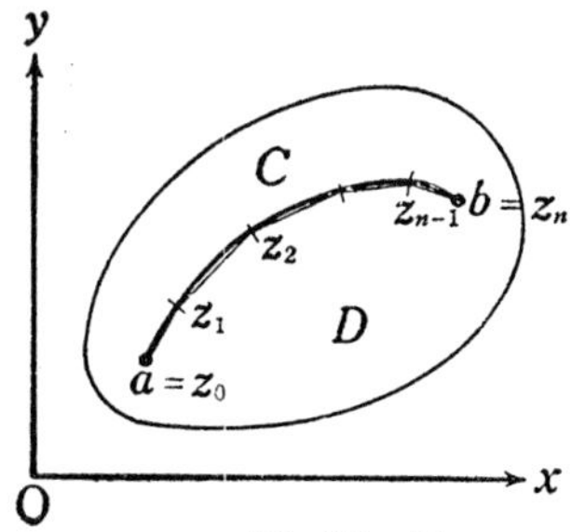

第 54 圖

$\varepsilon>0$ を任意に小に與える時，C に內接する折線 π を適當にとつて，

$$\left|\int_C f(z)dz-\int_{\pi} f(z)dz\right|<\varepsilon$$

ならしめることが出來る．但し π も D に含まれるものとする．

證 明. C: $z=z(t)$ $(\alpha\leqq t\leqq\beta)$ とする．定理

V. 1 の證明同樣，C の上に $\{z_k\}$ $(k=0, 1, \cdots\cdots, n)$ をとり，z_k と z_{k+1} とを結ぶ線分 l_k を作れば，C に内接する折線 π が得られる．

定理 V. 1 において $\zeta_k=z_k$ にとり，分點を十分密にとれば，

$$\left|\int_C f(z)dz-\sum_{k=0}^{n-1}f(z_k)\Delta z_k\right|<\delta \tag{1}$$

となる．又

$$\int_\pi f(z)dz=\sum_{k=0}^{n-1}\int_{l_k}f(z)dz,\quad f(z_k)\Delta z_k=\int_{l_k}f(z_k)dz$$

であるから，

$$\left|\int_\pi f(z)dz-\sum_{k=0}^{n-1}f(z_k)\Delta z_k\right|$$
$$=\left|\sum_{k=0}^{n-1}\int_{l_k}f(z)dz-\sum_{k=0}^{n-1}\int_{l_k}f(z_k)dz\right|$$
$$=\left|\sum_{k=0}^{n-1}\int_{l_k}\bigl(f(z)-f(z_k)\bigr)dz\right|$$
$$\leqq\sum_{k=0}^{n-1}\int_{l_k}|f(z)-f(z_k)|\,|dz|.$$

$f(z)$ の連續性から $\operatorname*{Max}_k \Delta t_k$ を十分小にとれば，l_k 上の任意の z に對して

$$|f(z)-f(z_k)|<\delta$$

となるから，L を C の長さとすれば，

$$\left|\int_\pi f(z)dz-\sum_{k=0}^{n-1}f(z_k)\Delta z_k\right|\leqq\delta\sum_{k=0}^{n-1}\int_{l_k}|dz|=\delta L. \tag{2}$$

故に (1)，(2) から

$$\left|\int_C f(z)dz-\int_\pi f(z)dz\right|<\delta+\delta L=\delta(L+1).$$

$\delta(L+1)=\varepsilon$ なるよう δ をとれば，$\operatorname*{Max}_k \Delta t_k$ が十分小ならば，

$$\left|\int_C f(z)dz-\int_\pi f(z)dz\right|<\varepsilon$$

となる．

例 1.　$f(z)\equiv k$ (定數)．

曲線 C の兩端を a, b とする．　C の上に分點 $\{z_k\}$ をとれば，

$$\sum_{k=0}^{n-1} f(\zeta_k)\Delta z_k = k\sum_{k=0}^{n-1}\Delta z_k = k(b-a),$$

$$\therefore \quad \int_C k\,dz = k(b-a).$$

特に C が閉曲線ならば $a=b$ として，

$$\int_C k\,dz = 0 \quad (C:\ \textbf{閉曲線}).$$

例 2. $f(z)=z.$

曲線 C の兩端を a, b とし，C の上に分點 $\{z_k\}$ をとり，

$$\sum_{k=0}^{n-1} f(\zeta_k)\Delta z_k = \sum_{k=0}^{n-1}\zeta_k\Delta z_k$$

を作るのに，$\zeta_k=z_k$ 又は $\zeta_k=z_{k+1}$ にとれば，$\operatorname{Max}_k \Delta t_k\to 0$ の時，

$$\sum_{k=0}^{n-1} z_k(z_{k+1}-z_k)\to\int_C z\,dz,$$

$$\sum_{k=0}^{n-1} z_{k+1}(z_{k+1}-z_k)\to\int_C z\,dz.$$

故に二式を加えれば，

$$\sum_{k=0}^{n-1}(z_{k+1}+z_k)(z_{k+1}-z_k)\to 2\int_C z\,dz.$$

左邊は
$$\sum_{k=0}^{n-1}(z_{k+1}^2-z_k^2)=b^2-a^2$$

であるから，

$$\int_C z\,dz=\frac{b^2-a^2}{2}.$$

特に C が閉曲線の時は $a=b$ として，

$$\int_C z\,dz = 0 \qquad (C:\ \textbf{閉曲線}).$$

例 3. $f(z)=\dfrac{1}{z}.$

C を原點を中心とし，半徑 r の圓とする．

$$z=r(\cos\theta+i\sin\theta)$$

を C 上の任意の點とすれば，

$$dz=r(-\sin\theta+i\cos\theta)d\theta$$
$$=ir(\cos\theta+i\sin\theta)d\theta=iz\,d\theta.$$

$$\therefore\quad \int_C\frac{dz}{z}=\int_0^{2\pi}i\,d\theta=2\pi i.$$

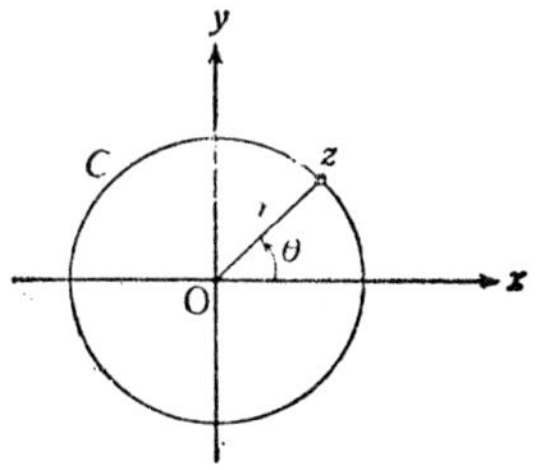

第 55 圖

2. Cauchy の基本定理

定 理 V. 3. (Cauchy の基本定理). $f(z)$ は z 平面上の一つの單一連結領域 D で正則とすれば, D の中にある長さが有限な任意の閉曲線 C に對して

$$\int_C f(z)dz = 0$$

である.

前節例 1, 2 はこの特別の場合であるが, 本定理を證明するのに例 1, 2 を使うのである.

$f(z)$ が D で正則というのは, D の各點で有限な $f'(z)$ が存在することである. この時 $f'(z)$ の連續性を假定していないことに注意を要する. このように $f'(z)$ の連續性を假定しないで Cauchy の基本定理を證明したのは Goursat である.

證 明. $\varepsilon>0$ を任意に小なる正數とすれば, 定理 V. 2 により C に內接する多角形 π を撰んで

$$\left|\int_C f(z)dz - \int_\pi f(z)\right| < \varepsilon$$

なるように出來るから, 若し D の中にあるすべての多角形 π に對して

$$\int_\pi f(z)dz = 0 \tag{1}$$

が成立すれば,

$$\left|\int_C f(z)dz\right| < \varepsilon$$

となる. ここで ε は任意に小でよいから,

$$\int_C f(z)dz = 0$$

でなければならない. 故に D に含まれる任意の多角形 π に對して (1) を證明すればよい. さて任意の多角形はこれを自分自身を截らない有限個の多角形に分解することが出來る. 例えば $\pi=P_0P_1\cdots\cdots P_6$ とすれば,

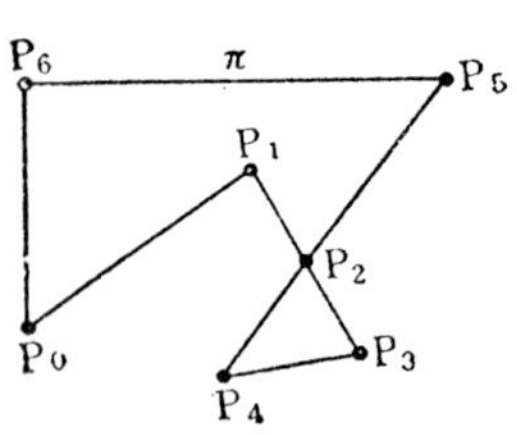

第 56 圖

$$\pi_1 = P_0P_1P_2P_5P_6P_0,$$

$$\pi_2 = P_2P_4P_3P_2$$

とすれば, $\pi=\pi_1+\pi_2$ となり, π_1, π_2 は自分自身を截

らない．この時 73 頁 (vii) により

$$\int_{\pi} f(z)dz = \int_{\pi_1} f(z)dz + \int_{\pi_2} f(z)dz$$

であるから，若し D に含まれる任意の自分自身を截らない多角形 π に對して (1) が成立すれば，任意の多角形 π に對して (1) が成立する．

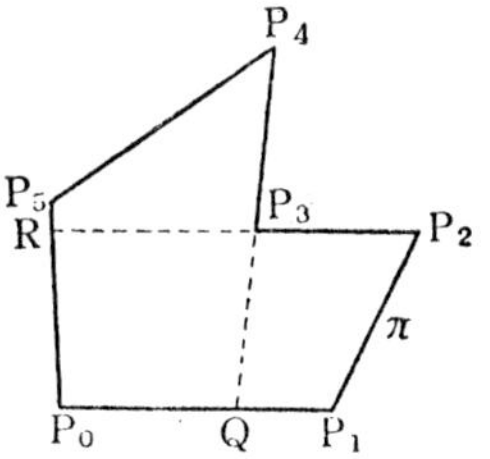

第 57 圖

π を自分自身を截らない多角形とすれば，これを有限個の凸多角形の和に分解することが出來る．例えば $\pi = P_0P_1 \cdots\cdots P_5$ を凸でない多角形とすれば，邊 P_2P_3 の延長線が π と交る點を R, P_4P_3 の延長線が π と交る點を Q とすれば，

$$\pi_1 = P_0QP_3R, \qquad \pi_2 = QP_1P_2P_3, \qquad \pi_3 = P_3P_4P_5R$$

とすれば，$\pi = \pi_1 + \pi_2 + \pi_3$ となり，π_1, π_2, π_3 は凸多角形である*)．故に 73 頁 (vii) により任意の凸多角形 π に對して (1) が成立することを證明すればよい．次に π を任意の凸多角形とすれば，圖で示すように，これを三角形の和に分解することが出來るから**)，73 頁 (vii) により任意の三角形 π に對して (1) を證明すれば Cauchy の基本定理は證明される．故に問題は非常に簡單になり D に含まれる任意の三角形 Δ に對して

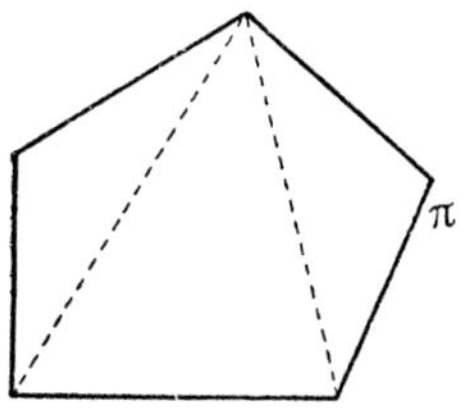

第 58 圖

$$\int_{(\Delta)} f(z)dz = 0 \qquad (2)$$

を證明すればよい．次にこれを證明しよう．

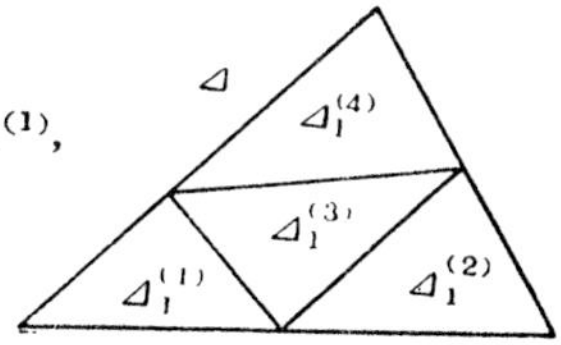

第 59 圖

Δ の各邊の中點によつて Δ を四個の三角形に $\Delta_1^{(1)}$, $\Delta_1^{(2)}$, $\Delta_1^{(3)}$, $\Delta_1^{(4)}$ に分ければ，

$$\Delta = \Delta_1^{(1)} + \Delta_1^{(2)} + \Delta_1^{(3)} + \Delta_1^{(4)}.$$

故に

---

*) 假定により D は單一連結だから π_1, π_2, π_3 の內部は D に屬す．

**) *) 同樣三角形の內部は D に屬す．

$$\left.\begin{aligned}\int_{(\varDelta)} f(z)dz = \int_{(\varDelta_1{}^{(1)})} f(z)dz + \int_{(\varDelta_1{}^{(2)})} f(z)dz \\ + \int_{(\varDelta_1{}^{(3)})} f(z)dz + \int_{(\varDelta_1{}^{(4)})} f(z)dz\end{aligned}\right\} \tag{3}$$

である．今

$$\left|\int_{(\varDelta)} f(z)dz\right| = M \tag{4}$$

と置けば，

$$M = \left|\int_{(\varDelta)} f(z)dz\right| \leqq \sum_{i=1}^{4}\left|\int_{(\varDelta_1{}^{(i)})} f(z)dz\right|$$

であるから，右邊の 4 項のうち最大のものを M_1 とすれば，

$$M \leqq 4M_1, \qquad M_1 \geqq \frac{M}{4}. \tag{5}$$

今例えば

$$\left|\int_{(\varDelta_1{}^{(1)})} f(z)dz\right| = M_1$$

であつたとすれば，$\varDelta_1 = \varDelta_1{}^{(1)}$ と置けば，

$$\left|\int_{(\varDelta_1)} f(z)dz\right| = M_1 \geqq \frac{M}{4}. \tag{6}$$

同様に $\varDelta_1$ を四個の三角形に分ければ，その中の一つ $\varDelta_2$ に對して

$$\left|\int_{(\varDelta_2)} f(z)dz\right| \geqq \frac{M_1}{4} \geqq \frac{M}{4^2} \tag{7}$$

が成立する．以下同様にして三角形

$$\varDelta \supset \varDelta_1 \supset \varDelta_2 \supset \cdots\cdots \supset \varDelta_n \supset \cdots\cdots \tag{8}$$

が得られ

$$\left|\int_{(\varDelta_n)} f(z)dz\right| \geqq \frac{M}{4^n} \tag{9}$$

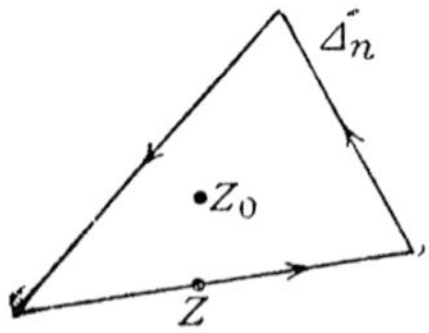

第 60 圖

となる．$\varDelta_n$ の邊の長さ L_n は $\varDelta$ の邊の長さ L の $\frac{1}{2^n}\left(L_n = \frac{L}{2^n}\right)$ であるから $n \to \infty$ の時，$\varDelta_n$ は一點 z_0 に收斂する．$\varDelta_n$ は D に屬するから，z_0 は D に屬す．故に有限な $f'(z_0)$ が存在する．故に $n \geqq n_0$ ならば，$\varDelta_n$ の周上の任意の z に對して

$$|f(z)-f(z_0)-f'(z_0)(z-z_0)|<\varepsilon|z-z_0|$$

となる．従つて

$$\left|\int_{(\Delta_n)}f(z)dz-f(z_0)\int_{(\Delta_n)}dz-f'(z_0)\int_{(\Delta_n)}(z-z_0)dz\right|\leqq\varepsilon\int_{(\Delta_n)}|z-z_0|\,|dz|.$$

前節例 1，2 により

$$\int_{(\Delta n)}dz=0,\qquad \int_{(\Delta n)}(z-z_0)dz=0$$

で，Δ_n の周上の z に對して $|z-z_0|\leqq L_n$ だから，

$$\left|\int_{(\Delta n)}f(z)dz\right|\leqq\varepsilon\int_{(\Delta n)}|z-z_0|\,|dz|$$

$$\leqq\varepsilon L_n\int_{(\Delta n)}|dz|=\varepsilon L_n{}^2=\varepsilon\left(\frac{L}{2^n}\right)^2=\frac{\varepsilon L^2}{4^n}.$$

故に (9) より

$$\frac{M}{4^n}\leqq\frac{\varepsilon L^2}{4^n},\qquad M\leqq\varepsilon L^2,$$

ここで $\varepsilon\to0$ とすれば $M=0$，故に

$$\int_{(\Delta)}f(z)dz=0$$

となり (2) が得られる．従つて Cauchy の基本定理は證明された．

3. Cauchy の基本定理から導かれる諸定理

Cauchy の基本定理が證明されれば，これから容易に種々の定理を導き出すことが出來る．次にこれを示そう．

定 理 V. 4. **$f(z)$ を單一連結領域 D で正則とし，a, b を D の二點とし，これを二つの長さの有限な曲線 C_1，C_2 で結べば，**

$$\int_{C_1}f(z)dz=\int_{C_2}f(z)dz$$

である．

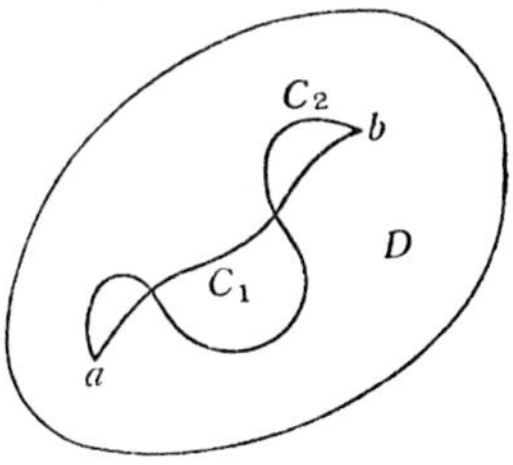

第 61 圖

證 明． C_2 の向きを逆にしたものを C_2^{-1} で表わせば，$C_1+C_2^{-2}$ は一つの閉曲線であるから Cauchy の基本定理で

$$\int_{C_1} f(z)dz + \int_{C_2^{-1}} f(z)dz = 0.$$

然るに

$$\int_{C_2^{-1}} f(z)dz = -\int_{C_2} f(z)dz$$

であるから，

$$\int_{C_1} f(z)dz = \int_{C_2} f(z)dz.$$

定理 V. 5. ***D* を *z* 平面上の一つの領域とし*) (單一連結でなくてもよい)，**

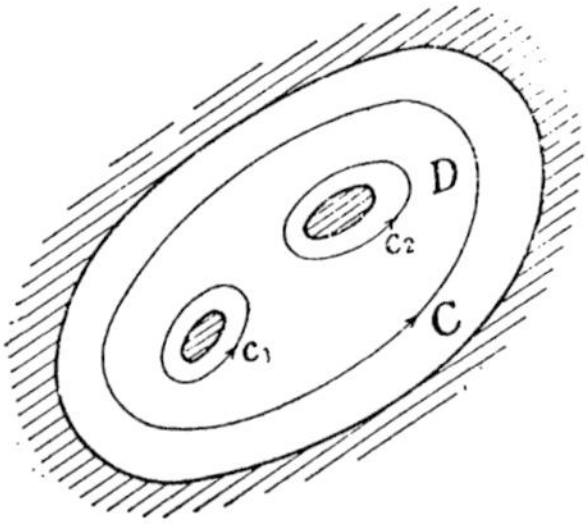

第 62 圖

$f(z)$ は D で一價正則とする．C, C_1, ……, C_n は D の中にある長さが有限な Jordan 曲線とし，C_1, ……, C_n は C の内部に含まれ，その正の方向を圖の如くとすれば，

$$\int_C f(z)dz = \int_{C_1} f(z)dz + \cdots\cdots + \int_{C_n} f(z)dz$$

である．

證 明． 先ず $n=1$ の場合を考える．C の上に一點 A, C_1 の上に一點 B をとり，これを曲線 $l=AB$ で結ぶ．l の方向は A から B に向うものとする．從つて l^{-1} は B から A へ向う方向を持つ．

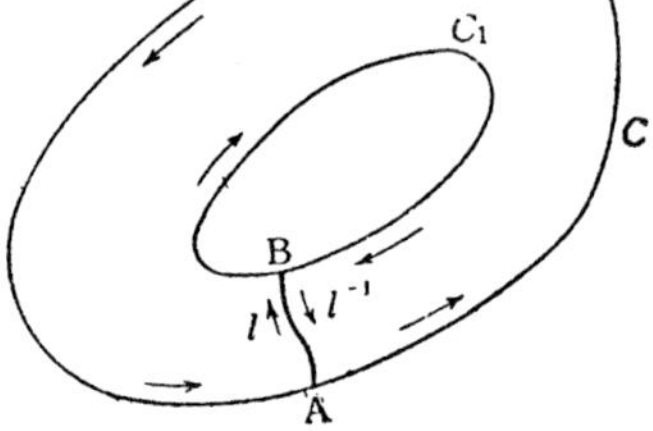

第 63 圖

$$\Gamma = l + C_1^{-1} + l^{-1} + C$$

は $f(z)$ が正則なる領域内にある一つの閉曲線と考えることが出來る**)．故に Cauchy の基本定理により

$$\int_\Gamma f(z)dz = \int_l f(z)dz + \int_{C_1^{-1}} f(z)dz + \int_{l^{-1}} f(z)dz + \int_C f(z)dz = 0,$$

即ち

---

*) 圖で斜線でない部分．

**) C_1 を圖の如くまわるものは C_1^{-1} である．

$$\int_{l_1} f(z)dz - \int_{C_1} f(z)dz - \int_{l_1} f(z)dz + \int_C f(z)dz = 0,$$

$$\therefore \quad \int_C f(z)dz = \int_{C_1} f(z)dz.$$

一般の場合は圖のように $C_i(i=1, 2, \cdots\cdots, n)$ 上の一點と C 上の一點を曲線 l_i で結んで圖で矢で示した積分路の上を積分して Cauchy の基本定理を應用し，$n=1$ の時と同様に證明することが出來る.

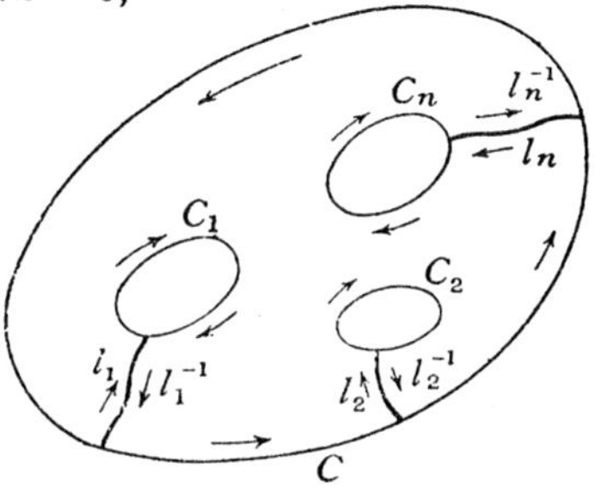

第 64 圖

4. 不定積分

D を z 平面上の單一連結領域とし，$f(z)$ は D で正則とする．z_0 を D の定點，z は D の任意の點とする．z_0 と z とを D の中で長さの有限な曲線 C で連結して

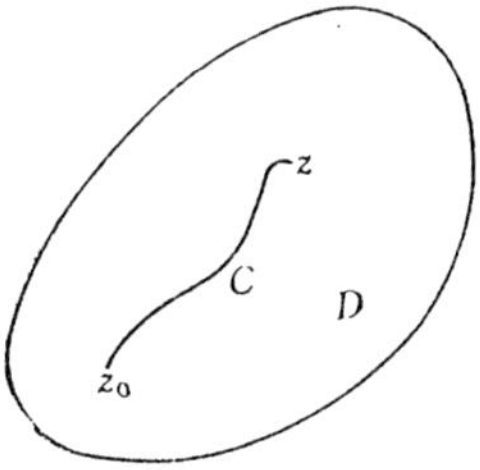

第 65 圖

$$\int_C f(\zeta)d\zeta \qquad (1)$$

を考えると，定理 IV. 8 によつて，これは z_0, z が與えられれば，これを連結する曲線 C には依存しない．故に (1) を

$$F(z) = \int_{z_0}^{z} f(\zeta)d\zeta \qquad (2)$$

と書くことが出來る．これは z のみの函數である.

これを $f(z)$ の**不定積分**という.

$F(z)$ は D で一價な複素函數である.

定理 V. 6. **$F(z)$ は D で正則で**

$$F'(z) = f(z)$$

である.

證明. z_0 と z とを曲線 C で結び，z と $z+\Delta z$ とを線分 l で結べば，

$$F(z) = \int_C f(\zeta)d\zeta,$$

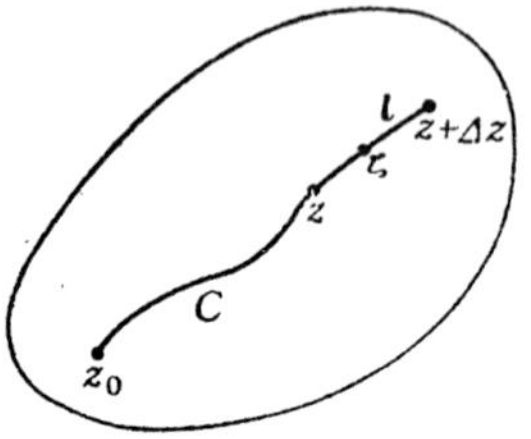

第 66 圖

$$F(z+\Delta z)=\int_{C+l}f(\zeta)d\zeta$$
$$=\int_C f(\zeta)d\zeta+\int_l f(\zeta)d\zeta,$$
$$\therefore\quad F(z+\Delta z)-F(z)=\int_l f(\zeta)d\zeta$$
$$=\int_z^{z+\Delta z}f(\zeta)d\zeta.$$

$|\Delta z|$ を十分小にとれば，l 上の任意の ζ に對して，$|f(\zeta)-f(z)|<\varepsilon$ となるから，

$$f(\zeta)=f(z)+\eta(\zeta)$$

と置けば，l 上の任意の ζ に對して

$$|\eta(\zeta)|<\varepsilon$$

である．故に

$$F(z+\Delta z)-F(z)=\int_z^{z+\Delta z}f(\zeta)d\zeta=\int_z^{z+\Delta z}\bigl(f(z)+\eta(\zeta)\bigr)d\zeta$$
$$=f(z)\Delta z+\int_z^{z+\Delta z}\eta(\zeta)d\zeta,$$
$$\therefore\quad\left|\frac{F(z+\Delta z)-F(z)}{\Delta z}-f(z)\right|\leqq\frac{1}{|\Delta z|}\left|\int_z^{z+\Delta z}\eta(\zeta)d\zeta\right|$$
$$\leqq\frac{1}{|\Delta z|}\int_z^{z+\Delta z}|\eta(\zeta)||d\zeta|<\frac{\varepsilon}{|\Delta z|}\int_z^{z+\Delta z}|d\zeta|$$
$$=\frac{\varepsilon|\Delta z|}{|\Delta z|}=\varepsilon,$$

即ち

$$\left|\frac{F(z+\Delta z)-F(z)}{\Delta z}-f(z)\right|<\varepsilon.$$

ここで $\Delta z\to 0$ とすれば，$\varepsilon\to 0$ となるから，

$$F'(z)=f(z).$$

故に有限な $F'(z)$ が存在するから $F(z)$ は D で正則である．

定理 V. 7.　**D を單一連結領域とし，$f(z)$ は D で正則とす．$G(z)$ は D で正則で，D の各點で**

$$G'(z)=f(z)$$

ならば, D の二點 a, b に對して

$$\int_a^b f(z)dz = G(b) - G(a) = \Big[G(z)\Big]_a^b.$$

$G(z)$ を $f(z)$ の**原始函數**という.

故に積分學の時同様, $f(z)$ の原始函數が分れば, $f(z)$ の定積分は求まる.

證 明.

$$F(z) = \int_a^z f(\zeta)d\zeta \tag{1}$$

と置けば, 前定理で $F'(z)=f(z)$ であるから, $F'(z)=G'(z)$ である. $F(z)$, $G(z)$ は正則だから

$$H(z) = F(z) - G(z) \tag{2}$$

は D で正則で, $H'(z)=F'(z)-G'(z)=0$ である. 今

$$H(z) = u(x, y) + iv(x, y) \tag{3}$$

と置けば, $H'(z)=\dfrac{\partial u}{\partial x}+i\dfrac{\partial v}{\partial x}$ だから, $H'(z)=0$ より

$$\frac{\partial u}{\partial x}=0, \qquad \frac{\partial v}{\partial x}=0, \tag{4}$$

從つて Cauchy-Riemann の微分方程式から

$$\frac{\partial u}{\partial y}=0, \qquad \frac{\partial v}{\partial y}=0 \tag{5}$$

を得るから (4), (5) より $u\equiv$const., $v\equiv$const., 故に $H(z)\equiv$const. である.

從つて $H(a)=H(b)$, 即ち $F(a)-G(a)=F(b)-G(a)$,

$$G(b) - G(a) = F(b) - F(a) = F(b) = \int_a^b f(z)dz.$$

例. $\dfrac{d}{dz}\left(\dfrac{z^{n+1}}{n+1}\right)=z^n$ であるから,

$$\int_a^b z^n dz = \frac{b^{n+1}-a^{n+1}}{n+1},$$

特に
$$\int_0^z z^n dz = \frac{z^{n+1}}{n+1}.$$

5. log z の定義

$f(z)=\dfrac{1}{z}$ は $z=0$ 以外の點で正則である．今原點 O から $-\infty$ まで負の實軸に沿つて z 平面を截り殘りの領域を D とすれば，D は單一連結領域で，$\dfrac{1}{z}$ は D で正則であるから，不定積分

$$F(z)=\int_1^z \frac{d\zeta}{\zeta} \tag{1}$$

は定理 V. 6 により D で一價正則である．積分路は 1 と z とを結ぶ任意の曲線でよいから，積分路を次のように撰ぶ．今 $z=re^{i\theta}$ を D の點とすれば，$-\pi<\theta<\pi$ である．

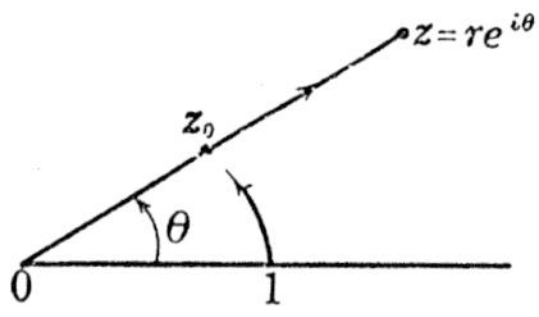

第 67 圖

原點 O と z とを直線 L で結び，L と單位圓 $|z|=1$ との交點を z_0 とする．積分路を $z=1$ から z_0 までの單位圓の部分と，z_0 から z までの L の部分にとれば，

$$F(z)=\int_1^{z_0}\frac{d\zeta}{\zeta}+\int_{z_0}^{z}\frac{d\zeta}{\zeta}.$$

第一の積分において $\zeta=e^{i\varphi}$ $(0\leqq\varphi\leqq\theta)$ であるから，$d\zeta=ie^{i\varphi}d\varphi=i\zeta d\varphi$，故に

$$\int_1^{z_0}\frac{d\zeta}{\zeta}=i\int_0^{\theta}d\varphi=i\theta.$$

第二の積分において $\zeta=\rho e^{i\theta}$ $(1\leqq\rho\leqq r)$ であるから，$d\zeta=d\rho e^{i\theta}$，故に $\dfrac{d\zeta}{\zeta}=\dfrac{d\rho}{\rho}$，從つて

$$\int_{z_0}^{z}\frac{d\zeta}{\zeta}=\int_1^r\frac{d\rho}{\rho}=\log r.$$

故に $$F(z)=\log r+i\theta.$$

これを $\log z$ と定義する．即ち

$$\log z=\int_1^z\frac{d\zeta}{\zeta}=\log r+i\theta \qquad (z=re^{i\theta}). \tag{2}$$

定理 V. 6 より

$$\frac{d}{dz}\log z=\frac{1}{z} \tag{3}$$

であるから，$\log z$ は正則函數である．

さて z は D の中にあるから $-\pi<\theta<\pi$ であるが，z が原點の周を一回正の

方向に回轉してもとへもどれば $\theta+2\pi$ となるから，(2) の右邊は $\log r+i(\theta+2\pi)$ $=\log z+2\pi i$ となる．同様に n $(\gtrless 0)$ 回原點の周を一周してもとへもどれば，$\log z+2n\pi i$ となるから，**$\log z$ は無限多價函數である．**

今負の實軸に沿つて截つた z 平面を無限枚用意し，これを Z_0, Z_1, Z_2, ……, Z_{-1}, Z_{-2}, …… とする．ここに z が Z_0 の中にあればその偏角は $-\pi<\theta<\pi$ で，一般に Z_n $(n=0, \pm 1, \pm 2, \cdots\cdots)$ の中にあれば，偏角は $-\pi+2n\pi<\theta<\pi+2n\pi$ とする．

Z_n の負の實軸に沿つて截つた截線には上側と下側の二つの岸がある．上側の岸を L_n^+，下側の岸を L_n^- で表わす．Z_n $(n=0, \pm 1, \pm 2, \cdots\cdots)$ を次のように連結する．即ち

Z_0 の L_0^+ と Z_1 の L_1^- とを連結し，Z_1 の L_1^+ と Z_2 の L_2^- とを連結し，以下同様に Z_n の L_n^+ と Z_{n+1} の L_{n+1}^- $(n=0, \pm 1, \pm 2\cdots\cdots)$ とを連結すれば，ここに無限葉からなる一つの表面 F が出來る．この F を $\log z$ の **Riemann 面**という．各 Z_n を F の**葉** (sheet) という．$z=0$ では無限個の葉が連結している．F は右の圖のようになる．

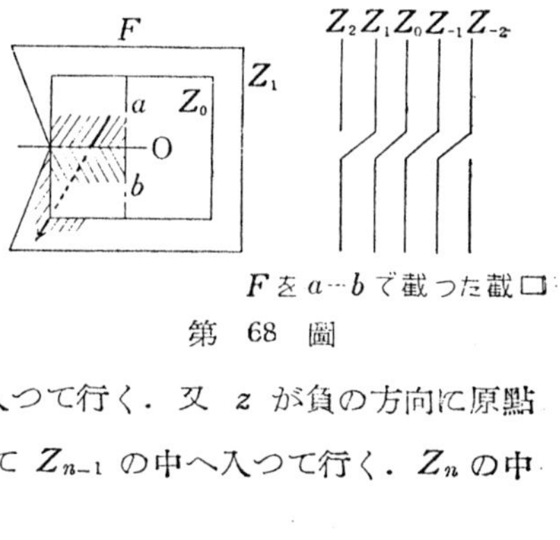

F を a—b で截つた截口

第 68 圖

點 z が Riemann 面 F の上にあれば，どれかの葉，例えば Z_n の上にある．z が Z_n の上を動いて原點の周を正の方向に回轉して L_n^+ に達すれば，これを越えて Z_{n+1} の中へ入つて行く．又 z が負の方向に原點の周を回轉して L_n^- に達すれば，これを越えて Z_{n-1} の中へ入つて行く．Z_n の中で $\log z$ を

$$\left.\begin{aligned}&\log z=\log r+i(\theta+2n\pi)\\&(z=re^{i\theta},\ -\pi<\theta<\pi)\end{aligned}\right\}\qquad (4)$$

で定義すれば，$\log z$ は Riemann 面 F の上で一價となる．

このように **$\log z$ は z 平面上では無限多價であるが，Riemann 面 F の上では一價となる**のである．

$\log z$ が多價となるのは，z が原點の周を一周することから起るのであるから，若し原點と ∞ とを結ぶ一つの曲線 C に沿つて z 平面を截り殘りの部分を D とすれば，z が D の中だけ動いていれば，$\log z$ は一價である．このように多價函數に對して，z の動く範圍を制限して一價函數としたものを多價函數の**分枝**という．

$\log z$ の Riemann 面は負の實軸でその葉を連結しなくても，上の曲線 C の上側の岸を L_n^+，下側の岸を L_n^- として上と同樣に Z_n を L_n^+，L_n^- に沿つて連結してもよい．特に正の實軸に沿つて z 平面を截つものを無限個連結しても $\log z$ の Riemann 面が得られる．

6.　函數 z^α

$z=re^{i\theta}$ とする時，z^α は

$$z^\alpha = r^\alpha e^{i\alpha\theta} \tag{1}$$

で定義する．容易に

$$\frac{d}{dz}z^\alpha = \alpha z^{\alpha-1} \qquad (z\neq 0)$$

なることが分るから，z^α は $z\neq 0$ で正則函數である．然し α が整數でなければ，z^α は多價函數である．次にこれを説明しよう．

$z=re^{i\theta}$ において $-\pi<\theta<\pi$ とし，z が $z=0$ の周を $n(\gtrless 0)$ 回廻轉してもとへもどれば，θ は $\theta+2\pi n$ となるから，z^α は

$$r^\alpha e^{i\alpha(\theta+2n\pi)} = r^\alpha e^{i\alpha\theta}\cdot e^{2\pi\alpha i}$$

となる．

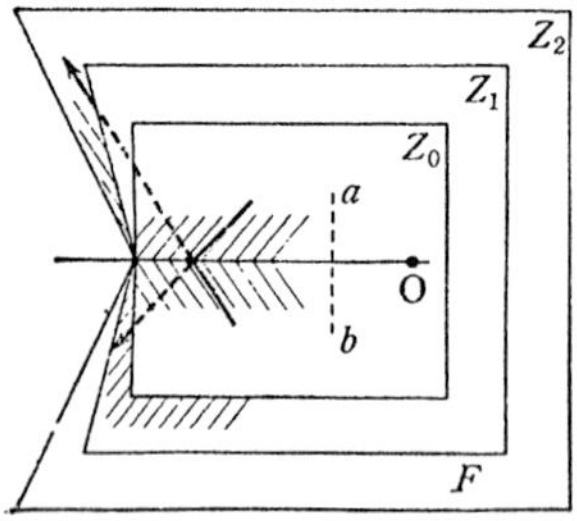

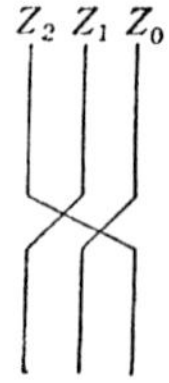

Fをa----bで截った截口

第 69 圖

今 α を有理數とし，$\alpha=\dfrac{p}{q}$ (p, q とは整數，$q>0$) とすれば，$n=q$ にとれば，$e^{2\pi n\alpha i}=e^{2\pi pi}=1$ となるから，z が原點の周を q 回回轉してもとへもどれば，z^α は出發した

値になる．故に $z^{\frac{p}{q}}$ は q 價函數である．α が無理數の時は，z が何回原點の周を回轉しても z^{α} はもとの値にもどらないから無限多價函數である．$\alpha=\dfrac{p}{q}$ の時は，$\log z$ の時の $Z_0, Z_1, \cdots\cdots, Z_{q-1}$ を用意し，Z_0 の $L_0{}^{+}$ と Z_1 の $L_1{}^{-}$，Z_1 の $L_1{}^{+}$ と Z_2 の $L_2{}^{-}, \cdots\cdots, Z_{q-2}$ の $L_{q-2}{}^{+}$ と Z_{q-1} の $L_{q-1}{}^{-}$，Z_{q-1} の $L_{q-1}{}^{+}$ と Z_0 の $L_0{}^{-}$ とを連結すれば，q 葉からなる $z^{\frac{p}{q}}$ の Riemann 面 F が得られ，F の上で $z^{\frac{p}{q}}$ は一價なることも $\log z$ の時同様に分る．

α が無理數の時は，z^{α} の Riemann 面は $\log z$ の Riemann 面と同じになる．

注 意． 正の實軸てに沿つ截つた z 平面を上と同樣に連結しても z^{α} の Riemann 面が得られる．

問 1． $f(z)=Re^{i\Theta}$ を $z=re^{i\theta}$ の正則函數とする時，$\log f(z)$ を $\log z$ の正則函數とみて，その Cauchy-Riemann 微分方程式を作り，

$$\frac{r}{R}\frac{\partial R}{\partial r}=\frac{\partial \Theta}{\partial \theta},\qquad \frac{1}{R}\frac{\partial R}{\partial \theta}=-r\frac{\partial \Theta}{\partial r}$$

を證明せよ．

問 2． $f(z)$ は $|z|<\infty$ で正則とし，若し任意の圓 $|z|=r$ の上で $|f(z)|=\text{const.}$ ならば，$f(z)=az^{n}$ の形になることを證明せよ．但し const. は r に依存する定數とす．

解．
$$\frac{d\log f}{d\log z}=\frac{d\log|f|+id\arg f}{d\log r+id\theta}$$

を $dr=0$ の方向に微分して

$$\frac{d\log f}{d\log z}=-i\frac{\partial\log|f|}{\partial\theta}+\frac{\partial\arg f}{\partial\theta}$$

とし，46 頁問 1 を應用せよ．

7. 正則函數の積分表示

定 理 V. 8. D を長さの有限な Jordan 曲線 C で圍まれた領域とし，$f(z)$ は閉領域 $\overline{D}$ で正則とすれば，D の任意の點 z に對して，

$$f(z)=\frac{1}{2\pi i}\int_C\frac{f(\zeta)}{\zeta-z}d\zeta \qquad \text{(Cauchy の積分表示)},$$

但 C の正の方向に積分するものとする．

この定理は Cauchy の基本定理から導かれるものであるが，その重要性は基本定理を凌ぐ位で，函數論は殆んどこの定理から導かれるといつても過言でない．上

式の右邊の $f(\zeta)$ は $f(z)$ の C の上の値であるから，C の內部の點 z における $f(z)$ の値は C の上の $f(z)$ の値によつて一意的に決定することが分る．特に C の上で $f(z)=0$ ならば C の內部でも $f(z)=0$ である．

これは實函數の場合では明らかに成立しないことで，$f(z)$ の正則性が强く影響しているのである．

證明． D の點 z を中心として半徑 r の圓 γ を描き，γ は C の內部に含まれるようにする．γ の正の方向は矢で示す．

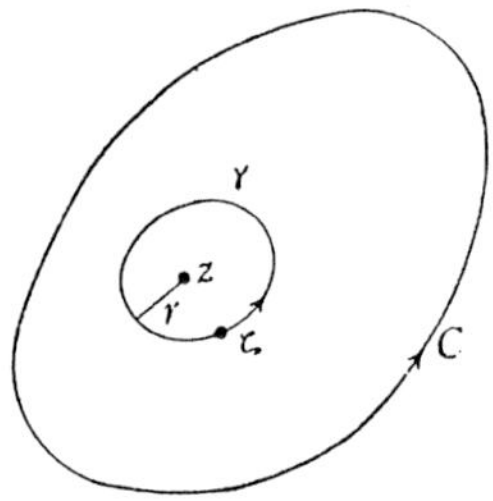

第 70 圖

今

$$F(\zeta)=\frac{f(\zeta)}{\zeta-z} \tag{1}$$

を考えれば，$F(\zeta)$ は C の內部で $\zeta\neq z$ なる點では正則であるから，定理 IV. 3 により

$$\int_C \frac{f(\zeta)}{\zeta-z}d\zeta=\int_\gamma \frac{f(\zeta)}{\zeta-z}d\zeta \tag{2}$$

である．z が γ の上にあれば，$\zeta-z=r(\cos\theta+i\sin\theta)$ であるから，

$$d\zeta=r(-\sin\theta+i\cos\theta)d\theta$$
$$=ir(\cos+i\sin\theta)=i(\zeta-z)d\theta,$$

$$\therefore\quad \frac{d\zeta}{\zeta-z}=i\,d\theta. \tag{3}$$

γ の半徑 r を十分小にとれば，$f(z)$ の連續性から γ の上の任意の ζ に對して，

$$|f(\zeta)-f(z)|<\varepsilon$$

となるから $f(\zeta)=f(z)+\eta(\zeta)$ とおけば，

$$|\eta(\zeta)|<\varepsilon.$$

故に (2), (3) より，

$$\int_C \frac{f(\zeta)}{\zeta-z}d\zeta=\int_\gamma \frac{f(\zeta)}{\zeta-z}d\zeta=i\int_0^{2\pi}\big(f(z)+\eta(\zeta)\big)d\theta$$

$$=2\pi i f(z)+i\int_0^{2\pi}\eta(\zeta)d\theta,$$

$$\therefore\quad \left|\frac{1}{2\pi i}\int_C \frac{f(\zeta)}{\zeta-z}d\zeta-f(z)\right|\leqq\frac{1}{2\pi}\int_0^{2\pi}|\eta(\zeta)|d\theta<\frac{\varepsilon}{2\pi}\cdot 2\pi=\varepsilon$$

ここで $r\to 0$ とすれば，$\varepsilon\to 0$ となるから，

$$f(z)=\frac{1}{2\pi i}\int_C\frac{f(\zeta)}{\zeta-z}\,d\zeta.$$

更らに一般に次の定理が成立する．

定 理 V. 9. C_1, ……, C_n **を長さの有限な Jordan 曲線とし，** C_1, ……, C_n **によつて圍まれた領域を** D **とす．** $f(z)$ **は閉領域** $\overline{D}$ **で正則とし，** z **を** D **の內點とすれば**

$$f(z)=\frac{1}{2\pi i}\int_\Gamma\frac{f(\zeta)}{\zeta-z}\,d\zeta\qquad(\Gamma=C_1+\cdots\cdots+C_n),$$

但し Γ **の正の方向に積分するものとす．**

證 明． 前定理同樣

$$F(\zeta)=\frac{f(\zeta)}{\zeta-z}$$

を考え，D の點 z を中心とし半徑 r の圓 γ を描き，γ の正の方向は矢で示したようにとれば，定理 IV. 3 より容易に

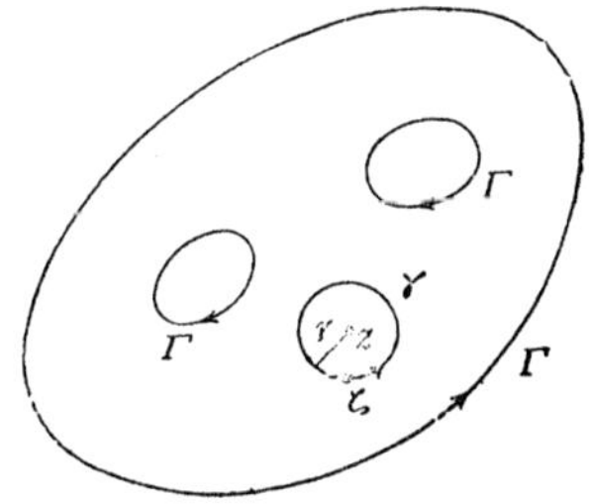

第 71 圖

$$\int_\Gamma\frac{f(\zeta)}{\zeta-z}\,d\zeta=\int_\gamma\frac{f(\zeta)}{\zeta-z}\,d\zeta$$

となることが分る．ここで前定理同樣 $r\to 0$ とすれば右邊は $\to 2\pi i f(z)$ となるから，

$$f(z)=\frac{1}{2\pi i}\int_\Gamma\frac{f(\zeta)}{\zeta-z}\,d\zeta.$$

8. 正則函數の導函數

定 理 V. 10. 正則函數が前定理によつて

$$f(z)=\frac{1}{2\pi i}\int_C\frac{f(\zeta)}{\zeta-z}\,d\zeta$$

の如く表示されたとすれば，その n **次導函數は**

$$f^{(n)}(z)=\frac{n!}{2\pi i}\int_C\frac{f(\zeta)}{(\zeta-z)^{n+1}}\,d\zeta\qquad(n=1,2,\cdots\cdots)$$

によつて與えられる．

$f(z)$ が正則なることは，有限な $f'(z)$ か存在することで，$f'(z)$ の連續性は假定していない．從つて勿論 $f''(z)$, $f'''(z)$…… の存在は假定していない．然るにこの

定理によつて，$f''(z)$，$f'''(z)$，…… の存在が必然的に出て來るのである．$f''(z)$ が存在するから $f'(z)$ **は連續である**．故に D の各點における $f'(z)$ の存在を假定すれば，必然的に $f'(z)$ の連續性が出てくる．故に最初 $f'(z)$ の存在だけ假定して出發しても，$f'(z)$ の連續性を假定して出發しても，ここまで來れば結局同じことになるのである．又 $f''(z)$ が存在するから $f'(z)$ は正則，$f'''(z)$ が存在するから $f''(z)$ は正則である．

一般に

系．$f(z)$ を正則函數とすれば，その n 次導函數 $f^{(n)}(z)$ は正則函數である．

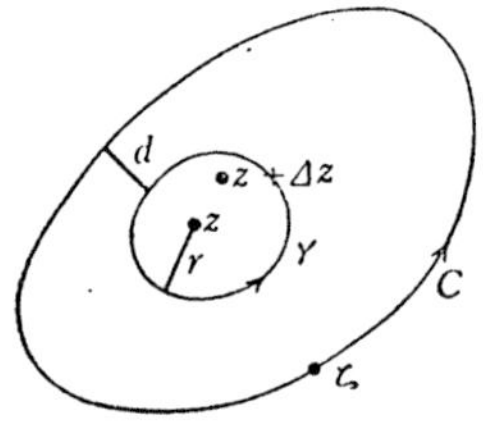

第 72 圖

證明． z を中心として半徑 r の圓 γ を描き，γ は D の内部に含まれるようにする．

γ の中に任意に $z+\Delta z$ をとれば，

$$\left.\begin{aligned} f(z) &= \frac{1}{2\pi i}\int_C \frac{f(\zeta)}{\zeta-z}\,d\zeta, \\ f(z+\Delta z) &= \frac{1}{2\pi i}\int_C \frac{f(\zeta)}{\zeta-(z+\Delta z)}\,d\zeta. \end{aligned}\right\}$$

$$\therefore\quad f(z+\Delta z)-f(z) = \frac{1}{2\pi i}\int_C f(\zeta)\left(\frac{1}{\zeta-(z+\Delta z)}-\frac{1}{\zeta-z}\right)d\zeta$$

$$= \frac{\Delta z}{2\pi i}\int_C \frac{f(\zeta)}{(\zeta-(z+\Delta z))(\zeta-z)}\,d\zeta,$$

$$\frac{f(z+\Delta z)-f(z)}{\Delta z} = \frac{1}{2\pi i}\int_C \frac{f(\zeta)}{(\zeta-(z+\Delta z))(\zeta-z)}\,d\zeta. \qquad (1)$$

ここで $\Delta z\to 0$ とすれば，(1) の右邊は

$$\frac{1}{2\pi i}\int_C \frac{f(\zeta)}{(\zeta-z)^2}\,d\zeta \qquad (2)$$

に近づくことは大體見當がつくが，次のように嚴密に證明することが出來る．

それには $\Delta z\to 0$ とすれば，

$$I=\left(\int_C \frac{f(\zeta)}{(\zeta-(z+\Delta z))(\zeta-z)}\,d\zeta - \int_C \frac{f(\zeta)}{(\zeta-z)^2}\,d\zeta\right)\to 0 \qquad (3)$$

を證明すればよい．

$$|I|=|\varDelta z|\left|\int_C \frac{f(\zeta)}{(\zeta-(z+\varDelta z))(\zeta-z)^2}d\zeta\right|$$

$$\leqq|\varDelta z|\int_C \frac{|f(\zeta)|}{|\zeta-(z+\varDelta z)|\,|\zeta-z|^2}|d\zeta|. \qquad (4)$$

γ と C との最短距離を d とすれば（第 72 圖參照），z, $z+\varDelta z$ が γ の中にあり，ζ が C の上にあれば，

$$|\zeta-(z+\varDelta z)|\geqq d, \qquad |\zeta-z|\geqq d$$

である．故に C 上の $|f(z)|$ の最大値を M, C の長さを L とすれば，(4) より

$$|I|\leqq|\varDelta z|\int_C \frac{M}{d^3}|d\zeta|=|\varDelta z|\frac{M\cdot L}{d^3}.$$

故に $\varDelta z\to 0$ とすれば，$I\to 0$ となる．

故に (1) から

$$f'(z)=\frac{1}{2\pi i}\int_C \frac{f(\zeta)}{(\zeta-z)^2}d\zeta. \qquad (5)$$

同樣に (5) を積分記號の中で微分して

$$f''(z)=\frac{1}{2\pi i}\int_C \frac{f(\zeta)}{(\zeta-z)^3}d\zeta. \qquad (6)$$

以下同樣に

$$f^{(n)}(z)=\frac{n!}{2\pi i}\int_C \frac{f(\zeta)}{(\zeta-z)^{n+1}}d\zeta \qquad (7)$$

を得．これを嚴密に證明するには數學的歸納法により，先ず $n=1$ の時は (5) により (7) は成立するから，(7) が，$n=1, 2, \cdots\cdots$, n まで成立したものとし，$n+1$ の時に成立することを證明しよう．假定により n の時 (7) は成立するから

$$\left.\begin{aligned} f^{(n)}(z)&=\frac{n!}{2\pi i}\int_C \frac{f(\zeta)}{(\zeta-z)^{n+1}}d\zeta,\\ f^{(n)}(z+\varDelta z)&=\frac{n!}{2\pi i}\int_C \frac{f(\zeta)}{(\zeta-(z+\varDelta z))^{n+1}}d\zeta, \end{aligned}\right\}$$

$$\therefore\ f^{(n)}(z+\varDelta z)-f^{(n)}(z)$$

$$=\frac{n!}{2\pi i}\int_C f(\zeta)\left(\frac{1}{(\zeta-(z+\varDelta z))^{n+1}}-\frac{1}{(\zeta-z)^{n+1}}\right)d\zeta$$

$$= \frac{n!}{2\pi i}\int_C \frac{f(\zeta)\left((\zeta-z)^{n+1}-(\zeta-(z+\Delta z))^{n+1}\right)}{(\zeta-(z+\Delta z))^{n+1}(\zeta-z)}d\zeta$$

$$= \frac{n!}{2\pi i}\int_C \frac{f(\zeta)\left(\Delta z(n+1)(\zeta-z)^n-(\Delta z)^2\frac{(n+1)n}{2}(\zeta-z)^{n-1}+\cdots\cdots\pm(\Delta z)^{n+1}\right)}{(\zeta-(z+\Delta z))^{n+1}(\zeta-z)^{n+1}}d\zeta.$$

$$\therefore\quad \frac{f^{(n)}(z+\Delta z)-f^{(n)}(z)}{\Delta z}$$

$$= \frac{n!}{2\pi i}\int_C \frac{f(\zeta)\left((n+1)(\zeta-z)^n-\Delta z\frac{(n+1)n}{2}(\zeta-z)^n+\cdots\cdots\pm(\Delta z)^n\right)}{(\zeta-(z+\Delta z))^{n+1}(\zeta-z)^{n+1}}d\zeta. \quad (8)$$

ここで $\Delta z \to 0$ とすれば，(3) を證明したと同樣にして，(8) の右邊は

$$\frac{(n+1)!}{2\pi i}\int_C \frac{f(\zeta)}{(\zeta-z)^{n+2}}d\zeta$$

に近づくことが分るから，

$$f^{(n+1)}(z) = \frac{(n+1)!}{2\pi i}\int_C \frac{f(z)}{(\zeta-z)^{n+2}}d\zeta \quad (9)$$

となり，(7) が $n+1$ の時に成立することが分る．故に數學的歸納法により (7) は一般の n に對して成立する．

9.　Morera の定理

前定理系を使えば Cauchy の基本定理の逆である次の Morera の定理を證明することが出來る．

定 理 V. 11.（Morera）．　D を單一連結領域とし，$f(z)$ は D で 連續な複素函數とす．

若し D の中にある任意の長さが有限な閉曲線 C に對して

$$\int_C f(z)dz = 0 \quad (1)$$

ならば，$f(z)$ は D で正則である．

證 明．　任意の閉曲線 C に對して (1) が成立するから，z_0 を D の定點とし，これと D の任意の點 z とを曲線 C で結び，

$$F(z) = \int_{z_0}^{z} f(\zeta)\,d\zeta$$

を考えれば，不定積分の時同様 $F(z)$ は C に依存しないことが分る．故に $F(z)$ は z の一價函數である．$f(z)$ は連續だから不定積分の時同樣

$$F'(z) = f(z)$$

なることが證明される．$F'(z)$ が存在するから $F(z)$ は正則函數である．故に定理 V. 10 系より $F'(z)=f(z)$ は D で正則である．

定理 V. 12. **$f(z, t)$ は z と t との函數で，t は t 平面上の長さが有限な曲線 C の上を動き，z は z 平面上の領域 D の中を動く時，$f(z, t)$ は二變數 (z, t) の連續函數で又 t を固定し z のみの函數とみる時，$f(z, t)$ は D で z の正則函數とすれば，**

$$\boldsymbol{F(z) = \int_C f(z, t)\,dt}$$

は D で正則である．且つ

$$\boldsymbol{F^{(n)}(z) = \int_C \frac{\partial^n f(z, t)}{\partial z^n}\,dt \qquad (n = 1, 2, \cdots\cdots).}$$

證明. 假定から $F(z)$ は z の連續函數なることは容易に分る．D が單一連結でなければ，これを單一連結の領域に分けて考えればよいから，D は單一連結とする．D の中に任意に長さの有限な閉曲線を Γ とれば，

$$\int_\Gamma F(z)\,dz = \int_C dt \int_\Gamma f(z, t)\,dz.$$

假定により t を固定した時，$f(z, t)$ は z の正則函數だから，Cauchy の基本定理により

$$\int_C f(z, t)\,dz = 0,$$

故に

$$\int_\Gamma F(z)\,dz = 0$$

となるから，Morera の定理で $F(z)$ は D で正則である．

$F(z)$，$f(z, t)$ は正則だから，Cauchy の積分表示で

$$F^{(n)}(z) = \frac{n!}{2\pi i}\int_\Gamma \frac{F(\zeta)}{(\zeta - z)^{n+1}}\,d\zeta,$$

$$\frac{\partial^n f(z, t)}{\partial z^n} = f^{(n)}(z, t) = \frac{n!}{2\pi i}\int_\Gamma \frac{f(z, t)}{(\zeta - z)^{n+1}}\, d\zeta,$$

但し Γ は z を中に含む Jordan 曲線とす. 故に

$$\begin{aligned} F^{(n)}(z) &= \frac{n!}{2\pi i}\int_\Gamma \frac{F(\zeta)}{(\zeta - z)^{n+1}}\, d\zeta \\ &= \frac{n!}{2\pi i}\int_\Gamma \frac{d\zeta}{(\zeta - z)^{n+1}}\int_C f(\zeta, t)dt \\ &= \int_C dt \cdot \frac{n!}{2\pi i}\int_\Gamma \frac{f(\zeta, t)}{(\zeta - z)^{n+1}}\, d\zeta \\ &= \int_C \frac{\partial^n f(z, t)}{\partial z^n}\, dt. \end{aligned}$$

問. D を凸領域とし, $f(z)$ は D で連續な複素函數とする. 若し $f(z)$ を D の中にある任意の矩形の周を積分した時, 常に積分の値が 0 ならば, $f(z)$ は D で正則なることを證明せよ. (Morera の定理の擴張).

解. D の定點を $z_0 = x_0 + iy_0$ とし, 任意の點を $z = x + iy$ とす. $z_1 = x + iy_0$ とし,

$$F(z) = \int_{z_0}^{z_1} f(\zeta)d\zeta + \int_{z_1}^{z} f(\zeta)d\zeta$$

を考える. 但し第一の積分路は z_0 と z_1 とを結ぶ線分で, 第二の積分路は z_1 と z とを結ぶ線分である. $\Delta z = \Delta x + i\Delta y$ とすれば, 假定から

$$F(z + \Delta z) - F(z) = \int_z^{z+\Delta x} f(\zeta)d\zeta + \int_{z+\Delta x}^{z+\Delta z} f(\zeta)d\zeta$$

が證明できる. これから容易に $F'(z) = f(z)$ が得られるから $F(z)$ は正則, 從つて, $f(z)$ は正則である.

第六章　無　限　級　數

1.　數列の收斂

z_n を複素數とする時,

$$z_1,\ z_2,\ \cdots\cdots,\ z_n,\ \cdots\cdots \tag{1}$$

を**數列**といい $\{z_n\}$ で表わす. z_n を Gauss 平面上の點で表わせば, (1) は**點列**と考えてもよい. 以下數列と點列とを同一視して混用する.

$n\to\infty$ の時, z_n が一定の有限な複素數 A に限りなく近づく時, A を數列 $\{z_n\}$ の**極限値**といい,

$$\lim_{n\to\infty} z_n = A \quad 又は \quad z_n \to A \tag{2}$$

で表わす. この時數列 $\{z_n\}$ は A に**收斂する**という.

$\lim_{n\to\infty}|z_n|=\infty$ の時, 數列 $\{z_n\}$ は **∞ に發散する**といい*), ∞ を $\{z_n\}$ の極限値といい

$$\lim z_n = \infty \quad 又は \quad z_n \to \infty \tag{3}$$

で表わす. 若し $\{z_n\}$ が有限な値に收斂もせず又 ∞ にも發散せぬ時は, $\{z_n\}$ は**振動する**という.

(2), (3) は次のことと同値である. 即ち $\lim_{n\to\infty} z_n=A$ (A=有限) なることは, 任意の $\varepsilon>0$ に對して n_0 を定め, $n\geqq n_0$ なる任意の n に對して,

$$|z_n - A| < \varepsilon \qquad (n \geqq n_0) \tag{2'}$$

なることである.

$\lim_{n\to\infty} z_n = \infty$ なることは, 任意に大なる正數 $G>0$ に對して n_0 を定め, $n\geqq n_0$ なる任意の n に對して.

$$|z_n| > G \qquad (n \geqq n_0) \tag{3'}$$

なることである.

---

*)　$z=\infty$ は Riemann 球面の北極に對應することから, z_n は ∞ に收斂するということがある.

定理 VI. 1. **数列 $\{z_n\}$ が有限な極限値に收斂するための必要且十分條件は，任意の $\varepsilon>0$ に對して n_0 を定め，$m>n\geqq n_0$ なる任意の m，n に對して，**

$$|z_m - z_n| < \varepsilon \qquad (m > n \geqq n_0)$$

なることである.

證明. (i) 必要條件

$$z_n \to A \quad (n \to \infty)$$

とすれば，(2′) より

$$|z_n - A| < \frac{\varepsilon}{2} \quad (n \geqq n_0), \qquad |z_m - A| < \frac{\varepsilon}{2} \quad (m \geqq n_0),$$

$$\therefore \quad |z_m - z_n| = |(z_m - A) - (z_n - A)|$$

$$\leqq |z_m - A| + |z_n - A| < \frac{\varepsilon}{2} + \frac{\varepsilon}{2} = \varepsilon \quad (m > n \geqq n_0).$$

故に定理の條件は滿足される.

(ii) 十分條件

次に定理の條件が滿足されたとし，ε の代りに

$$\varepsilon_1 > \varepsilon_2 > \cdots\cdots > \varepsilon_\nu \to 0 \tag{1}$$

をとり，これに對する n_0 を夫々 $n_1, n_2, \cdots, n_\nu, \cdots\cdots$ とする．ここで $n_1<n_2<\cdots\cdots<n_\nu\to\infty$ と假定してよい．何となれば，n_0 が條件を滿足すれば，n_0 より大なる任意の整數は條件を滿足するからである．故に

$$n_1 < n_2 < \cdots\cdots < n_\nu \to \infty \tag{2}$$

とする．ここで n_ν は次の條件を滿足する：

$$|z_m - z_n| < \varepsilon_\nu \qquad (m > n \geqq n_\nu). \tag{3}$$

$\nu=1$ とし，$n=n_1$ にとれば，

$$|z_n - z_{n_1}| < \varepsilon_1 \qquad (n \geqq n_1). \tag{4}$$

故に z_{n_1}，$z_{n_1+1}, \cdots\cdots$ は z_{n_1} を中心とし半徑が ε_1 なる圓 K_1 の中にある.

次に $\nu=2$，$n=n_2$ にとれば，

$$|z_n - z_{n_2}| < \varepsilon_2 \qquad (n \geqq n_2). \tag{5}$$

故に z_{n_2}，$z_{n_2+1}, \cdots\cdots$ は z_{n_2} を中心とし，半徑が ε_2 なる圓 K_2 の中にある.

然し $n_2>n_1$ であるから，(4) より $z_{n_2}, z_{n_2+1}, \cdots\cdots$ は K_1 の中に含まれる．故に $z_{n_2}, z_{n_2+1}, \cdots\cdots$ は K_1 と K_2 との共通の部分（斜線で示す）に含まれる．次に $\nu=3,\ n=n_3$ にとれば

$$|z_n-z_{n_3}|<\varepsilon_3 \qquad (n\geqq n_3)$$

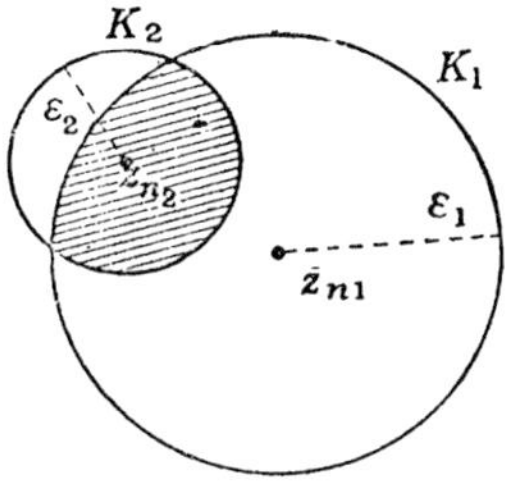

第 73 圖

より，$z_n(n\geqq n_3)$ は z_{n_3} を中心とし，半徑が ε_3 なる圓 K_3 の中に含まれるから上と同様にして K_1, K_2, K_3 の共通の部分の中に含まれることが分る．K_1, K_2 の共通の部分を K_1K_2，K_1, K_2, K_3 の共通の部分を $K_1K_2K_3\cdots\cdots$ で表わせば，$z_{n_\nu}, z_{n_{\nu+1}}, \cdots\cdots$ は $K_1\cdots\cdots K_\nu$ の中に含まれることが分る．

$$K_1\supset K_1K_2\supset K_1K_2K_3\supset\cdots\cdots\supset K_1\cdots\cdots K_\nu\supset\cdots\cdots \tag{6}$$

で，その大きさは (1) によつて 0 に收斂するから，(6) は一點 A に收斂する．この時容易に $z_n\to A$ なることが分るから，數列 $\{z_n\}$ は有限な値 A に收斂する．

［證明終］

定義から容易に次のことが分る．

$$a_n\to A,\ b_n\to B \text{ なれば，} ka_n\to kA,\quad a_n+b_n\to A+B,$$
$$a_n-b_n\to A-B,\quad a_nb_n\to AB,\quad \frac{a_n}{b_n}\to\frac{A}{B}\quad (\text{但し } B\neq 0).$$

問． $s_n\to A$ ならば，$\sigma_n=\dfrac{s_0+s_1+\cdots\cdots+s_n}{n+1}\to A$ を證明せよ．

2. 無限級數

$\{a_n\}$ を數列とし，これを

$$a_0+a_1+a_2+\cdots\cdots=\sum_{n=0}^{\infty}a_n \tag{1}$$

の如く ＋ 符號で連結したものを**無限級數**といい，a_n を第 n 項，

$$s_n=a_0+\cdots\cdots+a_n \tag{2}$$

を**部分和**という．

若し $n\to\infty$ の時，

$$s_n\to A \quad (\text{有限}) \tag{3}$$

ならば，無限級數 (1) は**收斂する**といい，A をその**和**と定義し 次の如く記す

$$\sum_{n=0}^{\infty} a_n = A. \tag{4}$$

若し $\{s_n\}$ が ∞ に發散するか又は振動する時，無限級數 (1) は**發散**するといい，特に $s_n \to \infty$ の時，

$$\sum_{n=0}^{\infty} a_n = \infty \tag{5}$$

と記す．

定義から容易に次の定理を得．

定理 VI. 2. **$\sum_{n=0}^{\infty} a_n = A$, $\sum_{n=0}^{\infty} b_n = B$ が收斂して，その和を A, B とすれば，$\sum_{n=0}^{\infty} ka_n$, $\sum_{n=0}^{\infty} (a_n + b_n)$, $\sum_{n=0}^{\infty} (a_n - b_n)$ も收斂して，その和は夫々に kA, $A+B$, $A-B$ である．即ち**

$$\sum_{n=0}^{\infty} ka_n = kA = k\sum_{n=0}^{\infty} a_n, \quad \sum_{n=0}^{\infty} (a_n \pm b_n) = A \pm B = \sum_{n=0}^{\infty} a_n \pm \sum_{n=0}^{\infty} b_n.$$

$\sum_{n=0}^{\infty} a_n$ の有限個の項，例えば a_{n_1}, ……, a_{n_k} を他の數 a_{n_1}', ……, a_{n_k}' で置き換えて得る級數は $\sum_{n=0}^{\infty} a_n$ と同時に收斂するか又は發散する．

故に若し $\sum_{n=0}^{\infty} a_n$ が收斂すれば，

$$r_n = a_{n+1} + a_{n+2} + \cdots\cdots \tag{1}$$

も收斂する．r_n を**剩餘**という．

$$\sum_{n=0}^{\infty} a_n = A, \quad s_n = a_0 + \cdots\cdots + a_n$$

とすれば，

$$A = s_n + r_n, \quad r_n = A - s_n.$$

$s_n \to A$ であるから $r_n \to 0$，從つて $a_n = r_n - r_{n+1} \to 0$ である．故に

定理 VI. 3. **$\sum_{n=0}^{\infty} a_n$ が收斂すれば，**

$$a_n \to 0, \quad r_n = a_{n+1} + a_{n+2} + \cdots\cdots \to 0 \quad (n \to \infty)$$

である．

注意． $a_n \to 0$ でも級數は發散する場合があるから，$a_n \to 0$ でも級數は收斂するとは限らない．然し若し $a_n \to 0$ でなければ上の定理から級數はたしかに發散する．

定理 VI. 4. **$\sum_{n=0}^{\infty} a_n$ が收斂するための必要且つ十分條件は，任意の $\varepsilon > 0$ に對して n_0 を定め，$m > n \geqq n_0$ ならば，**

$$|a_{n+1}+\cdots\cdots+a_m|<\varepsilon \qquad (m>n\geqq n_0)$$

なることである.

證 明. $$s_m-s_n=a_{n+1}+\cdots\cdots+a_m$$

に定理 VI・1 を應用せよ.

3. 絶對收斂

定 理 VI. 5. 若し $\sum_{n=0}^{\infty}|a_n|$ が收斂すれば, $\sum_{n=0}^{\infty}a_n$ は收斂する.

證 明. $\sum_{n=0}^{\infty}|a_n|$ は收斂するから, 前定理により

$$|a_{n+1}|+\cdots\cdots+|a_m|<\varepsilon \qquad (m>n\geqq n_0),$$

然るに

$$|a_{n+1}+\cdots\cdots+a_m|\leqq|a_{n+1}|+\cdots\cdots+|a_m|$$

であるから,

$$|a_{n+1}+\cdots\cdots+a_m|<\varepsilon \qquad (m>n\geqq n_0).$$

故に前定理により $\sum_{n=0}^{\infty}a_n$ は收斂する. [證明終]

$\sum_{n=0}^{\infty}|a_n|$ が收斂するような $\sum_{n=0}^{\infty}a_n$ のことを**絶對收斂級數**という. これに反し $\sum_{n=0}^{\infty}a_n$ は收斂するが, $\sum_{n=0}^{\infty}|a_n|=\infty$ であるような級數 $\sum_{n=0}^{\infty}a_n$ のことを**條件收斂級數**という.

定 理 VI. 6. $\sum_{n=0}^{\infty}a_n$ を絶對收斂とすれば, その項の順序を任意に入れ替えて作つた級數 $\sum_{n=0}^{\infty}a_n'$ も絶對收斂で, その和は變らない. 即ち

$$\sum_{n=0}^{\infty}a_n=\sum_{n=0}^{\infty}a_n'.$$

證 明. $\sum_{n=0}^{\infty}a_n=A$ とし, $\sigma_n'=|a_0'|+\cdots\cdots+|a_n'|$ とすれば,

$$\sigma_n'\leqq\sum_{n=0}^{\infty}|a_n|=K<\infty.$$

故に $\sum_{n=0}^{\infty}|a_n'|$ の部分和は有界であるから $\sum_{n=0}^{\infty}|a_n'|$ は收斂する. 故に $\sum_{n=0}^{\infty}a_n'$ は絶對收斂する. その和を A' とすれば,

$$\sum_{n=0}^{\infty}a_n'=A'. \tag{1}$$

次に $\sum_{n=0}^{\infty}|a_n|$ は收斂するから, 定理 VI. 3 により

$$|a_{n+1}| + |a_{n+2}| + \cdots\cdots < \varepsilon \qquad (n \geqq n_0). \qquad (2)$$

$s_n = a_0 + \cdots\cdots + a_n$ とすれば，$s_n \to A$ であるから，$n_1 \geqq n_0$ を十分大にとれば，

$$|s_n - A| < \varepsilon \qquad (n \geqq n_1). \qquad (3)$$

$s_p' = a_0' + \cdots\cdots + a_p'$ とすれば，p が十分大ならば，$a_0, a_1, \cdots\cdots, a_{n_1}$ は $a_0', \cdots\cdots, a_p'$ の中に含まれるから，(2) より

$$|s_{n_1} - s_p'| \leqq |a_{n_1+1}| + |a_{n_1+2}| + \cdots\cdots < \varepsilon.$$

故に (3) より

$$|A - s_p'| = |A - s_{n_1} - (s_p' - s_{n_1})| \leqq |A - s_{n_1}| + |s_p' - s_{n_1}| < \varepsilon + \varepsilon = 2\varepsilon,$$

即ち p が十分大ならば，

$$|A - s_p'| < 2\varepsilon. \qquad (4)$$

又 p が十分大なれば，(1) より

$$|A' - s_p'| < \varepsilon \qquad (5)$$

であるから，(4)，(5) より

$$|A - A'| < 3\varepsilon. \qquad (6)$$

ここで ε は任意に小でよいから

$$A = A'$$

でなければならない．

定 理 VI. 7. $A = \sum_{n=0}^{\infty} a_n$, $B = \sum_{n=0}^{\infty} b_n$ **を共に絶對收斂級數とする．すべての組合せ** $a_p b_q$ **を作り，これを一列に並べて作つた級數を** $\sum_{p,q} a_p b_q$ **とすれば，この級數は絶對收斂で，その和は** AB **に等しい．**

特に $p+q=n$ **なるものを一まとめにして，**

$$\sum_{n=0}^{\infty} (a_0 b_n + a_1 b_{n-1} + \cdots\cdots + a_n b_0) = AB.$$

これを原二級數の **Cauchy** の乘積級數という．

證 明. 先ず $\sum_{p,q} a_p b_q$ が絶對收斂することを證明しよう．$\sum_{p,q} a_p b_q$ の最初の n 項の和

$$\sigma_n = |a_{p_1}||b_{q_1}| + \cdots\cdots + |a_{p_n}||b_{q_n}|$$

を考える．

$$\mathrm{Max}\,(|p_1|,\cdots\cdots,|p_n|,\ \ |q_1|,\cdots\cdots,|q_n|)=N$$

と置けば，

$$\sigma_n \leqq (|a_0|+\cdots\cdots+|a_N|)(|b_0|+\cdots\cdots+|b_N|)\leqq \sum_{n=0}^{\infty}|a_n|\sum_{n=0}^{\infty}|b_n|.$$

故に σ_n $(n=1,2\cdots\cdots)$ は有界であるから，$\sum_{p,q}|a_p||b_q|$ は收斂するから $\sum_{p,q}a_pb_q$ は絶對收斂する．故に前定理により項を入れ替えても和は變らない．

今

$$s_n=a_0+\cdots\cdots+a_n,\quad s_n'=b_0+\cdots\cdots+b_n$$

とすれば，

$$s_n\to A,\quad s_n'\to B\qquad (n\to\infty)\tag{1}$$

である．

$$s_0s_0'=a_0b_0,\quad s_1s_1'=(a_0+a_1)(b_0+b_1)=a_0b_0+a_0b_1+a_1b_0+a_1b_1,\cdots\cdots$$

となるから，s_ns_n' は a_pb_q のような項の和となる．故に $s_ns_n'-s_{n-1}s_{n-1}'$ も a_pb_q の和である．今 $\sum_{p,q}a_pq_q$ の項の順序を入れ替えて，

$$s_0s_0'+(s_1s_1'-s_0s_0')+\cdots\cdots+(s_ns_n'-s_{n-1}s_{n-1}')+\cdots\cdots\tag{2}$$

としても，その和は變らない．(2) の最初の n 項の和は s_ns_n' となるから，(1) により (2) の級數の和は AB である．從つてこれと和が等しい $\sum_{p,q}a_pb_q$ の和も AB である．

4. 函數列の收斂

$f_n(z)$ $(n=0,1,2\cdots\cdots)$ を z 平面上の一つの領域 D で定義された函數とする時，これを**函數列**といい，$\{f_n(z)\}$ で表わす．若し D の各點 z に對して有限な $\lim_{n\to\infty}f_n(z)$ が存在する時，$\{f_n(z)\}$ は D で**收斂**するという．$\lim_{n\to\infty}f_n(z)=f(z)$ と置けば，$f(z)$ は D で定義された一つの函數である．これを

$$f_n(z)\to f(z)\qquad (n\to\infty)$$

とも書き，$\{f_n(z)\}$ は $f(z)$ に收斂するという．若し任意の $\varepsilon>0$ に對して n_0 を定めて，若し $n\geqq n_0$ ならば **D のすべての z に對し**，

$$|f(z)-f_n(z)|<\varepsilon\qquad (n\geqq n_0)$$

が成立する時，$\{f_n(z)\}$ **は D で一様に $f(z)$ に收斂する**という．このことは次のことと同値である．卽ち

D で一様に $f_n(z)\to f(z)$ なることは，任意の $\varepsilon>0$ に對して n_0 を定めて，$m>n\geqq n_0$ ならば，D の任意の z に對して

$$|f_m(z)-f_n(z)|<\varepsilon \qquad (m>n\geqq n_0)$$

なることである．

證明．D で一様に $f_n(z)\to f(z)$ ならば，D の任意の z に對して

$$|f_n(z)-f(z)|<\frac{\varepsilon}{2} \quad (n\geqq n_0), \qquad |f_m(z)-f(z)|<\frac{\varepsilon}{2} \quad (m\geqq n_0).$$

故にこれから D の任意の z に對して

$$|f_m(z)-f_n(z)|<\frac{\varepsilon}{2}+\frac{\varepsilon}{2}=\varepsilon \qquad (m>n\geqq n_0). \qquad (1)$$

次に若し (1) の條件が滿足されたとすれば，定理 VI. 1 により D の各點 z に對して $\lim_{n\to\infty} f_n(z)=f(z)$ が存在することが分る．故に (1) で $m\to\infty$ とすれば，D の任意の z に對して

$$|f(z)-f_n(z)|\leqq\varepsilon \qquad (n\geqq n_0)$$

となる．故に $f_n(z)$ は D で一様に $f(z)$ に收斂する*)．[證明終]．

$f_n(z)$ が D で一様に收斂しなくても，若し $f_n(z)$ が D に含まれる任意の閉領域 $\overline{D_1}$ $(\overline{D_1}\subset D)$ の中で一様に收斂する時，$f_n(z)$ は D **で廣義の一様に收斂する**という．ここで D に含まれる任意の閉領域 $\overline{D_1}$ という意味は，D の境界と $\overline{D_1}$ の境界との最短距離 d が如何に小なる閉領域 $\overline{D_1}$ に對してもという意味である．

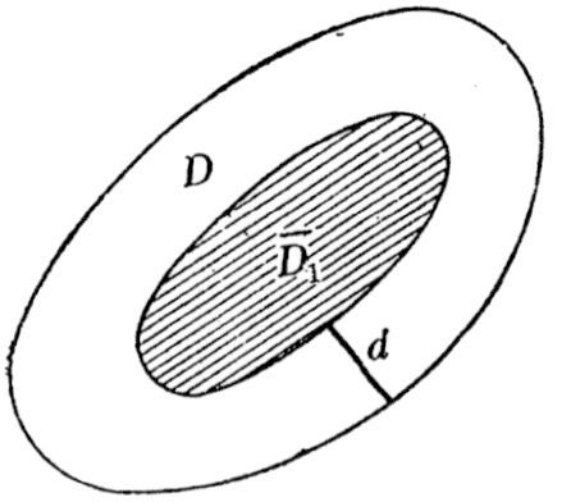

第 74 圖

定理 VI. 8. **$f_n(z)$ は領域 D で連續とし，D で廣義の一様に $f_n(z)\to f(z)$ ならば，$f(z)$ は D で連續である．**

---

*) $\leqq\varepsilon$ で等號が入るが $\varepsilon<\varepsilon'$ なる任意に小なる ε' をとれば，$|f(z)-f_n(z)|<\varepsilon'$ となり不等號となることに注意．

證明. z_0 を D の點とし，z_0 を含み D に含まれる一つの閉領域 $\overline{D_1}$ をとる．假定により $\overline{D_1}$ で一様に $f_n(z)\to f(z)$ であるから，$\overline{D_1}$ の任意の點 z に對して

$$|f_n(z)-f(z)|<\frac{\varepsilon}{3} \qquad (n\geqq n_0) \tag{1}$$

である．特に

$$|f_n(z_0)-f(z_0)|<\frac{\varepsilon}{3} \qquad (n\geqq n_0). \tag{2}$$

$f_{n_0}(z)$ は z_0 で連續だから，$|z-z_0|<\delta$ ならば，

$$|f_{n_0}(z)-f_{n_0}(z_0)|<\frac{\varepsilon}{3} \tag{3}$$

となる．ここで δ を十分小にとり圓 $|z-z_0|<\delta$ は $\overline{D_1}$ に含まれるようにする．故に (1), (2), (3) より $|z-z_0|<\delta$ ならば，

$$\begin{aligned}|f(z)-f(z_0)| &= |(f(z)-f_{n_0}(z)| + (f_{n_0}(z)-f_{n_0}(z_0)) + (f_{n_0}(z_0)-f(z_0))| \\ &\leqq |f(z)-f_{n_0}(z)| + |f_{n_0}(z)-f_{n_0}(z_0)| + |f_{n_0}(z_0)-f(z_0)| \\ &< \frac{\varepsilon}{3}+\frac{\varepsilon}{3}+\frac{\varepsilon}{3}=\varepsilon\end{aligned}$$

となるから，$f(z)$ は z_0 で連續である．z_0 は D の任意の點だから，$f(z)$ は D で連續である．

定理 VI. 9. **$f_n(z)$ は領域 D で連續とし，D で廣義の一様に $f_n(z)\to f(z)$ とする．C を D の中に含まれる長さの有限な曲線とすれば，**

$$\int_C f_n(z)dz \to \int_C f(z)dz \qquad (n\to\infty)$$

である．

證明. C を含み D に含まれる閉領域 $\overline{D_1}$ をとれば，$\overline{D_1}$ で一様に $f_n(z)\to f(z)$ であるから，$\overline{D_1}$ の任意の z に對して

$$|f(z)-f_n(z)|<\varepsilon \qquad (n\geqq n_0). \tag{1}$$

前定理により $f(z)$ は D で連續であるから，

$$\int_C f(z)dz$$

は存在する．故に (1) により

$$\left|\int_C f(z)dz - \int_C f_n(z)\,dz\right| = \left|\int_C (f(z)-f_n(z))dz\right|$$
$$\leqq \int_C |f(z)-f_n(z)|\,|dz| < \varepsilon\int_C |dz| = \varepsilon L \quad (n \geqq n_0).$$

但し L は C の長さを表わす.

故に

$$\int_C f_n(z)dz \to \int_C f(z)dz \qquad (n\to\infty). \qquad \text{[證明終]}$$

今までは $f_n(z)$ は任意の複素函數としたが, 次に $f_n(z)$ を正則函數とすれば, 次の Weierstrass の定理が成立する.

定理 VI. 10. (**Weierstrass**). **$f_n(z)$ $(n=1, 2\cdots\cdots)$ を領域 D で正則とし, D で廣義の一様に $f_n(z)\to f(z)$ なれば, $f(z)$ は D で正則である. 且つ D で廣義の一様に**

$$f_n^{(k)}(z) \to f^{(k)}(z) \qquad (k=1, 2\cdots\cdots)$$

である.

これは非常に重要なる定理で, 定理 VI. 13 と共に **Weierstrass の二重級數定理**という. (その理由は第7章 §6 參照)

證明. $f_n(z)$ は D で連續だから定理 VI. 8 により $f(z)$ は D で連續である.

z_0 を D の任意の點とし, 圓盤 $\varDelta: |z-z_0|\leqq\rho$ は D に含まれとする. C を $\varDelta$ の中に含まれる任意の長さが有限な閉曲線とすれば, Cauchy の基本定理で,

$$\int_C f_n(z)dz = 0 \qquad (n=1, 2, \cdots\cdots) \qquad (1)$$

である. $\varDelta$ の中では一様に $f_n(z)\to f(z)$ であるから前定理で

$$\int_C f_n(z)dz \to \int_C f(z)dz.$$

故に (1) より

$$\int_C f(z)dz = 0 \qquad (2)$$

である. 故に Morera の定理で $f(z)$ は $\varDelta$ で正則である. $\varDelta$ は任意でよいから $f(z)$ は D で正則である

次に定理の後半を證明する. $\overline{D_1}$ を D に含まれる任意の閉領域とす. $\overline{D_1}\subset\varDelta\subset D$ のような $\overline{D_1}$ を含み, D に含まれ且つその境界 $\varGamma$ が有限個の長さが有限な Jordan 曲線からなる領域 $\varDelta$ をとる*).

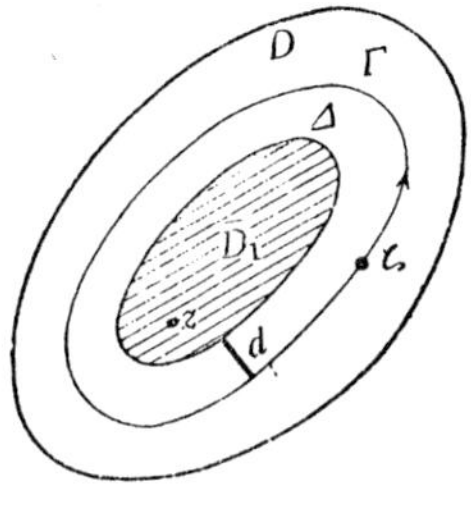

第 75 圖

$\varGamma$ と $\overline{D_1}$ との境界との最短距離を $d>0$ とし, $\varGamma$ の長さを L とす. 今 z を $\overline{D_1}$ の任意の點とすれば, Cauchy の積分表示で

$$\left.\begin{aligned} f^{(k)}(z) &= \frac{k!}{2\pi i}\int_\varGamma \frac{f(\zeta)}{(\zeta-z)^{k+1}}\,d\zeta, \\ f_n^{(k)}(z) &= \frac{k!}{2\pi i}\int_\varGamma \frac{f_n(\zeta)}{(\zeta-z)^{k+1}}\,d\zeta. \end{aligned}\right\} \quad (3)$$

$\varGamma$ の上では一様に $f_n(\zeta)\to f(\zeta)$ だから,

$$|f(\zeta)-f_n(\zeta)|<\varepsilon \qquad (n\geqq n_0),$$

$$\therefore\quad |f^{(k)}(z)-f_n^{(k)}(z)|\leqq\frac{k!}{2\pi}\int_\varGamma\frac{|f(\zeta)-f_n(\zeta)|}{|\zeta-z|^{k+1}}|d\zeta|$$

$$\leqq\frac{k!\,\varepsilon}{2\pi d^{k+1}}\int_\varGamma|d\zeta|=\frac{k!\,\varepsilon L}{2\pi d^{k+1}} \quad (n\geqq n_0).$$

故に $\overline{D_1}$ の中で一様に

$$f_n^{(k)}(z)\to f^{(k)}(z) \qquad (n\to\infty)$$

である.

$\overline{D_1}$ は任意でよいから D で廣義の一様に $f_n^{(k)}(z)\to f^{(k)}(z)$ $(n\to\infty)$ である.

5. 無限級數の一様收斂

$f_n(z)$ $(n=0,1,2,\cdots\cdots)$ は領域 D で定義された函數とし, 若し函數列

$$s_n(z)=f_0(z)+\cdots\cdots+f_n(z)$$

が D で一様に $f(z)$ に收斂すれば, $\sum_{n=0}^{\infty}f_n(z)=f(z)$ **は D で一様に $f(z)$ に收斂する**という. これは前節により次のことと同値である.

D で一様に $\sum_{n=0}^{\infty}f_n(z)$ が收斂することは, 任意の $\varepsilon>0$ に對して n_0 を定め,

---

*) $\overline{D_1}$ が單一連結ならば $\varGamma$ は一つの Jordan 曲線からなる.

$m>n\geqq n_0$ ならば, D の任意の z に對して,

$$|f_{n+1}(z)+\cdots\cdots+f_m(z)|<\varepsilon\quad (m>n\geqq n_0)\qquad (1)$$

なることである.

(1) で $m\to\infty$ とすれば, D の任意の z に對して

$$|r_n(z)|=|f_{n+1}(z)+f_{n+2}(z)+\cdots\cdots|\leqq\varepsilon\quad (n\geqq n_0).\qquad (2)$$

$s_n(z)$が D で廣義の一様に $f(z)$ に收斂すれば, $\sum_{n=0}^{\infty}f_n(z)$ は **D で廣義の一様に $f(z)$ に收斂する**という.

定理 VI. 11. (Weierstass). **D の任意の點 z に對して,**

$$|f_n(z)|\leqq M_n\qquad (\text{定數})$$

で, $\sum_{n=0}^{\infty}M_n$ が收斂すれば, $\sum_{n=0}^{\infty}f_n(z)$ は D で一様に收斂する

$\sum_{n=0}^{\infty}f_n(z)$ の一様收斂性を證明する場合, この Weierstrass の判定法によるのが殆ど唯一の方法である.

證明. D の任意の點 z に對して,

$$\begin{aligned}|f_{n+1}(z)+\cdots\cdots+f_m(z)|&\leqq|f_{n+1}(z)|+\cdots\cdots+|f_m(z)|\\&\leqq M_{n+1}+\cdots\cdots+M_m.\end{aligned}\qquad (1)$$

$\sum_{n=0}^{\infty}M_n$ は收斂するから, $m>n\geqq n_0$ に對して (1) の右邊は $<\varepsilon$ となるから, D の任意の點 z に對して

$$|f_{n+1}(z)+\cdots\cdots+f_m(z)|<\varepsilon\qquad (m\geqq n\geqq n_0)$$

となり, $\sum_{n=0}^{\infty}f_n(z)$ は D で一様に收斂する.

定理 VI. 12. **$f_n(z)$ が D で連續で, $f(z)=\sum_{n=0}^{\infty}f_n(z)$ が D で廣義の一様に收斂すれば, $f(z)$ は D で連續である. 且つ C を D の中にある長さの有限な曲線とすれば,**

$$\int_C f(z)=\sum_{n=0}^{\infty}\int_C f_n(z)dz.\qquad (\text{項別積分可能})$$

證明. $f_n(z)$ は D で連續だから, $s_n(z)=f_0(z)+\cdots\cdots+f_n(z)$ は D で連續である. 廣義の一様に $s_n(z)\to f(z)$ だから, 定理 VI. 8 により $f(z)$ は D で連續である. 故に $r_n(z)=f(z)-s_n(z)$ は D で連續である. C の上では一様に $s_n(z)\to f(z)$

であるから，$|r_n(z)|<\varepsilon$ $(n\geqq n_0)$，故に L を C の長さとすれば，

$$\int_C f(z)dz=\sum_{n=0}^{\infty}\int_C s_n(z)dz+\int_C r_n(z)dz$$

$$=\int_C f_0(z)dz+\cdots\cdots+\int_C f_n(z)dz+\int_C r_n(z)dz, \qquad (1)$$

$$\left|\int_C r_n(z)\,dz\right|\leqq\int_C|r_n(z)||dz|<\varepsilon L \qquad (n\geqq n_0),$$

故に

$$\int_C r_n(z)dz\to 0 \qquad (n\to\infty).$$

從つて (1) より

$$\int_C f(z)dz=\sum_{n=0}^{\infty}\int_C f_n(z)dz. \qquad \text{[證明終]}$$

$f_n(z)$ を D で正則とすれば，$s_n(z)=f_0(z)+\cdots\cdots+f_n(z)$ は D で正則で，$s_n^{(k)}(z)=f_0^{(k)}(z)+\cdots\cdots+f_n^{(k)}(z)$ であるから，定理 VI. 10 より次の定理を得.

定理 VI. 13. (Weierstrass). **$f_n(z)$ $(n=0,1,2,\cdots\cdots)$ は領域 D で正則とし，D で廣義の一様に**

$$\sum_{n=0}^{\infty}f_n(z)=f(z)$$

が收斂すれば，$f(z)$ は D で正則である．且つ

$$\sum_{n=0}^{\infty}f_n^{(k)}(z)=f^{(k)}(z) \quad (k=1,2,\cdots\cdots) \qquad \text{(項別微分可能)}$$

は D で廣義の一様に收斂する.

第七章　冪　級　數

1. 冪 級 數

$$\sum_{n=0}^{\infty} a_n(z-a)^n \tag{1}$$

の形の級數を**冪級數**という．$z-a$ の代りに z と置けばよいから以下

$$\sum_{n=0}^{\infty} a_n z^n \tag{2}$$

の形の冪級數を考えることにする．(2) で $z=0$ と置けば，

$$a_0+0+0+\cdots\cdots$$

となり常に收斂する．$\sum_{n=0}^{\infty} n!z^n$ は任意の $z\neq 0$ に對して發散することが容易に分る．以下このような冪級數は除外し，少くとも 0 でない一點 $z_0(\neq 0)$ で收斂する冪級數を考える．

今 $\sum_{n=0}^{\infty} a_n z_0^n (z_0\neq 0)$ が收斂したとすれば，定理 VI. 3 により

$$a_n z_0^n \to 0 \quad (n\to\infty)$$

であるから，

$$|a_n||z_0|^n<\varepsilon \quad (n\geqq n_0).$$

従つて $M=\mathrm{Max}\,(|a_0|,\ |a_1||z_0|,\ \cdots\cdots,\ |a_{n_0-1}||z_0|^{n_0-1},\ \varepsilon)$ とすれば，

$$|a_n||z_0|^n \leqq M \ (n=0,\ 1,\ 2,\ \cdots\cdots)$$

であるから，

$$|a_n|\leqq \frac{M}{|z_0|^n} \quad (n=0,\ 1,\ 2,\ \cdots\cdots). \tag{3}$$

$|z|<|z_0|$ なる任意の z をとれば，

$$|a_n||z|^n \leqq M\left(\frac{|z|}{|z_0|}\right)^n = M\rho^n \left(\rho=\frac{|z|}{|z_0|}<1\right).$$

$\sum_{n=0}^{\infty} M\rho^n$ は收斂するから，$\sum_{n=0}^{\infty}|a_n||z|^n$ は收斂する．故に $|z|<|z_0|$ に對して $\sum_{n=0}^{\infty} a_n z^n$ は絶對收斂する．即ち原點を中心とし z_0 を通る圓の中で $\sum_{n=0}^{\infty} a_n z^n$ は絶對收斂する．

更らに $\sum_{n=0}^{\infty} a_n z_1^n(|z_0|<|z_1|)$ が收斂すれば，同樣に $|z|<|z_1|$ で $\sum_{n=0}^{\infty} a_n z^n$ は絶對收斂するから，今 $\sum_{n=0}^{\infty} a_n z^n$ が收斂するような z の絶對値 $|z|$ の集合の上端を R とすれば，$\sum_{n=0}^{\infty} a_n z^n$ は $|z|<R$ で絶對收斂する．この R を冪級數 (2) の**收斂半徑**という．(2) がすべての有限な z に對して收斂すれば $R=\infty$ である．$R<\infty$ の時は，(2) は $|z|<R$ で絶對收斂で，$|z|>R$ なる任意の z に對しては發散する．この時圓 $|z|=R$ を冪級數 (2) の**收斂圓**という．收斂圓 $|z|=R$ の上の點に對して，(2) は收斂することもあるし，發散することもあつて一定しない．

今 R を收斂半徑とし，$R_1(<R)$ を R より小なる任意の正數とする．$R_1<|z_0|<R$ なる z_0 で (2) は收斂するから，(3) により

$$|a_n| \leqq \frac{M}{|z_0|^n} \quad (n=0,\ 1,\ 2,\ \cdots\cdots).$$

故に $|z| \leqq R_1$ なる任意の z に對して

$$|a_n||z|^n \leqq M\left(\frac{|z|}{|z_0|}\right)^n \leqq M\left(\frac{R_1}{|z_0|}\right)^n = M\rho^n \qquad \left(\rho=\frac{R_1}{|z_0|}<1\right).$$

$\sum_{n=0}^{\infty} M\rho^n$ は收斂するから定理 VI. 11 により，$\sum_{n=0}^{\infty} a_n z^n$ は $|z| \leqq R_1$ で一樣に收斂する．R_1 は R にどんなに近くてもよいから，$\sum_{n=0}^{\infty} a_n z^n$ は $|z|<R$ で廣義の一樣に收斂する．故に次の定理が證明出來た．

定理 VII. 1. $\sum_{n=0}^{\infty} a_n z^n$ **の收斂半徑を** $R(\leqq\infty)$ **とすれば，(i) 級數は** $|z|<R$ **で絶對收斂で，**$|z|>R$ **では發散する．(ii)** $R_1(<R)$ **を** R **より小なる任意の數とすれば，級數は** $|z| \leqq R_1$ **で一樣に收斂する．**

收斂半徑 R は次の Cauchy-Hadamard の定理によつて a_n から求まる．

定理 VII. 2. (Cauchy-Hadamard). $\sum_{n=0}^{\infty} a_n z^n$ **の收斂半徑を** R **とすれば，**

$$R=\frac{1}{\overline{\lim\limits_{n\to\infty}}\sqrt[n]{|a_n|}}.$$

證明． $l=\overline{\lim}\sqrt[n]{|a_n|}$ と置く．

(i) $0<l<\infty$ の場合．

$$\overline{\lim_{n\to 0}}\sqrt[n]{|a_n||z|^n}=l|z| \qquad (1)$$

であるから，若し

$$|z|>\frac{1}{l} \quad ならば, \quad |z|l>1. \tag{2}$$

従つて (1), (2) より $n_1<n_2<\cdots\cdots<n_\nu\to\infty$ が存在して，

$$\sqrt[n_\nu]{|a_{n_\nu}||z|^{n_\nu}}>1, \quad 従つて \quad |a_{n_\nu}||z|^{n_\nu}>1.$$

故に $a_n z^n\to 0$ とはならないから，定理 VI. 3 注意により，$\sum_{n=0}^{\infty} a_n z^n$ は發散する．

若し

$$|z|<\frac{1}{l} \quad ならば, \quad |z|l<1. \tag{3}$$

故に (1), (3) より，

$$\sqrt[n]{|a_n||z|^n}\leqq k<1 \quad (n\geqq n_0).$$

従つて

$$|a_n||z|^n\leqq k^n. \tag{4}$$

$\sum_{n=n_0}^{\infty} k^n$ は收斂するから，$\sum_{n=0}^{\infty} a_n z^n$ は收斂する．故に $\sum_{n=0}^{\infty} a_n z^n$ は $|z|<\frac{1}{l}$ に對し收斂し，$|z|>\frac{1}{l}$ に對して發散するから $R=\frac{1}{l}$ である．

(ii) $l=0$ の場合．

この時は $\lim_{n\to\infty}\sqrt[n]{|a_n|}=0$ であるから，任意の $\varepsilon>0$ に對して，

$$\sqrt[n]{|a_n|}<\varepsilon \quad (n\geqq n_0).$$

故に

$$|a_n|<\varepsilon^n \quad (n\geqq n_0), \tag{5}$$

従つて若し $|z|<\frac{1}{\varepsilon}$ ならば，

$$|a_n||z^n|<(\varepsilon|z|)^n=\rho^n \quad (\rho=\varepsilon|z|<1). \tag{6}$$

$\sum_{n=0}^{\infty}\rho^n$ は收斂するから，$\sum_{n=0}^{\infty} a_n z^n$ は $|z|<\frac{1}{\varepsilon}$ で收斂する．ε は如何に小でもよいから，$\sum_{n=0}^{\infty} a_n z^n$ は任意に有限な z に對して收斂する．故に $R=\infty$ である．$\frac{1}{0}=\infty$ と規約すれば，この時も定理は成立する．

(iii) $l=\infty$ の場合．

$\overline{\lim_{n\to\infty}}\sqrt[n]{|a_n|}=\infty$ から，任意に大なる $G>0$ に對して，$n_1<n_2<\cdots\cdots<n_\nu\to\infty$ が

存在して

$$\sqrt[n_\nu]{|a_{n_\nu}|} \geqq G, \qquad |a_{n_\nu}| \geqq G^{n_\nu}.$$

故に任意の $z(\neq 0)$ に對して，

$$|a_{n_\nu}||z|^{n_\nu} \geqq (G|z|)^{n_\nu}. \tag{7}$$

$z(\neq 0)$ を任意の點とし，$G>0$ を $G|z| \geqq 1$ なるようにとつて置けば，(7) から

$$|a_{n_\nu}||z|^{n_\nu} \geqq 1$$

となり，$a_n z^n \to 0$ とならぬから，$\sum_{n=0}^{\infty} a_n z^n$ は發散する．故に級數は $z=0$ 以外の點で發散するから $R=0$ である．$0=\dfrac{1}{\infty}$ と規約すれば，この時も定理は成立する．

故に定理はすべての場合に證明された．

定 理 VII. 3. $\sum_{n=0}^{\infty} a_n z^n$ **において，若し**

$$\lim_{n\to\infty}\left|\frac{a_n}{a_n+1}\right| = \lambda$$

が存在すれば，

$$R = \lambda$$

である．但し R は收斂半徑を表わす．

證 明.
$$\frac{|a_{n+1}||z|^{+1n}}{|a_n||z|^n} \to \frac{|z|}{\lambda} \quad (n\to\infty)$$
であるから，若し $|z|<\lambda$ ならば，正項級數に關する d'Alembert の判定條件により，$\sum_{n=0}^{\infty}|a_n||z|^n$，從つて $\sum_{n=0}^{\infty} a_n z^n$ は收斂するから，收斂半徑の定義から $\lambda \leqq R$ である．

若し $\lambda<R$ ならば，$\lambda<|z_0|<R$ なる z_0 をとれば，$\sum_{n=0}^{\infty}|a_n||z_0|^n$ は收斂しなければならないが，$\dfrac{|z_0|}{\lambda}>1$ だから d'Alembert の判定條件から $\sum_{n=0}^{\infty}|a_n||z_0|^n$ は發散することとなり不合理である．故に $R=\lambda$ である．

例. $\sum_{n=0}^{\infty}\dfrac{z^n}{n}$ とすれば，$\dfrac{a_n}{a_n+1}=\dfrac{n+1}{n}\to 1 \quad \therefore\ R=1.$

2. 冪級數に關する諸定理

定 理 VII. 4. $f(z)=\sum_{n=0}^{\infty}a_nz^n \quad (|z|<R)$,

$$g(z)=\sum_{n=0}^{\infty}b_nz^n \quad (|z|<R')$$

とし，その收斂半徑を夫々 R R' とす．今

$$R_0=\mathrm{Min}\ (R,\ R')$$

と置けば，

(i) $f(z)\pm g(z)=\sum_{n=0}^{\infty}(a_n\pm b_n)z^n \quad (|z|<R_0)$,

(ii) $f(z)g(z)=\sum_{n=0}^{\infty}(a_0b_n+a_1b_{n-1}+\cdots\cdots+a_nb_0)z^n \quad (|z|<R_0)$.

證 明． (i) は明らかである．(ii) は $f(z)$, $g(z)$ は $|z|<R_0$ で絶對收斂するから定理 VI. 7 により $f(z)$, $g(z)$ の Cauchy の乘積級數を作れば (ii) を得．

定 理 VII. 5. $f(z)=\sum_{n=0}^{\infty}a_nz^n$ $(|z|<R$ **の收斂半徑を R とすれば，**

(i) $f(z)$ **は** $|z|<R$ **で正則である**[*]．

(ii) $f'(z)=\sum_{n=0}^{\infty}n\,a_nz^{n-1} \quad (|z|<R)$,

(iii) $\int_0^z f(z)=\sum_{n=0}^{\infty}\frac{a_n}{n+1}z^{n+1} \quad (|z|<R)$.

且つ (ii), (iii) の收斂半徑も R である．

(ii), (iii) は冪級數はその收斂圓の中では項別微分可能，項別積分可能なることを示す．

證 明． 定理 VII. 1 により，$\sum_{n=0}^{\infty}a_nz^n$ は $|z|<R$ で廣義の一様に收斂し，a_nz^n は正則函數だから定理 VI. 13 により $f(z)$ は $|z|<R$ で正則である．同定理により項別微分することが出來るから (ii) を得．

$\sum_{n=0}^{\infty}a_nz^n$ は $|z|<R$ で廣義の一様に收斂するから定義 VI. 12 により項別に積分すれば (iii) を得．

---

[*] 逆に一つの圓の中で正則な函數は冪級數に展開出來ることは次章で證明する．

次に (ii), (iii) の收斂半徑が R なることを證明しよう．今 (ii) の收斂半徑を R_1, (iii) の收斂半徑を R_2 とすれば，Cauchy-Hadamad 定理と $\lim_{n\to\infty}\sqrt[n]{n}=1$ とから

$$R_1=\frac{1}{\overline{\lim_{n\to\infty}}\sqrt[n]{n|a_n|}}=\frac{1}{\overline{\lim_{n\to\infty}}\sqrt[n]{|a_n|}}=R,$$

$$R_2=\frac{1}{\overline{\lim_{n\to\infty}}\sqrt[n]{\dfrac{|a_n|}{n+1}}}=\frac{1}{\overline{\lim}\sqrt[n]{|a_n|}}=R.$$

$$\therefore\ R_1=R,\qquad R_2=R.$$ [證明終]

故に $f'(z)$ を更らに項別に微分した羃級數の收斂半徑も R である．同様に k 回項別に微分した羃級數の收斂半徑も R である．故に

$$\left.\begin{array}{ll} f(z)=a_0+a_1z+a_2z^2+\cdots\cdots & (|z|<R)\\ f'(z)=\qquad a_1+2a_2z+\cdots\cdots & (|z|<R)\\ f''(z)=\qquad\qquad 2a_2+\cdots\cdots & (|z|<R)\\ \cdots\cdots\cdots\cdots\cdots\cdots\cdots\cdots\cdots\cdots & \end{array}\right\}$$

$z=0$ と置けば，

$$f(0)=a_0,\quad f'(0)=a_1,\quad f''(0)=2a_2,\quad \cdots\cdots,f^{(n)}(0)=n!\,a_n,\ \cdots\cdots.$$

故に

$$a_n=\frac{f^{(n)}(0)}{n!}\quad (n=0,\ 1,\ 2,\cdots\cdots).$$

定理 VII. 6. $f(z)=\sum_{n=0}^{\infty}a_nz^n$ $(|z|<R)$ **とすれば，**

$$a_n=\frac{f^{(n)}(0)}{n!}.$$

従つて

$$f(z)=\sum_{n=0}^{\infty}\frac{f^{(n)}(0)}{n!}z^n\qquad (|z|<R).$$

故に羃級數はその收斂圓の中で，その級數が表わす函數の Maclaurin の級數である．

定理 VII. 7. $f(z)=\sum_{n=0}^{\infty}a_nz^n\ (|z|<R)$ **において，若し 0 に收斂する點列 $\{z_\nu\}\ (z_\nu\to 0)$ に對して，**

$$f(z_\nu)=0\quad(\nu=1,2,\cdots\cdots)$$

ならば，$a_n=0\ (n=0,1,2,\cdots\cdots)$，卽ち

$$f(z)\equiv 0$$

である．

證明． $f(z)\neq 0$ と假定し，0 でない最初の項を $a_p(p\geqq 0)$ とすれば，

$$\begin{aligned}f(z)&=a_pz^p+a_{p+1}z^{p+1}+\cdots\cdots\quad(a_p\neq 0)\\&=z^p(a_p+a_{p+1}z+\cdots\cdots\cdots).\end{aligned}$$

$$f_p(z)=a_p+a_{p+1}z+\cdots\cdots$$

は $|z|<R$ で收斂するから，$f_p(z)$ は $|z|<R$ で正則であるから，勿論連續である．$f_p(0)=a_p\neq 0$ であるから，δ を十分小にとれば，$|z|<\delta$ に對して，$|f_p(z)|\geqq\frac{|a_p|}{2}>0$ となる．故に $f(z)=z^pf_p(z)$ より，$0<|z|<\delta$ に對して $f(z)\neq 0$ となるから，假定 $f(z_\nu)=0\ (z_\nu\to 0)$ と矛盾する．故に $f(z)\equiv 0$ である．

定理 VII. 8.（一致の定理）．

$$f(z)=\sum_{n=0}^{\infty}a_nz^n\ (|z|<R,\qquad g(z)=\sum_{n=0}^{\infty}b_nz^n\quad(|z|<R')$$

において，若し 0 に收斂する點列 $\{z_\nu\}\ (z_\nu\to 0)$ に對して，

$$f(z_\nu)=g(z_\nu)\quad(\nu=1,2,\cdots\cdots)$$

ならば，$a_n=b_n\ (n=0,1,\cdots\cdots)$，卽ち

$$f(z)\equiv g(z)$$

である．

證明． $f(z)-g(z)=\sum_{n=0}^{\infty}(a_n-b_n)z^n$ に前定理を應用せよ．

定理 VII. 9. $f(z)=\sum_{n=0}^{\infty}a_nz^n\quad(|z|<R)$ **とすれば，**

$$\frac{1}{2\pi}\int_0^{2\pi}|f(re^{i\theta})|^2d\theta=\sum_{n=0}^{\infty}|a_n|^2r^{2n}\quad(r<R).$$

證明.

$$f(re^{i\theta})=\sum_{n=0}^{\infty}a_nr^ne^{in\theta},\qquad \bar{f}\,(re^{i\theta})=\sum_{m=0}^{\infty}\bar{a}_mr^me^{-im\theta},$$

ここに $\bar{f}$ は f の共軛複素數, $\bar{a}_m$ は a_m の共軛複素數を表わす.

$$|f(re^{i\theta})|^2=f(re^{i\theta})\bar{f}\,(re^{i\theta})$$

$$=\sum_{n=0}^{\infty}a^nr^ne^{in\theta}\sum_{m=0}^{\infty}\bar{a}_mr^me^{-im\theta}$$

$$=\sum_{m,n=0}^{\infty}a_n\bar{a}_mr^{n+m}e^{i(n-m)\theta}.$$

故に

$$\int_0^{2\pi}|f(re^{i\theta})|^2d\theta=\sum_{n,m=0}^{\infty}a_n\bar{a}_mr^{n+m}\int_0^{2\pi}e^{i(n-m)\theta}d\theta.$$

k を整數とすれば,

$$\int_0^{2\pi}e^{ik\theta}d\theta=\int_0^{2\pi}(\cos k\theta+i\sin k\theta)d\theta=0\qquad(k\neq 0)$$

$$=2\pi\quad(k=0)$$

であるから, $\int_0^{2\pi}e^{i(n-m)\theta}d\theta$ において $n=m$ なるものだけ考えればよいから,

$$\int_0^{2\pi}|f(re^{i\theta})|^2d\theta=2\pi\sum_{n=0}^{\infty}a_n\bar{a}_nr^{2n}=2\pi\sum_{n=0}^{\infty}|a_n|^2r^{2n},$$

$$\therefore\quad \frac{1}{2\pi}\int_0^{2\pi}|f(re^{i\theta})|^2d\theta=\sum_{n=0}^{\infty}|a_n|^2r^{2n}\qquad(r<R).$$

3. Abel の定理

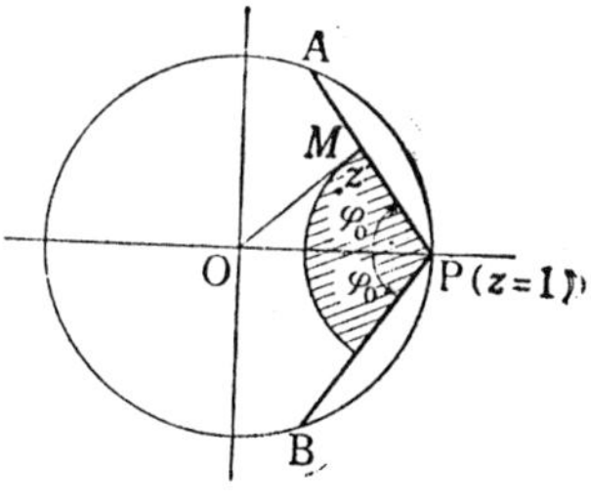

第 76 圖

豫備定理. **単位圓を $|z|=1$ とし, $z=1$ を表わす點を P とす. APB を P を頂點とし開きが $2\varphi_0$ $\left(0<\varphi_0<\frac{\pi}{2}\right)$ である Stolz の角領域とする. 原點 O から AP へ垂線 OM を作る. P を中心として半徑 PM の圓の中にある APB の部分 Δ (斜線で示す) の中に z があれば,**

$$\frac{|z-1|}{1-|z|}\leqq\frac{2}{\cos\varphi_0}$$

である.

證 明. z を Δ の點とすれば,

$$z = 1 - \rho(\cos\varphi - i\sin\varphi) \quad (|\varphi| \leqq \varphi_0),$$

故に

$$|z-1| = \rho \leqq PM = \cos\varphi_0.$$

$$1-|z|^2 = 1-\left((1-\rho\cos\varphi)^2 + \rho^2\sin^2\varphi\right)$$

$$= \rho(2\cos\varphi - \rho) = |z-1|(2\cos\varphi - \rho),$$

$$\therefore \quad \frac{|z-1|}{1-|z|} = \frac{1+|z|}{2\cos\varphi - \rho} \leqq \frac{2}{2\cos\varphi_0 - \cos\varphi_0} = \frac{2}{\cos\varphi_0}.$$

定 理 VII. 10. (Abel). $f(z) = \sum_{n=0}^{\infty} a_n z^n$ **の收斂半徑を** R **とす. 若し收斂圓上の一點** z_0 **で**

$$\sum_{n=0}^{\infty} a_n z_0^n = A \quad (|z_0| = R)$$

が收斂して, その和が A **ならば,** z_0 **を頂點とし, その開きが** π **より小なる任意の Stolz の角領域の中から** z **が** z_0 **に近づく時, 一樣に**

$$f(z) \to A$$

である.

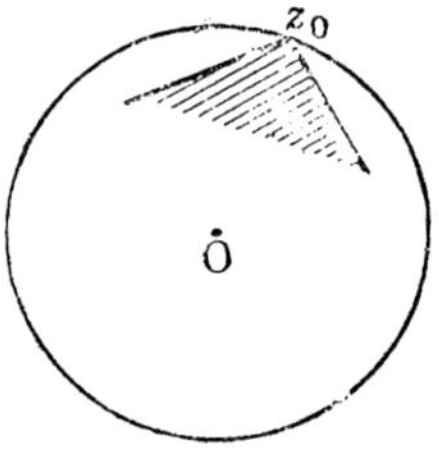

第 77 圖

證 明. $z_0 x$ を z の代りに考えればよいから, $z_0=1$, $R=1$ と假定してよい. 故に

$$\sum_{n=0}^{\infty} a_n = A. \tag{1}$$

$s_n = a_0 + a_1 + \cdots\cdots + a_n \to A$ であるから,

$$s_n = A + \varepsilon_n \quad (|\varepsilon_n| < \varepsilon, \ n \geqq n_0). \tag{2}$$

故に $|z|<1$ に對し,

$$\frac{f(z)}{1-z} = \sum_{n=0}^{\infty} a_n z^n \sum_{n=0}^{\infty} z^n = \sum_{n=0}^{\infty} s_n z^n$$

$$= \sum_{n=0}^{\infty} (A + \varepsilon_n) z^n = \frac{A}{1-z} + \sum_{n=0}^{\infty} \varepsilon_n z^n,$$

$$\therefore \quad |f(z) - A| = |(1-z)\sum_{n=0}^{\infty} \varepsilon_n z^n| \leqq |1-z| \sum_{n=0}^{\infty} |\varepsilon_n| \, |z|^n$$

$$\leqq |1-z|\sum_{n=0}^{n_0}|\varepsilon_n|+\varepsilon|1-z|\sum_{n=n_0+1}^{\infty}|z|^n$$

$$\leqq |1-z|\sum_{n=0}^{n_0}|\varepsilon_n|+\varepsilon|1-z|\sum_{n=0}^{\infty}|z|^n$$

$$=|1-z|\sum_{n=0}^{n_0}|\varepsilon_n|+\varepsilon\frac{|1-z|}{1-|z|}$$

$$\leqq |1-z|\sum_{n=0}^{n_0}|\varepsilon_n|+\varepsilon\frac{2}{\cos\varphi_0} \quad (\text{豫備定理}).$$

故に $|z-1|$ を十分小にとれば,

$$|f(z)-A|<\varepsilon+\frac{2\varepsilon}{\cos\varphi_0}$$

となるから, $z=1$ を頂點とする Stolz の角領域の中から $z\to1$ の時, 一様に $f(z)\to A$ となる.

問 1. $f(z)=\sum_{n=0}^{\infty}a_nz^n$ は $|z|<1$ で收斂するものとし, $s_n=a_0+\cdots\cdots+a_n$ とし, 若し $\sigma_n=\dfrac{s_0+s_1+\cdots\cdots+s_n}{n+1}\to A$ $(n\to\infty)$ なれば, $z=1$ を頂點とし開きが π より小なる任意の Stolz の角領域の中から $z\to1$ の時, 一様に $f(z)\to A$ なることを證明せよ.

問 2. 前問において若し $s_n\to+\infty$ $(n\to\infty)$ ならば, z が正の實軸上から $z=1$ に近づく時, $f(z)\to+\infty$ なることを證明せよ.

問 3. $f(z)=\sum_{n=0}^{\infty}a_nz^n$, $g(z)=\sum_{n=0}^{\infty}b_nz^n$ は $|z|<1$ で收斂するものとし, $\sum_{n=0}^{\infty}b_n=\infty\,(b_n>0)$ とし, $\dfrac{a_n}{b_n}\to A$ $(n\to\infty)$ ならば, z が正の實軸上から $z=1$ に近づく時, $\lim_{z\to1}\dfrac{f(z)}{g(z)}=A$ なることを證明せよ.

問 4. z が正の實軸上から $z=1$ に近づく時次式を證明せよ.

(i) $1-z+z^4-z^9+z^{16}\cdots\cdots\to\dfrac{1}{2}$

(ii) $\sqrt{1-z}\,(1+z+z^4+z^9+\cdots\cdots)\to\dfrac{1}{2}\sqrt{\pi}$

$$\frac{1}{\log\dfrac{1}{1-z}}(z+z^p+z^{p^2}+z^{p^3}+\cdots\cdots)\to\frac{1}{\log p}.$$

4. e^z の定義

$\sum_{n=0}^{\infty}\dfrac{z^n}{n!}$ の收斂半徑は定理 VII. 3 により $R=\infty$ であるから, 級數は $|z|<\infty$ で

收斂する. これを

$$e^z = \sum_{n=0}^{\infty} \frac{z^n}{n!} \quad (|z| < \infty) \tag{1}$$

と置き，これによつて e^z を定義する. e^z は $|z|<\infty$ で正則である.

$$e^{z_1} = \sum_{n=0}^{\infty} \frac{{z_1}^n}{n!}, \qquad e^{z_2} = \sum_{n=0}^{\infty} \frac{{z_2}^n}{n!}$$

から Cauchy の乘積級數を作れば，容易に**指數法則**

$$e^{z_1} \cdot e^{z_2} = e^{z_1+z_2} \tag{2}$$

が得られる. 故に

$$e^{z+2\pi i} = e^z \cdot e^{2\pi i} = e^z. \tag{3}$$

一般に

$$e^{z+2\pi ni} = e^z \quad (n = 0,\ \pm 1,\ \pm 2,\ \cdots\cdots)$$

であるから，**e^z は $2\pi i$ を週期とする週期函數である**. 故に $e^z(z=x+iy)$ は $-\infty<x<\infty$, $0 \leqq y < 2\pi$ なる帶狀領域內の値を週期的に繰返す.

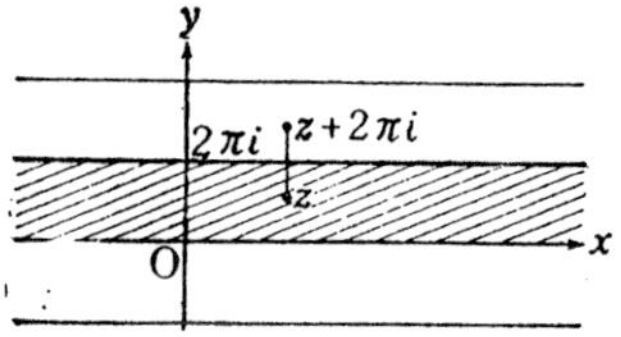

第 78 圖

(1) を項別に微分すれば，

$$\frac{d}{dz} e^z = e^z. \tag{4}$$

$z=re^{i\theta}$ とすれば

$$\log z = \log r + i\theta + 2n\pi i \quad (n \text{ は整數})$$

故に
$$e^{\log z} = e^{\log r+i\theta+2n\pi i} = e^{\log r+i\theta} = re^{i\theta} = z,$$

$$\therefore \quad e^{\log z} = z. \tag{5}$$

複素數 z に對して

$$\sin z = \frac{e^{iz}-e^{-iz}}{2i}, \qquad \cos z = \frac{e^{iz}+e^{-iz}}{2} \tag{6}$$

によつて $\sin z$, $\cos z$ を定義する.

5. 正則函數の冪級數表示

定理 VII. 5 により冪級數はその收斂圓の中で正則函數を表わすが，その逆が成立する.

定 理 VII. 11. ***f*(*z*) を $|z-a|<R$ で正則とすれば，*f*(*z*) は $|z-a|<R$ の**

中で $z-a$ の冪級數

$$f(z)=\sum_{n=0}^{\infty}a_n(z-a)^n \quad (|z-a|<R)$$

で表わされる．ここに

$$a_n=\frac{f^{(n)}(a)}{n!}=\frac{1}{2\pi i}\int_{|z-a|=r}\frac{f(z)}{(z-a)^{n+1}}dz \qquad (r<R)$$

$$(n=0,\ 1,\ 2\cdots\cdots)$$

である．但し r は $0<r<R$ ならば任意でよい．

右邊は圓 $|z-a|=r$ の上を正の向きに積分するものとす．

a_n の値を入れれば

$$f(z)=\sum_{n=0}^{\infty}\frac{f^{(n)}(a)}{n!}(z-a)^n$$

となる．これを $f(z)$ の **Taylor 級數**という．

證 明． 先ず $a=0$ と假定する．$f(z)$ は $|z|<R$ で正則だから，z を $|z|<R$ 內の任意の點とし，$|z|<r<R$ なる r をとれば，Cauchy の積分表示により，

$$f(z)=\frac{1}{2\pi i}\int_{|\zeta|=r}\frac{f(\zeta)}{\zeta-z}d\zeta$$

である．

$$\frac{1}{\zeta-z}=\frac{1}{\zeta\left(1-\frac{z}{\zeta}\right)}=\frac{1}{\zeta}+\frac{z}{\zeta^2}+\cdots\cdots+\frac{z^n}{\zeta^{n+1}}+\frac{1}{\zeta-z}\left(\frac{z}{\zeta}\right)^{n+1},$$

故に

$$\left.\begin{aligned}f(z)=\frac{1}{2\pi i}\int_{|\zeta|=r}\frac{d\zeta}{\zeta}+\frac{z}{2\pi i}\int_{|\zeta|=r}\frac{f(\zeta)}{\zeta^2}d\zeta\\+\cdots\cdots+\frac{z^n}{2\pi i}\int_{|\zeta|=r}\frac{f(\zeta)}{\zeta^{n+1}}d\zeta+\frac{1}{2\pi i}\int_{|\zeta|=r}\frac{f(\zeta)\left(\frac{z}{\zeta}\right)^{n+1}}{\zeta-z}d\zeta.\end{aligned}\right\} \qquad (1)$$

$\max\limits_{|z|=r}|f(z)|=M$ と置けば，$\left|\frac{z}{r}\right|<1$ だから，

$$\left|\frac{1}{2\pi i}\int_{|\zeta|=r}\frac{f(\zeta)\left(\frac{z}{\zeta}\right)^{n+1}}{\zeta-z}dz\right|\leqq\frac{1}{2\pi}\int_{|\zeta|=r}\frac{|f(\zeta)|\left|\frac{z}{\zeta}\right|^{n+1}}{|\zeta|-|z|}|d\zeta|$$

$$\leqq\frac{M}{2\pi(r-|z|)}\left|\frac{z}{r}\right|^{n+1}\cdot 2\pi r=\frac{Mr}{r-|z|}\left|\frac{z}{r}\right|^{n+1}\to 0 \quad (n\to\infty). \qquad (2)$$

從つて (1) において

$$a_n=\frac{1}{2\pi i}\int_{|\zeta|=r}\frac{f(\zeta)}{\zeta^{n+1}}d\zeta \tag{3}$$

と置けば,

$$f(z)=\sum_{n=0}^{\infty}a_nz^n \tag{4}$$

となる.

$\dfrac{f(z)}{z^{n+1}}$ は $0<|z|<R$ で正則だから定理 V. 5 により, $0<r_1<r_2<R$ に對して

$$\int_{|\zeta|=r_1}\frac{f(\zeta)}{\zeta^{n+1}}d\zeta=\int_{|\zeta|=r_2}\frac{f(\zeta)}{\zeta^{n+1}}d\zeta$$

となるから, (3) の r は $0<r<R$ ならば任意でよい.

$f(z)$ が (4) の形で表わされれば, 定理 VII. 6 により

$$a_n=\frac{f^{(n)}(0)}{n!}$$

となる. 故に $a=0$ の時は證明された.

一般の場合は $z-a=\zeta$ と置き,

$$f(z)=f(\zeta+a)=F(\zeta)$$

と置けば, $F(\zeta)$ は $|\zeta|<R$ で正則だから

$$F(\zeta)=\sum_{n=0}^{\infty}a_n\zeta^n \qquad (|\zeta|<R),$$

$$a_n=\frac{F^{(n)}(0)}{n!}=\frac{f^{(n)}(a)}{n!},$$

$$a_n=\frac{1}{2\pi i}\int_{|\zeta|=r}\frac{F(\zeta)}{\zeta^{n+1}}d\zeta=\frac{1}{2\pi i}\int_{|z-a|=r}\frac{f(z)}{(z-a)^{n+1}}dz \qquad (r<R)$$

となつて一般の場合が得られる.

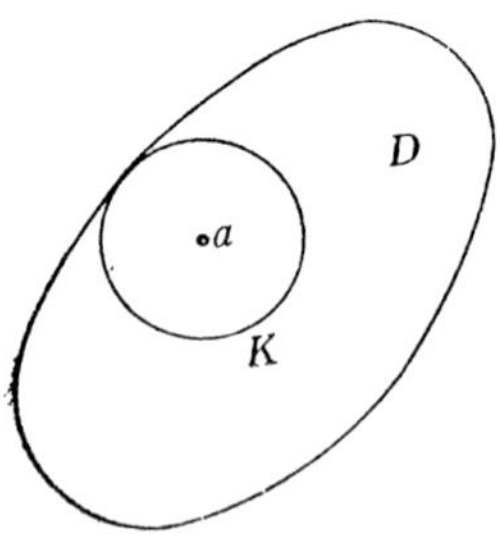

第 79 圖

注意. $f(z)$ を領域 D で正則とし, a を D の任意の一點とし, a を中心として, D の境界に接する圓 K を描き, K の半徑を R とすれば, $f(z)$ は $|z-a|<R$ で正則だから, $f(z)$ は Kの中で

$$f(z)=\sum_{n=0}^{\infty}a_n(z-a)^n$$

の如く展開出來る. K の外の z に對しては他の別の圓をとつて, $f(z)$ は別の冪級數で表わされる. 冪級數の收斂域は一つ

の圓の内部であるから，D 全體で $f(z)$ を一つの冪級數で表わすことは出來ない*)．然し兎に角圓の中だけ考えれば，定理 VII. 5 と VII. 11 により冪級數で表わされる函數と正則函數とは結局同じものである．故に冪級數が函數論で重要なことが分る．

定 理 VII. 12. $f(z)=\sum_{n=0}^{\infty}a_nz^n$ $(|z|<R)$ **とし，** $f(0)=a_0\neq 0$ **とすれば，δ を十分小にとれば，** $|z|<\delta$ **で**

$$\frac{1}{f(z)}=\sum_{n=0}^{\infty}b_nz^n \qquad (|z|<\delta)$$

の如く， $\dfrac{1}{f(z)}$ **は z の冪級數で表わされる．**

證 明． $f(0)\neq 0$ であるから，$f(z)$ の連續性から，δ を十分小にとれば，$|z|<\delta$ に對して $f(z)\neq 0$ である．故に $F(z)=\dfrac{1}{f(z)}$ は $|z|<\delta$ で正則であるから，定理 VII. 11 により，$F(z)=\dfrac{1}{f(z)}$ は z の冪級數 $\sum_{n=0}^{\infty}b_nz^n$ で表わされる．［証明終］

$$\begin{aligned}1&=f(z)\sum_{n=0}^{\infty}b_nz^n=\sum_{n=0}^{\infty}a_nz^n\sum_{n=0}^{\infty}b_nz^n\\&=a_0b_0+(a_0b_1+a_1b_0)z+(a_0b_2+a_1b_1+a_2b_0)z^2+\cdots\cdots.\end{aligned}$$

一致の定理から

$$a_0b_0=1,\quad a_0b_1+a_1b_0=0,\quad a_0b_2+a_1b_1+a_2b_0=0,\ \cdots\cdots$$

これより順次 $b_0=\dfrac{1}{a_0}$, $b_1=-\dfrac{a_1}{a_0^2}$, $\cdots\cdots$ を求めることが出來る．

注 意． $\sum_{n=0}^{\infty}b_nz^n$ の收斂半徑 R_1 は原點に最も近い $f(z)$ の零點を z_0 とすれば，$R_1=|z_0|$ である．

定 理 VII. 13. $f(z)$ **は領域 D で正則とし，z_0 を D の内點とす．若し z_0 に收斂する點列** $\{z_\nu\}$ $(z_\nu\to z_0)$ **に對して，**

$$f(z_\nu)=0 \quad (\nu=1,2,\cdots\cdots)$$

ならば，D で

$$f(z)\equiv 0$$

である．從つて $f(z)\not\equiv 0$ ならば，$f(z)$ の零點は D の内部に集積點を持たない．

證 明． z_0 を中心とし，D の境界に接する圓を K とすれば，$f(z)$ は K の中

---

*) D が單一連結で，$f(z)$ が D で正則ならば，$f(z)$ は D で收斂する $f(z)=\sum_{n=0}^{\infty}P_n(z)$ のような多項式 $P_n(z)$ の級數で表わすことが出來る（Runge の定理 §7）．

で正則だから, $f(z)$ は K の中で

$$f(z)=\sum_{n=0}^{\infty} a_n(z-z_0)^n$$

で表わされる. $z_\nu \to z_0$ だから $\nu \geqq \nu_0$ ならば z_ν は K の中に入るから,

$$f(z_\nu)=0 \quad (\nu \geqq \nu_0).$$

故に定理 VII. 7 により K の中で $f(z)=0$ である.

次に K の中に一點 z_1 をとり, 同様に z_1 を中心とし D の境界に接する圓 K_1 を考えれば, z_1 の附近で $f(z)=0$ だから, 上と同様にして K_1 の中で $f(z)=0$ となる. 以下同様にして, D の中で $f(z)=0$ が證明される.

定 理 VII. 14. (一致の定理). **$f(z)$, $g(z)$ は領域 D で正則とし, z_0 を D の內點とす. 若し z_0 に收斂する點列 $\{z_\nu\}$, ($z_\nu \to z_0$) に對して,**

$$f(z_\nu)=g(z_\nu) \quad (\nu=1,2\cdots\cdots)$$

ならば, D の中で

$$f(z)\equiv g(z)$$

である.

證 明. 前定理を $F(z)=f(z)-g(z)$ に應用せよ.

6. Weierstrass の二重級數定理再論

$f_n(z)\ (n=0,1,\cdots\cdots)$ は $|z|<R$ で正則で, $|z|<R$ で廣義の一様に $\sum_{n=0}^{\infty} f_n(z)=F(z)$ ならば, Weierstrass の二重級數定理 (定理 VI. 13) により, $F(z)$ は $|z|<R$ で正則で, $|z|<R$ で廣義の一様に

$$\sum_{n=0}^{\infty} f_n^{(k)}(z)=F^{(k)}(z) \quad (k=0,1,\cdots\cdots) \tag{1}$$

である. $|z|<R$ で

$$\left.\begin{array}{l} f_0(z)=a_0^{(0)}+a_1^{(0)}z+\cdots\cdots+a_k^{(0)}z^k+\cdots\cdots \\ \cdots\cdots\cdots\cdots\cdots\cdots\cdots\cdots\cdots\cdots\cdots\cdots \\ f_n(z)=a_0^{(n)}+a_1^{(n)}z+\cdots\cdots+a_k^{(n)}z^k+\cdots\cdots \\ \cdots\cdots\cdots\cdots\cdots\cdots\cdots\cdots\cdots\cdots\cdots\cdots \end{array}\right\} \tag{2}$$

$$F(z)=A_0+A_1z+\cdots\cdots+A_kz^k+\cdots\cdots \tag{3}$$

とすれば，定理 VII. 6 により

$$a_k^{(n)} = \frac{1}{k!} f_n^{(k)}(0), \qquad A_k = \frac{1}{k!} F^{(k)}(0).$$

故に (1) で $z=0$ として

$$\sum_{n=0}^{\infty} f_n^{(k)}(0) = F^{(k)}(0)$$

より

$$\sum_{n=0}^{\infty} a_k^{(n)} = A_k \qquad (k = 0,\ 1\cdots\cdots). \tag{4}$$

これは (2), (3) において A_k は $a_k^{(0)}$, $a_k^{(1)}$, …… $a_k^{(n)}$…… の和に等しいことを示す．故に **$F(z)$ の展開の z^k の係數は $f_n(z)$ の展開の z^k の係數の和に等しい．** これが二重級數定理といわれる譯である．

7. Runge の定理

定 理 VII. 15. (Runge). **D を一つの Jordan 曲線 C で圍まれた領域とし，$f(z)$ は閉領域 $\overline{D}$ で正則とすれば，任意に與えられた $\varepsilon>0$ に對して，多項式 $P(z)$ を見出して，$\overline{D}$ の中で**

$$|f(z) - P(z)| < \varepsilon$$

ならしめることができる*)．

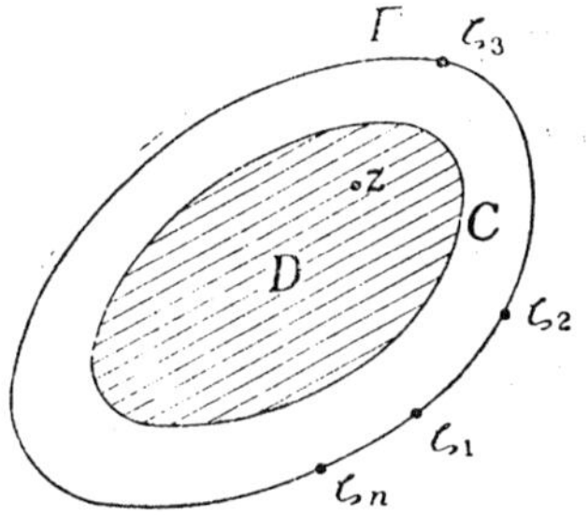

第 80 圖

證 明. C の外側に長さの有限な Jordan 曲線 Γ を描き，$f(z)$ は Γ の內部及び Γ の上で正則であるように十分 Γ を C の近くにとる．

$\overline{D}$ の任意の點を z とすれば，

$$f(z) = \frac{1}{2\pi i}\int_{\Gamma} \frac{f(\zeta)}{\zeta - z}\, d\zeta. \tag{1}$$

Γ の上に十分密に $\zeta_1, \zeta_2, \cdots\cdots, \zeta_n$ $(\zeta_{n+1}=\zeta_1)$ をとり，

$$f_n(z) = \frac{1}{2\pi i}\sum_{i=1}^{n} \frac{f(\zeta_i)}{\zeta_i - z}\, \Delta\zeta_i \quad (\Delta\zeta_i = \zeta_{i+1} - \zeta_i) \tag{2}$$

と置けば，$\operatorname*{Max}_i |\Delta\zeta_i| \to 0$ の時，$\overline{D}$ で一様に

---

*) $f(z)$ は D で正則で，$\overline{D}$ で連續なればよいことが Walsh によつて證明されている．

$$f_n(z)\to f(z) \tag{3}$$

なることを證明しよう.

$$|f(z)-f_n(z)|=\frac{1}{2\pi}\left|\sum_{i=1}^{n}\int_{\widehat{\zeta_i\zeta_{i+1}}}\frac{f(\zeta)}{\zeta-z}d\zeta-\sum_{i=1}^{n-1}\int_{\widehat{\zeta_i\zeta_{i+1}}}\frac{f(\zeta_i)}{\zeta_i-z}d\zeta\right|$$

$$\leqq\frac{1}{2\pi}\sum_{i=1}^{n}\int_{\widehat{\zeta_i\zeta_{i+1}}}\left|\frac{f(\zeta)}{\zeta-z}-\frac{f(\zeta_i)}{\zeta_i-z}\right||d\zeta|. \tag{4}$$

$\widehat{\zeta_i\zeta_{i+1}}$ の上で $f(\zeta)=f(\zeta_i)+\varphi_i(\zeta)$ と置けば,

$$\left|\frac{f(\zeta)}{\zeta-z}-\frac{f(\zeta_i)}{\zeta_i-z}\right|=\left|\frac{f(\zeta_i)+\varphi_i(\zeta)}{\zeta-z}-\frac{f(\zeta_i)}{\zeta_i-z}\right|$$

$$\leqq\frac{|f(\zeta_i)||\zeta-\zeta_i|}{|\zeta-z||\zeta_i-z|}+\frac{|\varphi_i(\zeta)|}{|\zeta-z|}.$$

$f(\zeta)$ は Γ の上で連續だから, $\operatorname*{Max}_i|\Delta\zeta_i|$ が十分小ならば, $\widehat{\zeta_i\zeta_{i+1}}$ の上で, $|\varphi_i(\zeta)|<\varepsilon$, $|\zeta-\zeta_i|<\varepsilon$ となる. 故に Γ の上の $|f(\zeta)|$ の最大値を M, C と Γ との最短距離を $d>0$ と置けば,

$$\left|\frac{f(\zeta)}{\zeta-z}-\frac{f(\zeta_i)}{\zeta_i-z}\right|\leqq\frac{M\varepsilon}{d^2}+\frac{\varepsilon}{d}. \tag{5}$$

故に Γ の長さを L とすれば, $\bar{D}$ の任意の z に對し, 若し $\operatorname*{Max}_i|\Delta\zeta_i|$ が十分小なれば, (4), (5) より

$$|f(z)-f_n(z)|\leqq\frac{1}{2\pi}\left(\frac{M\varepsilon}{d^2}+\frac{\varepsilon}{d}\right)L \tag{6}$$

となるから, (3) が證明できた.

$f_n(z)$ は $\zeta_i(i=1,\cdots\cdots,n)$ で一次の極を持つ有理函數である. 今その一般項を $\dfrac{A}{z-\zeta_i}$ とし, $a=\zeta_i$ と置き, $\dfrac{A}{z-a}$ を他の有理函數で近似しよう. そのために a と Γ の外部にある一點 b とを Γ の外側で曲線 L で結ぶ. L の上に十分密に $a_0=a,\ a_1,\ \cdots\cdots,\ a_{N-1},\ a_N=b$ をとり, C と Γ の最短距離を d_0 とする時, a_{i-1}, a_i の距離は $\dfrac{d_0}{2}$ より小になるようにする. a_1 を中心として半徑 $\dfrac{d_0}{2}$ の圓 K_1 は a を含むから, $\dfrac{A}{z-a}$ は K_1 の外では正則である. 故に $\dfrac{A}{z-a}$ は $\dfrac{1}{z-a_1}$ の冪級數に展開出來る.

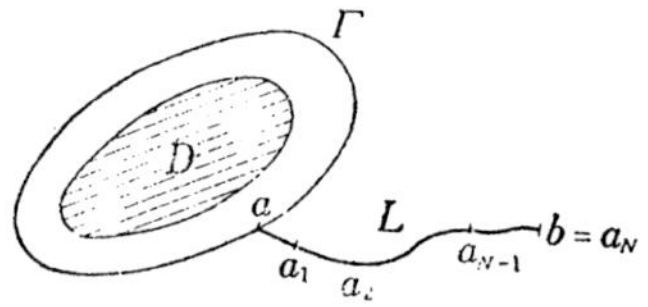

第 81 圖

$$\frac{A}{z-a}=\frac{B_1}{z-a_1}+\frac{B_2}{(z-a_1)^2}+\cdots\cdots \quad \left(|z-a_1|>\frac{d_0}{2}\right)^{*)}. \tag{7}$$

$\bar{D}$ の點では $|z-a_1|\geqq d_0$ だから，(7) は $\bar{D}$ で一様に收斂するから (7) の項數を十分大にとり

$$R_1(z)=\frac{B_1}{z-a_1}+\cdots\cdots+\frac{B_k}{(z-a_1)^k} \tag{8}$$

とすれば，$\bar{D}$ の任意の z に對して

$$\left|\frac{A}{z-a}-R_1(z)\right|<\varepsilon \tag{9}$$

となる．$R_1(z)$ は a_1 を極とする有理函數である．次に同樣にして a_2 を極とする有理函數 $R_2(z)$ を見出して，$\bar{D}$ の任意の z に對して，

$$|R_1(z)-R_2(z)|<\varepsilon$$

ならしめ，以下同樣にして，b を極とする有理函數 $R_N(z)$ を見出して，$\bar{D}$ の任意の z に對して $|R_{N-1}(z)-R_N(z)|<\varepsilon$ ならしめれば，$\bar{D}$ の任意の z に對して

$$\left|\frac{A}{z-a}-R_N(z)\right|<N\varepsilon \tag{10}$$

となる．ここで ε は任意に小であるから，$\dfrac{A}{z-a}$ は $\bar{D}$ の中で b を極とする有理函數によつていくらでも近似することが出來る．

各 ζ_i について同樣の有理函數が存在するから，任意の $\varepsilon>0$ に對して，b を極とする有理函數 $R(z)$ を見出して，$\bar{D}$ の中で

$$|f_n(z)-R(z)|<\varepsilon$$

ならしめることが出來る．從つて (3) より任意の $\varepsilon>0$ に對して，b を極とする有理函數 $R(z)$ を見出して，$\bar{D}$ の中で

$$|f(z)-R(z)|<\varepsilon \tag{11}$$

ならしめることが出來る．

この準備の後定理の證明に移る．

Γ の外側に一點 a をとり，

$$w=\frac{1}{z-a} \tag{12}$$

---

*) $z=\infty$ で $\dfrac{A}{z-a}$ は 0 になるから，(7) の定數項はない．

なる變換をなせば，$z=a$ は $w=\infty$ になり，$z=\infty$ は $w=0$ になる.

この時 D は w 平面の領域 $\varDelta$ になつたとし，$f(z)=F(w)$ と置けば，$F(w)$ は $\bar{\varDelta}$ で正則である. $w=0$ は $\varDelta$ の外にあるから，(11) により $w=0$ で極を持つ有理函數 $R(w)$ を見出して，$\bar{\varDelta}$ の中で

$$|F(w)-R(w)|<\varepsilon \tag{13}$$

ならしめることが出來る. $R(w)=P(z)$ と置けば，$\bar{D}$ の中で

$$|f(z)-P(z)|<\varepsilon \tag{14}$$

である. $R(w)$ の極は $w=0$ であるから，$P(z)$ の極は $z=\infty$ である. 故に $P(z)$ は $z=\infty$ が極である有理函數であるから多項式でなければならない. 故に定理は證明された.

定 理 VII. 16. **D を單一連結領域とし，$f(z)$ は D で正則とすれば，D で廣義の一様に**

$$P_n(z)\to f(z)$$

なる多項式列 $\{P_n(z)\}$ が存在する.

證 明. D を領域列 D_n

$$D_1\subset D_2\subset\cdots\cdots\subset D_n\to D \tag{1}$$

で近似する.

ここに D_n は一つの Jordan 曲線 C_n で圍まれているものとする. $f(z)$ は $\bar{D}_n$ で正則だから，前定理で $\bar{D}_n$ の中で

$$|f(z)-P_n(z)|<\frac{1}{2^n}\quad(n=0,\ 1,\ \cdots\cdots) \tag{2}$$

なる多項式 $P_n(z)$ が存在する. この $P_n(z)$ が定理の條件を滿足することは容易に分る.

定 理 VII. 17. (Runge). **D を單一連結領域とし，$f(z)$ は D で正則とすれば，$f(z)$ は D で廣義の一様に收斂する多項式の級數**

$$f(z)=\sum_{n=0}^{\infty}P_n(z)$$

に展開することが出來る.

證 明. 前定理の $P_n(z)$ を $Q_n(z)$ と置き，$Q_n(z)-Q_{n-1}(z)=P_n(z)$，$P_0(z)=Q_0(z)$ と置けば，前定理から

$$f(z)=\sum_{n=0}^{\infty}P_n(z)$$

となる．これが D で廣義の一様に收斂することは明らかである．[證明終]

注 意. $f(z)$ が $|z|<1$ で正則の時は，$f(z)=\sum_{n=0}^{\infty}a_nz^n(|z|<1)$ となるから，$P_n(z)=a_nz^n$ とすればよい．z^n は $f(z)$ には依存しない．a_n のみが $f(z)$ に依存する．一般に D を單一連結領域とする時，D にのみ依存する多項式 $P_n(z)$ が存在して，D で正則な函數は，D で $f(z)=\sum_{n=0}^{\infty}a_nP_n(z)$ の如く展開されることが證明出來る．ここに a_n は $f(z)$ に依存する定數である．$P_n(z)$ を Faber の多項式という．

定理 VII. 15 において $P(z)$ の次數を $\leqq n$ とする時の近似度が問題となる．これに關して次の定理がある．

定 理 VII. 18. (**Walsh**). **D を Jordan 曲線 C で圍まれた領域とし，$f(z)$ は閉領域 $\bar{D}$ で正則とすれば，次數が高々 n なる多項式 $P_n(z)$ を見出して，$\bar{D}$ の中で**

$$|f(z)-P_n(z)|\leqq\frac{M}{R^n}$$

ならしめることが出來る．ここに M は定數で，R は 1 より大なる定數である．

證 明*). C の外側に長さの有限な Jordan 曲線 Γ を十分近くとり，Γ の內部及び上で $f(z)$ は正則とする．Γ の上に點 $\zeta_1,\cdots\cdots,\zeta_k$ をとり，弧 $\widehat{\zeta_\nu\zeta_{\nu+1}}$ を J_ν として Γ を k 個の弧 $J_1,\cdots\cdots,J_k$ に分ち，z が $\bar{D}$ の中にあり，ζ が $J_\nu(\nu=1,2,\cdots\cdots,k)$ の上を動く時，$\dfrac{1}{\zeta-z}$ の變化の絕對値が $\dfrac{1}{4\Lambda}$ より小なるようにする．ここに Λ は Γ の直徑（即ち二點間の最大距離）を表わす．Cauchy の積分表示で

$$f(z)=\frac{1}{2\pi i}\sum_{\nu=1}^{k}\int_{J_\nu}\frac{f(\zeta)}{\zeta-z}d\zeta. \qquad (1)$$

$\dfrac{1}{\zeta_\nu-z}$ は $\bar{D}$ で正則だから，Runge の定理で $\bar{D}$ の中で

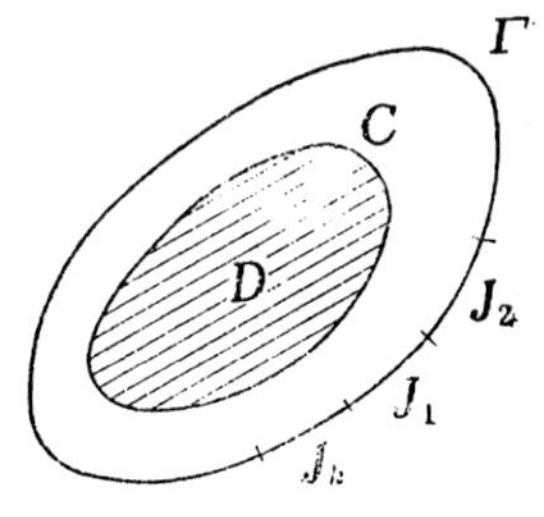

第 82 圖

*) Szegö: Sitzungsberichte d. Bayerischen Akad. (1927) による．

$$\left|\frac{1}{\zeta_\nu - z} - p_\nu(z)\right| \leqq \frac{1}{4\Lambda} \quad (z \in \bar{D}) \tag{2}$$

を満足する多項式 $p_\nu(z)$ が存在する.

ζ を J_ν の任意の點とすれば, 假定により

$$\left|\frac{1}{\zeta - z} - \frac{1}{\zeta_\nu - z}\right| \leqq \frac{1}{4\Lambda} \quad (z \in \bar{D}). \tag{3}$$

$$\therefore \quad \left|\frac{1}{\zeta - z} - p_\nu(z)\right| \leqq \left|\frac{1}{\zeta - z} - \frac{1}{\zeta_\nu - z}\right| + \left|\frac{1}{\zeta_\nu - z} - p_\nu(z)\right| \leqq \frac{1}{2\Lambda}.$$

直徑の定義から $|\zeta - z| \leqq \Lambda$ だから,

$$|1 - (\zeta - z)p_\nu(z)| \leqq \frac{|\zeta - z|}{2\Lambda} \leqq \frac{1}{2} \quad (z \in \bar{D}). \tag{4}$$

今

$$Q_m(z) = \frac{1}{2\pi i}\sum_{\nu=1}^{k}\int_{J_\nu}\frac{1-[1-(\zeta-z)p_\nu(z)]^m}{\zeta - z}f(\zeta)d\zeta \quad (m = 1, 2, \cdots\cdots) \tag{5}$$

と置く時, $Q_m(z)$ は z の多項式である. z が $\bar{D}$ の中にあれば, (1), (5), (4) から,

$$|Q_m(z) - f(z)| \leqq \frac{1}{2\pi}\sum_{\nu=1}^{k}\int_{J_\nu}\frac{|1-(\zeta-z)p_\nu(z)|^m}{|\zeta - z|}|f(\zeta)||d\zeta|$$

$$\leqq \frac{1}{2^m}\cdot\frac{1}{2\pi}\int_\Gamma\frac{|f(\zeta)|}{|\zeta - z|}|d\zeta| \leqq \frac{K}{2^m}, \tag{6}$$

但し K は一つの定數である. K を $\bar{D}$ における $|f(z)|$ の最大値よりも大にとつて置けば, (6) は $Q_0(z)=0$ として, $m=0$ の時でも成立する.

$p_1(z), \cdots\cdots, p_k(z)$ の次數の最大のものを $\lambda-1$ とすれば, $Q_m(z)$ の次數は $\lambda m-1$ ($<\lambda m$) である. 今

$$P_n(z) = Q_{\left[\frac{n}{\lambda}\right]}(z) \quad (n = 0, 1, 2, \cdots\cdots)^{*)} \tag{7}$$

と置けば, $P_n(z)$ の次數は $<\lambda\left[\dfrac{n}{\lambda}\right] \leqq n$ で, 且つ

$$|f(z) - P_n(z)| \leqq \frac{K}{2^{\left[\frac{n}{\lambda}\right]}} < \frac{2K}{2^{\frac{n}{\lambda}}} = \frac{M}{R^n} \quad (z \in \bar{D}), \tag{8}$$

$$\text{但し } M = 2K, \quad R = 2^{\frac{1}{\lambda}}$$

故に定理は證明された.

---

*) $\left[\dfrac{n}{\lambda}\right]$ は $\dfrac{n}{\lambda}$ の整數部.

第八章　最大値の原理

1. 最大値の原理

豫備定理. $f(z)=\sum_{n=0}^{\infty}a_nz^n$ $(|z|<R)$ **とし，** $f(z)\neq \text{const.}$ **とすれば，任意の** $0<r<R$ **に對して，圓** $|z|=r$ **上に適當に** z_0 **をとれば，**

$$|f(0)|<|f(z_0)|$$

となる.

證 明. 定理 VII. 9 により

$$\frac{1}{2\pi}\int_0^{2\pi}|f(re^{i\theta})|^2d\theta=\sum_{n=0}^{\infty}|a_n|^2r^{2n} \qquad (r<R). \tag{1}$$

今圓 $|z|=r$ の上の $|f(z)|$ の最大値を

$$M(r)=\operatorname*{Max}_{|z|=r}|f(z)| \tag{2}$$

とすれば，(1) より

$$|a_0|^2+|a_1|^2r^2+\cdots\cdots\leqq\frac{1}{2\pi}\int_0^{2\pi}M(r)^2d\theta=M(r)^2, \tag{3}$$

從つて

$$|a_0|=|f(0)|\leqq M(r). \tag{4}$$

(4) で等號が成立すれば，(3) より $a_1=a_2=\cdots\cdots=0$, 即ち $f(z)\equiv a_0$ となり假定に反す．故に $|f(0)|<M(r)$. 圓 $|z|=r$ の上に適當に z_0 をとれば，$|f(z_0)|=M(r)$ となるから，

$$|f(0)|<|f(z_0)| \qquad (|z_0|=r)$$

となる.

定 理 VIII. 1.（最大値の原理）. $f(z)$ **は有界な領域** D **で一價正則とし，閉領域** $\overline{D}$ **で連續とす．今**

$$M=\operatorname*{Max}_{\overline{D}}|f(z)|$$

と置けば，若し $f(z)\neq\text{const.}$ **ならば，** D **の內點** z **で** $|f(z)|<M$ **である．從つて** D **の境界上の一點** z_0 **に對して** $|f(z_0)|=M$ **となる．故に若し** D **の境界** Γ **の上で** $|f(z)|\leqq M$ **ならば，** D **の中でも** $|f(z)|\leqq M$ **である.**

證 明. $f(z)$ は閉領域 $\overline{D}$ で連續だから, $\overline{D}$ の適當な點 z_0 に對して

$$|f(z_0)| = M \qquad (1)$$

となる. 若し z_0 が D の內點とすれば, 不合理となることを證明しよう.

z_0 を D の內點とし, (1) が成立したとする. z_0 を中心として, D の境界に接する圓を K とすれば, K の中で $f(z)$ は正則だから, K の中で

$$f(z) = \sum_{n=0}^{\infty} a_n (z - z_0)^n$$

で表わされる. この時 K の中で $f(z) \not\equiv \text{const.}$ である. 何となれば若し K の中で $f(z) \equiv \text{const.} = k$ ならば, 定理 VII. 14 において $g(z) \equiv k$ とすれば, D の中で $f(z) \equiv k$ となり假定 $f(z) \not\equiv \text{const.}$ に反する故である. 故に K の中で $f(z) \not\equiv \text{const.}$ であるから, 豫備定理により, z_0 の任意の近くに點 z_1 を適當にとれば,

$$|f(z_0)| < |f(z_1)|$$

となる. 然し $M = |f(z_0)|$ であるからこれは M の定義に反す. 故に D の內點 z_0 に對し $|f(z_0)| < M$ である. 從つて $|f(z)|$ はその最大値を D の境界上でとる.

注 意. $f(z)$ は D で正則であるが, 一價でなくても $|f(z)|$ が一價連續ならば, 證明は全く同じで最大値の原理が成立する.

問. $f(z) = a_0 + a_1 z + \cdots\cdots + a_n z^n$ とし $\underset{|z|=r}{\mathrm{Max}} |f(z)| = M(r)$ とすれば,

$$\frac{M(r_1)}{r_1^n} \geqq \frac{M(r_2)}{r_2^n} \qquad (0 < r_1 < r_2)$$

を證明せよ. $\left(\dfrac{f(z)}{z^n}\right.$ に最大値の原理を應用せよ$\left.\right)$

豫備定理. $f_\nu(z) = \sum_{n=0}^{\infty} a_n^{(\nu)} z^n \ (|z| < R) \ (\nu = 1, 2, \cdots\cdots, k)$ **とし,**

$$\varphi(z) = |f_1(z)|^2 + \cdots\cdots + |f_k(z)|^2$$

と置けば, 若しすべての $f_\nu(z)$ が定數でなければ, 任意の $0 < r < R$ に對して圓 $|z| = r$ 上に適當に z_0 をとれば,

$$|\varphi(0)| < |\varphi(z_0)|$$

となる.

證 明. 前豫備定理の證明同樣

$$\varphi(0) < \frac{1}{2\pi} \int_0^{2\pi} \varphi(re^{i\theta})\, d\theta \qquad (0 < r < R)$$

が證明出來るから，適當に $|z|=r$ の上に z_0 をとれば，$\varphi(0)<\varphi(z_0)$ となる．

定理 VIII. 2. $f_\nu(z)$ $(\nu=1, 2, \cdots\cdots k)$ **は有界な領域** D **で正則で，** $|f_\nu(z)|$ **は** $\overline{D}$ **で一價連續とし，**

$$M = \underset{\overline{D}}{\mathrm{Max}}(|f_1(z)|^{p_1} + \cdots\cdots + |f_k(z)|^{p_k}) \qquad (p_\nu > 0)$$

とすれば，若しすべての $f_\nu(z)$ **が定數でなければ，** D **の任意の內點** z **に對して**

$$|f_1(z)|^{p_1} + \cdots\cdots + |f_k(z)|^{p_k} < M.$$

從つて，若し D **の境界** Γ **の上で**

$$|f_1(z)|^{p_1} + \cdots\cdots + |f_k(z)|^{p_k} \leqq M$$

ならば， D **の中でも同じ關係が成立する．**

證 明．$f_\nu(z)\neq\mathrm{const.}$ $(\nu=1, 2, \cdots\cdots, k)$ と假定する．

$$\varphi(z) = |f_1(z)|^{p_1} + \cdots\cdots + |f_k(z)|^{p_k}$$

と置き，假りに D の內點 z_0 で $\varphi(z_0)=M$ になつたとし，

$$f_1(z_0) \neq 0, \cdots\cdots, f_m(z_0) \neq 0, f_{m+1}(z_0) = \cdots\cdots = f_k(z_0) = 0$$

とする．ρ を十分小にとり $|z-z_0|\leqq\rho$ は D に含まれ，$|z-z_0|\leqq\rho$ で $f_1(z)\neq0$, $\cdots\cdots, f_m(z)\neq0$ とすれば，$\left[f_1(z)\right]^{\frac{p_1}{2}}, \cdots\cdots, \left[f_m(z)\right]^{\frac{p_m}{2}}$ は $|z-z_0|\leqq\rho$ で正則であるから豫備定理で，圓 $|z-z_0|=\rho$ の上に適當に z_1 をとれば，

$$\begin{aligned}\varphi(z_1) &\geqq |f_1(z_1)|^{p_1} + \cdots\cdots + \left|f_m(z_1)\right|^{\frac{p_m}{2}} \\ &> |f_1(z_0)|^{p_1} + \cdots\cdots + |f_m(z_0)|^{p_m} = M\end{aligned}$$

となり M の定義に反す．故に $\varphi(z)$ の最大値は D の境界上でとる．

2. Cauchy の評價式

$$f(z) = \sum_{n=0}^{\infty} a_n z^n \qquad |z| < R \tag{1}$$

とし，

$$M(r) = \underset{|z|=r}{\mathrm{Max}}|f(z)| \qquad (r < R) \tag{2}$$

とすれば，最大値の原理から

$$M(r) = \underset{|z|\leqq r}{\mathrm{Max}}|f(z)| \tag{3}$$

である. (3) から分るように, $M(r)$ は r の増加函數である. 更らに詳しく次の定理が證明出來る.

定 理 VIII. 3. **$M(r)$ は r の連續な增加函數で, 若し $f(z) \neq \text{const.}$ ならば,**

$$M(r_1) < M(r_2) \qquad (r_1 < r_2 < R)$$

である.

證 明. $f(z) \neq \text{const.}$ とし, $r_1 < r_2 < R$ とし, 圓 $|z| = r_1$ の上に適當に z_1 をとれば, $|f(z_1)| = M(r_1)$ となる. 故に最大値の原理から

$$M(r_1) = |f(z_1)| < M(r_2) \qquad (r_1 < r_2 < R).$$

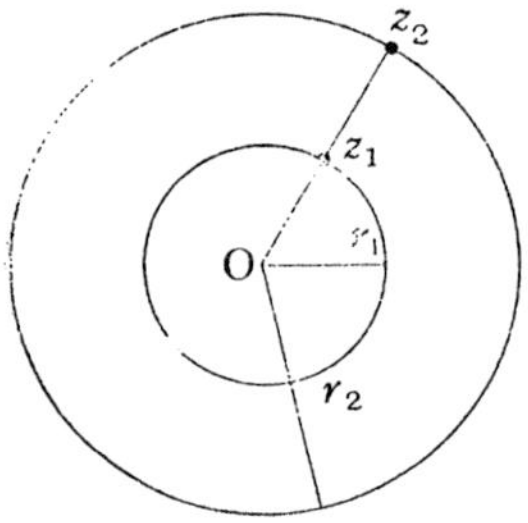

第 83 圖

次に $M(r)$ が r の連續函數なることを證明する. 圓 $|z| = r_2$ の上に $|f(z_2)| = M(r_2)$ なる z_2 をとり, Oz_2 と圓 $|z| = r_1$ との交點を z_1 とすれば, $r_2 - r_1$ が十分小なれば,

$$M(r_2) = |f(z_2)| < |f(z_1)| + \varepsilon \leqq M(r_1) + \varepsilon$$

となる. 故に

$$M(r_2) - \varepsilon \leqq M(r_1) \leqq M(r_2)$$

となるから, $M(r)$ は r の連續函數である.

定 理 VIII. 4. (Cauchy の評價式).

$$f(z) = \sum_{n=0}^{\infty} a_n z^n \qquad (|z| < R),$$

$$M(r) = \operatorname*{Max}_{|z|=r} |f(z)| \qquad (r < R)$$

とすれば,

$$|a_n| \leqq \frac{M(r)}{r^n} \qquad (n = 0, 1, 2 \cdots\cdots).$$

證 明.

$$a_n = \frac{1}{2\pi i} \int_{|z|=r} \frac{f(z)}{z^{n+1}} dz,$$

$$\therefore \quad |a_n| \leqq \frac{1}{2\pi} \int_{|z|=r} \frac{|f(z)|}{|z|^{n+1}} |dz| \leqq \frac{M(r)}{2\pi r^{n+1}} \int_{|z|=r} |dz| = \frac{M(r)}{2\pi r^{n+1}} 2\pi r = \frac{M(r)}{r^n}.$$

3. Liouville の定理

定理 VIII. 5. (Liouville). **$f(z)$ を $|z|<\infty$ で正則で且つ有界とすれば $f(z)\equiv\text{const.}$ である.**

$|z|<\infty$ で正則な函數を整函數という. 故に**有界な整函數は定數である.**

證明. $f(z)$ は $|z|<\infty$ で正則だから,

$$f(z)=\sum_{n=0}^{\infty}a_nz^n \qquad (|z|<\infty).$$

$f(z)$ は有界だから, すべての z に對して

$$|f(z)|\leqq K$$

のような定數 K が存在する. 故に $M(r)\leqq K$ であるから, Cauchy の評價式で

$$|a_n|\leqq\frac{K}{r^n}.$$

故に $n\geqq1$ ならば, $r\to\infty$ とすれば $a_n=0$ となるから,

$$f(z)\equiv a_0\equiv\text{const.}$$

定理 VIII. 6. (Liouville の定理の擴張). **$f(z)$ は $|z|<\infty$ で正則とし, $f(z)=O(|z|^k)$ $(k>0)$ とすれば, $f(z)$ は高々 k 次の多項式である.**

$f(z)=O(|z|^k)$ は, $|z|\geqq r_0$ ならば $|f(z)|\leqq K|z|^k$ のような定數 K が存在することを表わす.

證明. 假定から $M(r)\leqq Kr^k$ $(r\geqq r_0)$ であるから,

$$|a_n|\leqq K\frac{r^k}{r^n}.$$

故に $n>k$ ならば, $r\to\infty$ とすれば $a_n=0$ となる. 故に $f(z)$ は高々 k 次の多項式である.

定理 VIII. 7. **n 次方程式 $a_0+a_1z+\cdots\cdots+a_nz^n=0$ $(a_n\neq0,\ n\geqq1)$ は n 個の根を有す.** (代數學の基本定理)

證明. 任意の n 次方程式 $f(z)=a_0+a_1z+\cdots\cdots+a_nz^n=0$ が少くとも一根を持つことが證明されたとすれば, これから n 次方程式は n 個の根を持つことが證明出來る. 何となれば $f(z)=0$ の一つ根を α_1 とすれば, 剩餘定理で $f(z)$ は $z-\alpha_1$ で整除されるから,

$$f(z) = (z-\alpha_1)f_1(z)$$

と置けば，$f_1(z)$ は $(n-1)$ 次の多項式である．方程式 $f_1(z)=0$ は少くとも一つの根があるからそれを α_2 とすれば，同様に $f_1(z)=(z-\alpha_2)f_2(z)$，ここに $f_2(z)$ は $(n-2)$ 次の多項式である．故に

$$f(z) = (z-\alpha_1)(z-\alpha_2)f_2(z).$$

以下同様に
$$f(z) = a_n(z-\alpha_1)\cdots\cdots(z-\alpha_n)$$

となり，$f(z)=0$ は n 個の根を持つことが分る．故に任意の n 次方程式

$$f(z) = a_0+a_1z+\cdots\cdots+a_nz^n = 0 \qquad (a_n \neq 0,\ n \geqq 1)$$

が少くとも一つ根を持つことを證明しよう．假りに根を持たないとすれば，$|z|<\infty$ に對して $f(z)\neq 0$ であるから，$g(z)=\dfrac{1}{f(z)}$ は $|z|<\infty$ で正則である．最大値の原理から

$$|g(0)| = \left|\frac{1}{a_0}\right| \leqq \underset{|z|=r}{\mathrm{Max}}|g(z)| = \underset{|z|=r}{\mathrm{Max}}\left|\frac{1}{f(z)}\right|. \tag{1}$$

$|z|=r$ が十分大なれば，

$$\begin{aligned}|f(z)| &\geqq |a_n||z|^n - |a_0| - |a_1||z| - \cdots\cdots - |a_{n-1}||z|^{n-1}\\ &= |a_n||z|^n\left(1-\frac{|a_0|}{|a_n||z|^n}-\frac{|a_1|}{|a_n||z|^{n-1}}-\cdots\cdots-\frac{|a_{n-1}|}{|a_n||z|}\right)\\ &\geqq \frac{|a_n|}{2}|z|^n = \frac{|a_n|}{2}r^n.\end{aligned} \tag{2}$$

故に (1) より

$$\left|\frac{1}{a_0}\right| \leqq \frac{2}{|a_n|r^n} \to 0 \qquad (r\to\infty),$$

故に $\dfrac{1}{a_0}=0$ となり不合理である．故に $f(z)=0$ は少くとも一つの根を持つ．從つて n 次方程式は n 個の根を持つ．

4. Hadamard の三圓定理

定 理 VIII. 8. (Hadamard). $f(z)$ は環狀領域 $\rho<|z|<R$ $(0\leqq\rho,\ R\leqq\infty)$ で一價正則とし，

$$M(r) = \operatorname*{Max}_{|z|=r} |f(z)| \qquad (\rho < r < R)$$

とすれば,

$$M(r_2) \leqq M(r_1)^{\frac{\log r_3 - \log r_2}{\log r_3 - \log r_1}} M(r_3)^{\frac{\log r_2 - \log r_1}{\log r_3 - \log r_1}} \qquad (\rho < r_1 < r_2 < r_3 < R).$$

$\theta = \dfrac{\log r_3 - \log r_2}{\log r_3 - \log r_1}$ と置けば, $0<\theta<1$ で, $\dfrac{\log r_2 - \log r_1}{\log r_3 - \log r_1} = 1-\theta.$

故に

$$M(r_2) \leqq M(r_1)^{\theta} M(r_3)^{1-\theta} \qquad (0 < \theta < 1)$$

となる.

ここで θ は r_1, r_2, r_3 のみに依存し, $f(z)$ には依存しない. このことがこの定理が種々の場合に役に立つのである.

證明. 今 a を $r_1{}^a M(r_1) = r_3{}^a M(r_3)$, 即ち

$$a = \frac{\log M(r_1) - \log M(r_3)}{\log r_3 - \log r_1} \tag{1}$$

によつて定義し,

$$F(z) = z^a f(z) \tag{2}$$

を考えれば, $a \neq$ 整數の時は, $F(z)$ は $\rho < |z| < R$ で正則であるが, 一價でない. 然し

$$|F(z)| = |z|^a |f(z)| \tag{3}$$

は一價連續であるから最大値の原理が適用出來る. 故に $r_1 \leqq |z| \leqq r_3$ における $|F(z)|$ の最大値はその境界の二圓 $|z|=r_1$, $|z|=r_2$ のどれかでとる. a の定め方から $r_1{}^a M(r_1) = r_2{}^a M(r_3)$ であるから, $|F(z)|$ の $|z|=r_1$, $|z|=r_2$ 上の最大値は等しい. 故に最大値の原理から

$$r_2{}^a M(r_2) \leqq r_1{}^a M(r_1),$$

$$M(r_2) \leqq r_2{}^{-a} r_1{}^a M(r_1).$$

この a に (1) の値を入れれば定理の不等式を得る.

注意. $x = \log r$, $f(x) = \log M(r)$ と置けば, 定理は

$$f(x_2) \leqq \frac{x_3 - x_2}{x_3 - x_1} f(x_1) + \frac{x_2 - x_1}{x_3 - x_1} f(x_3) \quad (x_1 < x_2 < x_3) \quad (x_i = \log r_i) \tag{1}$$

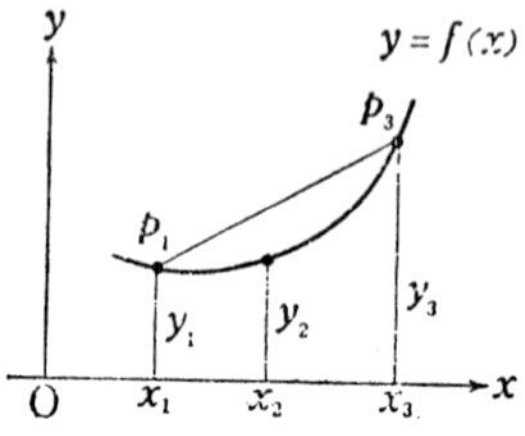

第 84 圖

となる．(1) は $y=f(x)$ のグラフの x_1, x_3 に對する點を P_1, P_3 とすれば，x_2 に對するグラフの點が直線 P_1P_3 の下にあることを示す．このような函數 $f(x)$ を**凸函數**という．故に Hadamard の定理は次の如く表わすことが出來る．

$\log M(r)$ は $\log r$ の凸函數である．

5. Hardy の定理

定 理 VIII. 9. (Hardy). **$f(z)$ ($\neq$ const.) を $|z|<R$ で正則とし，任意の正數 $p>0$ に對して**

$$I_p(r)=\frac{1}{2\pi}\int_0^{2\pi}|f(re^{i\theta})|^p d\theta \qquad (0\leqq r<R)$$

と置けば，(i) $I_p(r)$ は r の増加函數で $0\leqq r<r'<R$ ならば，$I_p(r)<I(r')$.

(ii) $\log I_p(r)$ は $\log r$ の凸函數である．

證 明．

$$f(z)=\sum_{n=0}^{\infty}a_n z^n \qquad (|z|<R)$$

とすれば，

$$I_2(r)=\frac{1}{2\pi}\int_0^{2\pi}|f(re^{i\theta})|^2 d\theta=\sum_{n=0}^{\infty}|a_n|^2 r^{2n}.$$

$f(z)\neq a_0$ だから，

$$I_2(r)<I_2(r') \qquad (0\leqq r<r'<R). \qquad (1)$$

次に一般の $p>0$ の場合に移る．

(i) $|z|\leqq r'$ で $f(z)\neq 0$ の場合．

この時は $F(z)=\left[f(z)\right]^{\frac{p}{2}}$ は $|z|\leqq r'$ で正則だから，(1) により

$$\frac{1}{2\pi}\int_0^{2\pi}|F(re^{i\theta})|^2 d\theta<\frac{1}{2\pi}\int_0^{2\pi}|F(r'e^{i\theta})|^2 d\theta \qquad (0\leqq r<r'<R),$$

即ち

$$I_p(r)<I_p(r') \qquad (0\leqq r<r'<R).$$

(ii) $|z|\leqq r'$ で $f(z)$ が零點を持つ場合．$|z|<r'$ 内の零點を $a_1, \cdots\cdots, a_n$ とする (k 次の零點は同じものを k 個つづけて書く)．

$$\varphi(z) = \prod_{\nu=1}^{n} \frac{r'(z-a_\nu)}{r'^2-\bar{a}_\nu z}$$

と置けば，$\varphi(z)$ は $|z|\leqq r'$ で正則で，$|z|=r'$ で $|\varphi(z)|=1$，$|z|<r'$ で $|\varphi(z)|<1$ であるから（66 頁），$\dfrac{f(z)}{\varphi(z)}$ は $|z|\leqq r'$ で正則で，$|z|<r'$ で，$\dfrac{f(z)}{\varphi(z)}\neq 0$ である．故に

$$F(z) = \left[\frac{f(z)}{\varphi(z)}\right]^{\frac{p}{2}}$$

は $|z|<r'$ で正則で．$|z|\leqq r'$ で連續である．故に

$$\int_0^{2\pi} |F(re^{i\theta})|^2 d\theta \leqq \int_0^{2\pi} |F(r_1 e^{i\theta})|^2 d\theta \qquad (r<r_1<r'),$$

$r_1\to r'$ とすれば，$F(z)$ の連續性から

$$\int_0^{2\pi} |F(re^{i\theta})|^2 d\theta \leqq \int_0^{2\pi} |F(r'e^{i\theta})|^2 d\theta \qquad (r<r').$$

$|z|<r'$ で $|\varphi(z)|<1$，$|z|=r'$ で $|\varphi(z)|=1$ だから，

$$\int_0^{2\pi} |f(re^{i\theta})|^p d\theta < \int_0^{2\pi} \left|\frac{f(re^{i\theta})}{\varphi(re^{i\theta})}\right|^p d\theta \leqq \int_0^{2\pi} |f(r'e^{i\theta})|^p d\theta,$$

$$\therefore\quad I_p(r) < I_p(r') \qquad (0\leqq r<r'<R).$$

以上すべての場合が證明された．

次に $\log I_p(r)$ が $\log r$ の凸函數なることを證明する．$0<r_1<r_2<r_3<R$ なる r_1, r_2, r_3 をとり，a を

$$r_1{}^a I_p(r_1) = r_3{}^a I_p(r_3) \tag{2}$$

によつて定め，$e^{\frac{2\pi i}{n}\nu}=\omega_\nu{}^{(n)}$ と置けば，

$$z^{\frac{a}{p}} f(\omega_1{}^{(n)}z),\ \cdots\cdots,\ z^{\frac{a}{p}} f(\omega_n{}^{(n)}z)$$

は $r_1\leqq|z|\leqq r_3$ で正則であるが，必しも一價でない．然しその絶對値は一價であるから，定理 VIII. 2 により $|z^{\frac{a}{p}} f(\omega_1{}^{(n)}z)|^p+\cdots\cdots+|z^{\frac{a}{p}} f(\omega_n{}^{(n)}z)|^p$，即ち

$$\varphi(z)=|z|^a(|f(\omega_1{}^{(n)}z)|^p+\cdots\cdots+|f(\omega_n{}^{(n)}z)|^p) \tag{3}$$

は $r_1\leqq|z|\leqq r_3$ における最大値を圓 $|z|=r_1$ の上でとるか又は圓 $|z|=r_3$ の上でとる．今 $n=1,2,\cdots\cdots$ とした時，$\varphi(z)$ がその最大値を圓 $|z|=r_1$ の上で無限回とつたとし，その n を $n=n_k$ $(n_1<n_2<\cdots\cdots<n_k\to\infty)$ とし，最大値になる點を $z_k=r_1e^{i\theta_k}$ とすれば，(3) で $z=r_2$ として

$$r_2{}^a\frac{1}{n_k}\sum_{\nu=1}^{n_k}|f(\omega_\nu{}^{(n_k)}r_2)|^p\leqq r_1{}^a\frac{1}{n_k}\sum_{\nu=1}^{n_k}|f(\omega_\nu{}^{(n_k)}r_1e^{i\theta_k})|^p.$$

$k\to\infty$ とすれば,

$$r_2{}^a\int_0^{2\pi}|f(r_2e^{i\theta})|^pd\theta\leqq r_1{}^a\int_0^{2\pi}|f(r_1e^{i\theta})|^pd\theta,\quad \therefore\ r_2{}^aI(r_2)\leqq r_1{}^aI(r_1).\quad (4)$$

$\varphi(z)$ が圓 $|z|=r_3$ の上で無限回最大値をとると假定しても (2) により (4) が成立するから, (4) は一般に成立する. (2), (4) から Hadamard 定理の時同樣 $\log I_p(r)$ が $\log r$ の凸函數なることが分る.

6. Fejér 及び F. Riesz の定理

定理 VIII. 10. (Fejér–F. Riesz). **$f(z)$ を $|z|<1$ で正則, $|z|\leqq1$ で連續とすれば,**

$$\int_{-1}^1|f(z)|^p|dz|\leqq\frac{1}{2}\int_{|z|=1}|f(z)|^p|dz|\qquad(p>0).$$

左邊は實軸の上を -1 から 1 まで積分し, 右邊は單位圓 $|z|=1$ の上を積分するものとす.

證明. 先ず $p=2$ の場合を證明する. 特別の場合として $f(z)$ は $|z|\leqq1$ で正則で, 實軸の上で實數値をとるものとすれば,

$$J=\int_{-1}^1|f(z)|^2|dz|=\int_{-1}^1(f(z))^2dz.\qquad(1)$$

單位圓 $|z|=1$ の上半分を C_1, 下半分を C_2 とすれば, Cauchy の基本定理により,

$$J=\left|\int_{-1}^1(f(z))^2dz\right|=\left|\int_{C_1}(f(z))^2dz\right|=\left|\int_{C_2}(f(z))^2dz\right|,$$

故に

$$J\leqq\int_{C_1}|f(z)|^2|dz|,\qquad J\leqq\int_{C_2}|f(z)|^2|dz|,$$

$$\therefore\ J\leqq\frac{1}{2}\int_{C_1+C_2}|f(z)|^2|dz|=\frac{1}{2}\int_{|z|=1}|f(z)|^2|dz|.\qquad(2)$$

一般の場合は

$$f(z)=\sum_{n=0}^\infty a_nz^n=\sum_{n=0}^\infty(\alpha_n+i\beta_n)z^n\quad(\alpha_n,\ \beta_n\text{ は實數})\qquad(3)$$

とし,

$$g(z)=\sum_{n=0}^{\infty}\alpha_n z^n, \qquad h(z)=\sum_{n=0}^{\infty}\beta_n z^n \tag{4}$$

とすれば,

$$f(z)=g(z)+ih(z), \tag{5}$$

$$J=\int_{-1}^{1}|f(z)|^2dz=\int_{-1}^{1}\big(g^2(z)+h^2(z)\big)dz.$$

$g(z)$, $h(z)$ は實係數だから實軸の上で實數値を持つから, 上の特別の場合から

$$\int_{-1}^{1}g^2(z)dz\leqq\frac{1}{2}\int_{|z|=1}|g(z)|^2|dz|, \qquad \int_{-1}^{1}h^2(z)dz\leqq\frac{1}{2}\int_{|z|=1}|h(z)|^2|dz|,$$

$$\begin{aligned}\therefore\quad J&\leqq\frac{1}{2}\int_{|z|=1}\big(|g(z)|^2+|h(z)|^2\big)|dz|\\&=\frac{1}{2}\int_{-\pi}^{\pi}\big(|g(e^{i\theta})|^2+|h(e^{i\theta})|^2\big)d\theta\\&=\frac{1}{2}\int_{-\pi}^{\pi}|g(e^{i\theta})+ih(e^{i\theta})|^2d\theta\\&\quad+\frac{1}{2}\int_{-\pi}^{\pi}\big(g(e^{-i\theta})h(e^{i\theta})-g(e^{i\theta})h(e^{-i\theta})\big)d\theta.^{*)}\end{aligned} \tag{6}$$

(4) を用いて第二の積分の値は 0 なることが容易に分るから,

$$J\leqq\frac{1}{2}\int_{-\pi}^{\pi}|g(e^{i\theta})+ih(e^{i\theta})|^2d\theta=\frac{1}{2}\int_{|z|=1}|f(z)|^2|dz|. \tag{7}$$

若し $f(z)$ が $|z|<1$ で正則で, $|z|\leqq1$ で連續ならば, $f(z)$ は $|z|\leqq r(<1)$ で正則だから, (7) から

$$\int_{-r}^{r}|f(z)|^2|dz|\leqq\frac{1}{2}\int_{|z|=r}|f(z)|^2|dz|,$$

$r\to1$ とすれば, $f(z)$ の連續性から

$$\int_{-1}^{1}|f(z)|^2|dz|\leqq\frac{1}{2}\int_{|z|=1}|f(z)|^2|dz|.$$

故に $p=2$ の時は證明出來た.

---

*) $|g+ih|^2=(g+ih)(\bar{g}-i\bar{h})=g\bar{g}+h\bar{h}+i(h\bar{g}-\bar{h}g)=|g|^2+|h|^2+i(h\bar{g}-\bar{h}g)$.
g, h は實係數だから,

$$\bar{g}(e^{i\theta})=g(e^{-i\theta}), \qquad \bar{h}(e^{i\theta})=h(e^{-i\theta}),$$

$$\therefore\quad |g(e^{i\theta})+ih(e^{i\theta})|^2=|g(e^{i\theta})|^2+|h(e^{i\theta})|^2+i\big(h(e^{i\theta})g(e^{-i\theta})-h(e^{-i\theta})g(e^{i\theta})\big).$$

一般の $p>0$ の場合，若し $|z|<1$ で $f(z)\neq 0$ ならば，$F(z)=\Big[f(z)\Big]^{\frac{p}{2}}$ は $|z|<1$ で正則，$|z|\leqq 1$ で連續だから，

$$\int_{-1}^{1}|f(z)|^p|dz|=\int_{-1}^{1}|F(z)|^2|dz|$$

$$\leqq\frac{1}{2}\int_{|z|=1}|F(z)|^2|dz|=\frac{1}{2}\int_{|z|=1}|f(z)|^p|dz|.$$

若し $|z|<1$ で $f(z)$ が零點を持てば，今 $|z|<\rho(<1)$ 内の $f(z)$ の零點を $z_1,\cdots\cdots,z_n$ とし，

$$\varphi(z)=\prod_{\nu=1}^{n}\frac{\rho(z-z_\nu)}{\rho^2-\bar{z}_\nu z}$$

を作れば，$|z|<\rho$ で $|\varphi(z)|<1$，$|z|=\rho$ で $|\varphi(z)|=1$ で，$\dfrac{f(z)}{\varphi(z)}$ は $|z|<\rho$ で零點を持たぬから，上の結果を適用すれば

$$\int_{-\rho}^{\rho}|f(z)|^p|dz|<\int_{-\rho}^{\rho}\left|\frac{f(z)}{\varphi(z)}\right|^p|dz|\leqq\frac{1}{2}\int_{|z|=\rho}\left|\frac{f(z)}{\varphi(z)}\right|^p|dz|=\frac{1}{2}\int_{|z|=\rho}|f(z)|^p|dz|,$$

$\rho\to 1$ として

$$\int_{-1}^{1}|f(z)|^p|dz|\leqq\frac{1}{2}\int_{|z|=1}|f(z)|^p|dz|$$

となり一般の場合が證明出來た.

注意.　本定理を $f'(z)$ $(p=1)$ に應用すれば，

$$\int_{-1}^{1}|f'(z)||dz|\leqq\frac{1}{2}\int_{|z|=1}|f'(z)||dz|$$

となる．左邊は $w=f(z)$ による直徑 $-1,\cdots\cdots,1$ の寫像の長さで，右邊は圓 $|z|=1$ の寫像の長さである．故に **$w=f(z)$ による單位圓の直徑の寫像の長さは，單位圓の寫像の長さの $\frac{1}{2}$ を超えない.**

本定理の應用として

定理.

$$\sum_{i,k=0}^{\infty}\frac{a_i a_k}{i+k+1}\leqq\pi\sum_{\nu=0}^{\infty}a_\nu^2\qquad(a_\nu\geqq 0),$$

$$\sum_{i,k=1}^{\infty}\frac{a_i a_k}{i+k}\leqq\pi\sum_{\nu=1}^{\infty}a_\nu^2\qquad(a_\nu\geqq 0)\qquad\text{(Hilbert)}.$$

證明.　$f(z)=\sum_{n=0}^{\infty}a_n z^n$ とすれば，

$$\int_{-1}^{1}|f(z)|^2|dz|\geqq\int_0^1(f(z))^2dz=\int_0^1\Big(\sum_{i=0}^{\infty}a_i z^i\sum_{k=0}^{\infty}a_k z^k\Big)dz=\sum_{i,k=0}^{\infty}\frac{a_i a_k}{i+k+1},$$

$$\int_{|z|=1}|f(z)|^2|dz|=\int_{-\pi}^{\pi}|f(e^{i\theta})|^2d\theta=2\pi\sum_{\nu=0}^{\infty}a_\nu^2.$$

$p=2$ の場合から $\sum_{i,k=0}^{\infty}\frac{a_i a_k}{i+k+1}\leqq\pi\sum_{\nu=0}^{\infty}a_\nu^2$ を得る．a_ν の代りに $b_{\nu+1}$ と書けば，

$$\sum_{i,k=1}^{\infty}\frac{b_i b_k}{(i-1)+(k-1)+1}\leqq\pi\sum_{\nu=1}^{\infty}b_\nu^2,$$

$$\therefore\quad \sum_{i,k=1}^{\infty}\frac{b_i b_k}{i+k}\leqq\sum_{i,k=1}^{\infty}\frac{b_i b_k}{i+k-1}\leqq\pi\sum_{\nu=1}^{\infty}b_\nu^2.$$

7. Schwarz の定理

定 理 VIII. 11. (Schwarz).　$f(z)$ を $|z|<R$ で正則で，$|f(z)|\leqq M$ とし，$f(0)=0$ とすれば，

$$|f(z)|\leqq\frac{M}{R}|z|\qquad(|z|<R).$$

ここで等號の成立するのは

$$f(z)\equiv e^{i\theta}\frac{M}{R}z$$

の時に限る．

即ち $f(z)\not\equiv e^{i\theta}\frac{M}{R}z$ ならば，すべての z に對し $|f(z)|<\frac{M}{R}|z|$ で，若し一點 z_0 で等號が成立すれば，$f(z)\equiv e^{i\theta}\frac{M}{R}z$ となるから，すべての z に對し等號が成立する

證 明.　$f(0)=0$ であるから，$\frac{f(z)}{z}$ は $|z|<R$ で正則である．

今 z を任意に $|z|<R$ の中にとり，r を $|z|<r<R$ なる任意の r とすれば，最大値の原理と $|f(z)|\leqq M$ とから

$$\left|\frac{f(z)}{z}\right|\leqq\operatorname*{Max}_{|z|=r}\left|\frac{f(z)}{z}\right|\leqq\frac{M}{r},$$

ここで $r\to R$ とすれば，

$$\left|\frac{f(z)}{z}\right|\leqq\frac{M}{R},\quad 即ち\quad |f(z)|\leqq\frac{M}{R}|z|. \tag{1}$$

今 $|z|<R$ の一點 z_0 で等號が成立したとすれば，

$$\left|\frac{f(z_0)}{z_0}\right|=\frac{M}{R} \tag{2}$$

である．若し $\frac{f(z)}{z}\not\equiv\text{const.}$ ならば，§1 の豫備定理により，z_0 の近くに

$$\left|\frac{f(z_1)}{z_1}\right| > \left|\frac{f(z_0)}{z_0}\right| = \frac{M}{R}$$

なる點 z_1 がある．然し (1) から $\left|\frac{f(z_1)}{z_1}\right| \leqq \frac{M}{R}$ であるから不合理である．故に $\frac{f(z)}{z} \equiv \text{const.}$ である．(2) よりこの定數は $e^{i\theta}\frac{M}{R}$ の形でなければならないから，

$$f(z) \equiv e^{i\theta}\frac{M}{R}z$$

となる．

$R=1$, $M=1$ として次の系を得る．

系．$f(z)$ は $|z|<1$ で正則で $f(0)=0$, 且つ $|z|<1$ で $|f(z)| \leqq 1$ とすれば，

$$|f(z)| \leqq |z| \qquad (|z|<1).$$

ここで等號の成立するのは $f(z) \equiv e^{i\theta}z$ の時に限る．

この系の擴張として

定理 VIII. 12.　$w=f(z)$ は $|z|<1$ で正則で，$|f(z)|<1$ とし，$w_0=f(z_0)$ $(|z_0|<1)$ とすれば，

$$\left|\frac{w-w_0}{1-\overline{w}_0 w}\right| \leqq \left|\frac{z-z_0}{1-\overline{z}_0 z}\right| \qquad (|z|<1).$$

ここで等號の成立するのは

$$\frac{w-w_0}{1-\overline{w}_0 w} \equiv e^{i\theta}\frac{z-z_0}{1-\overline{z}_0 z}$$

の時に限る．

證明． 今

$$\left.\begin{aligned} \zeta &= \frac{z-z_0}{1-\overline{z}_0 z}, & z &= \frac{\zeta+z_0}{1+\overline{z}_0\zeta} \\ v &= \frac{w-w_0}{1-\overline{w}_0 w}, & w &= \frac{v+w_0}{1+\overline{w}_0 v} \end{aligned}\right\} \qquad (1)$$

なる變換を行えば，定理 IV. 8 により $|z|<1$ は $|\zeta|<1$ に，$|w|<1$ は $|v|<1$ に寫像され，$z=z_0$ は $\zeta=0$ に，$w=w_0$ は $v=0$ になる．故に v を ζ の函數と考え

$$v = F(\zeta)$$

と置けば，$F(\zeta)$ は $|\zeta|<1$ で正則で，$F(0)=0$，$|F(\zeta)|<1$ であるから，前定理系により

$$|v| = |F(\zeta)| \leqq |\zeta|, \tag{2}$$

即ち

$$\left|\frac{w-w_0}{1-\bar{w}_0 w}\right| \leqq \left|\frac{z-z_0}{1-\bar{z}_0 z}\right|. \tag{3}$$

ここで等號が成立すれば，(4) で等號が成立するから，

$$v = \frac{w-w_0}{1-\bar{w}_0 w} \equiv e^{i\theta}\zeta \equiv e^{i\theta}\frac{z-z_0}{1-\bar{z}_0 z}$$

の時に限る．[證明終]

定理を

$$\left|\frac{f(z)-f(z_0)}{1-\bar{f}(z_0)f(z)}\right| \leqq \left|\frac{z-z_0}{1-\bar{z}_0 z}\right|, \qquad \left|\frac{f(z)-f(z_0)}{z-z_0}\right| \leqq \left|\frac{1-\bar{f}(z_0)f(z)}{1-\bar{z}_0 z}\right|$$

の形に變形して置いて，$z \to z_0$ とすれば

$$|f'(z_0)| \leqq \frac{1-|f(z_0)|^2}{1-|z_0|^2}.$$

故に

定理 VIII. 13. $w=f(z)$ **は** $|z|<1$ **で正則で，** $|f(z)| \leqq 1$ **とすれば，**

$$|f'(z)| \leqq \frac{1-|f(z)|^2}{1-|z|^2} \qquad (|z|<1).$$

或は

$$\frac{|dw|}{1-|w|^2} \leqq \frac{|dz|}{1-|z|^2}.$$

$w=f(z)$ が $|z|<1$ を $|w|<1$ に寫像する一次函數の時は等號が成立することは既に證明した．(66 頁)

定理 VIII. 14. $f(z)$ **は** $|z|<1$ **で正則で，** $|f(z)| \leqq 1$ **とし，**

$$f(z_\nu) = 0 \qquad (\nu = 1, \cdots\cdots, n, \quad |z_\nu|<1)$$

とすれば*)，

---

*) $f(z)$ は $z_1, \cdots\cdots, z_n$ の外に零點があつてもよい．

$$|f(z)| \leqq \prod_{\nu=1}^{n}\left|\frac{z-z_\nu}{1-\bar{z}_\nu z}\right| \qquad (|z|<1).$$

ここで等號の成立するのは

$$f(z) \equiv e^{i\theta}\prod_{\nu=1}^{n}\frac{z-z_\nu}{1-\bar{z}_\nu z}$$

の時に限る.

證 明.

$$\varphi(z)=\prod_{\nu=1}^{n}\frac{z-z_\nu}{1-\bar{z}_\nu z}, \qquad F(z)=\frac{f(z)}{\varphi(z)} \qquad (1)$$

と置けば，$F(z)$ は $|z|<1$ で正則で，$|z|=1$ で $|\varphi(z)|=1$，$|z|<1$ で $|\varphi(z)|<1$ だから (66 頁)，$|z|<r<1$ に對し

$$\left|\frac{f(z)}{\varphi(z)}\right| \leqq \underset{|z|=r}{\mathrm{Max}}\left|\frac{f(z)}{\varphi(z)}\right| \leqq \underset{|z|=r}{\mathrm{Max}}\left|\frac{1}{\varphi(z)}\right| \to 1 \qquad (r\to 1),$$

故に

$$\left|\frac{f(z)}{\varphi(z)}\right| \leqq 1, \qquad |f(z)| \leqq |\varphi(z)|.$$

ここで等號の成立するのは，$f(z)\equiv e^{i\theta}\varphi(z)$ に限ることは Schwarz の定理の時同様容易に分る.

8. Carathéodory の定理

定 理 VIII. 15. (Carathéodory). $f(z)$ を $|z|<R$ で正則とし，$|z|<R$ で

$$\Re(f(z)) \leqq A \qquad (A>0)$$

ならば，$|z|\leqq r<R$ で

$$|f(z)| \leqq \frac{R+r}{R-r}(A+|f(0)|) \leqq \frac{2R}{R-r}(A+|f(0)|).$$

證 明. 假定から $f(z)$ を表わす點は原點より右側へ A なる距離にある點において實軸へ引いた垂線の左側にあるから，$|z|<R$ に對し

$$|f(z)| \leqq |2A-f(z)|.$$

故に

$$\phi(z)=\frac{f(z)}{2A-f(z)} \qquad (1)$$

と置けば，$|z|<R$ で $|\phi(z)|\leqq 1$ である．

今 $f(0)=0$ と假定すれば，$\phi(0)=0$．故に Schwarz の定理で，

$$|\phi(z)|\leqq\frac{|z|}{R}\leqq\frac{r}{R}\qquad(|z|\leqq r<R).$$

故に

$$|f(z)|=\frac{2A|\phi(z)|}{|1-\phi(z)|}\leqq\frac{2A|\phi(z)|}{1-|\phi(z)|}\leqq\frac{2Ar}{R-r}.\tag{2}$$

一般の場合は $f(z)-f(0)$ に (2) を應用すれば，

$$\Re(f(z)-f(0))=\Re(f(z))-\Re(f(0))\leqq A+|f(0)|$$

だから，

$$|f(z)-f(0)|\leqq\frac{2r(A+|f(0)|)}{R-r},$$

$$|f(z)|\leqq\frac{2r(A+|f(0)|)}{R-r}+|f(0)|=\frac{R+r}{R-r}(A+|f(0)|).\qquad(\because\ A>0)$$

注 意．$R=2r$ と置けば，

$$|f(z)|\leqq 3(A+|f(0)|)\qquad\left(|z|\leqq\frac{R}{2}\right).$$

問．z を中心とする圓：$|\zeta-z|=\frac{1}{2}(R-r)$ $(|z|=r)$ の上の $f(\zeta)$ の積分で $f^{(n)}(z)$ を表わし，上の結果を用いて，

$$|f^{(n)}(z)|\leqq\frac{2^{n+1}n!(R+r)}{(R-r)^{n+1}}(A+|f(0)|)\qquad(|z|=r<R)$$

を證明せよ．

定理 VIII. 6 の擴張として

定 理 VIII. 16. **$f(z)$ を $|z|<\infty$ で正則とし，**

$$\Re(f|z|)\leqq Kr^k\quad(|z|=r\geqq r_0)\qquad(K=\text{定數}>0)$$

ならば，$f(z)$ は高々 k 次の多項式である．

證 明． 前定理注意より

$$|f(z)|\leqq K_1r^k\qquad(r\geqq r_1,\ K_1=\text{定數})$$

であるから，定數 VIII. 6 により，$f(z)$ は高々 k 次の多項式である．

第九章　Laurent 級數

1.　Laurent 級數

$$\sum_{n=-\infty}^{\infty} a_n(z-a)^n = \sum_{n=0}^{\infty} a_n(z-a)^n + \sum_{n=1}^{\infty} \frac{a_{-n}}{(z-a)^n} \tag{1}$$

の形の級數を **Laurent 級數**という.

$$P(z-a) = \sum_{n=0}^{\infty} a_n(z-a)^n, \qquad P_1\left(\frac{1}{z-a}\right) = \sum_{n=1}^{\infty} \frac{a_{-n}}{(z-a)^n} \tag{2}$$

と置けば,

$$\sum_{n=-\infty}^{\infty} a_n(z-a)^n = P(z-a) + P_1\left(\frac{1}{z-a}\right). \tag{3}$$

$P(z-a)$ は $z-a$ の冪級數であるから，その收斂半徑を $R\,(\leqq\infty)$ とすれば，$P(z-a)$ は $|z-a|<R$ で絕對收斂，且つ廣義の一樣に收斂して，$|z-a|<R$ で一つの正則函數 $\varphi(z)$ を表わす.

$t=\dfrac{1}{z-a}$ と置き，$P_1\left(\dfrac{1}{z-a}\right)=\sum_{n=1}^{\infty} a_{-n}t^n$ の收斂半徑を $R_1(\leqq\infty)$ とすれば，$\sum_{n=1}^{\infty} a_{-n}t^n$ は $|t|<R_1$ で絕對收斂，且つ廣義の一樣に收斂して，t の正則函數を表わすから，從つて $P_1\left(\dfrac{1}{z-a}\right)$ は $\dfrac{1}{R_1}<|z-a|$ で絕對收斂，廣義の一樣に收斂して，z の正則函數 $\varphi_1(z)$ を表わす.

故に $\rho=\dfrac{1}{R_1}$ $(\geqq 0)$ と置けば，次の結果を得.

定　理 IX. 1.　$f(z)=\sum_{n=-\infty}^{\infty} a_n(z-a)^n$ **は一つの環狀領域** $\varDelta$: $(0\leqq\rho<|z-a|<R\leqq\infty)$ **で絕對收斂して,** $f(z)$ **は** $\varDelta$ **で正則である. 且つ級數は** $\varDelta$ **で廣義の一樣に收斂する.**

この定理の逆が成立する.

定　理 IX. 2.　$f(z)$ **は一つの環狀領域** $\varDelta$: $(0\leqq\rho<|z-a|<R\leqq\infty)$ **で一價正則とすれば,**

$$f(z) = \sum_{n=-\infty}^{\infty} a_n(z-a)^n \qquad (\rho<|z-a|<R)$$

の如く, $f(z)$ **は** $\varDelta$ **で Laurent の級數に展開出來る. ここに**

$$a_n = \frac{1}{2\pi i}\int_{|z-a|=r} \frac{f(z)}{(z-a)^{n+1}}\,dz \qquad (\rho<r<R) \quad (n=0,\ \pm1,\ \pm2,\ \cdots\cdots)$$

r は $\rho<r<R$ なる任意の數でよい.

證 明. 先ず $a=0$ と假定し, Δ の任意の點を z とし,

$$\rho<\rho_1<|z|<R_1<R \qquad (1)$$

なる ρ_1, R_1 を選ぶ.

二つの圓を

$$k:\quad |z|=\rho_1$$

$$K:\quad |z|=R_1$$

とし, k, K が正の實軸と交る點を夫々 A, B とする.

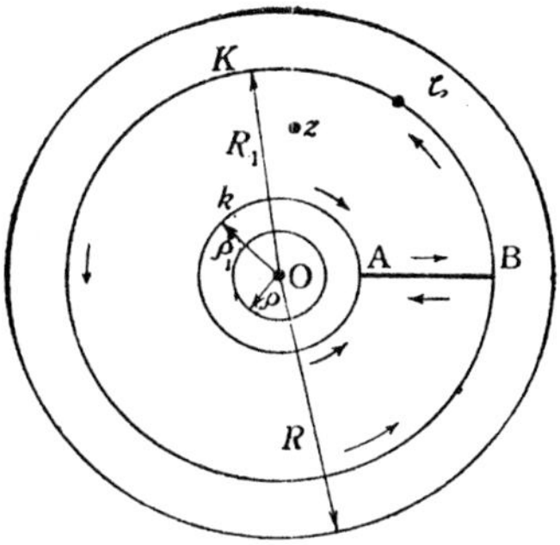

第 85 圖

$f(z)$ は $\rho_1\leqq|z|\leqq R_1$ で正則であるから, 今點 ζ が A から實軸の上を B まで動き, B から K を正の方向に一周して B にもどり, B から實軸の上を A まで動き, A から k の上を負の方向に一周して A までもどれば, 一つの閉曲線が得られ, これは $f(z)$ が正則な領域內に含まれるから, Cauchy の積分表示で

$$\left.\begin{aligned} f(z)&=\frac{1}{2\pi i}\int_K\frac{f(\zeta)d\zeta}{\zeta-z}+\frac{1}{2\pi i}\int_{AB}\frac{f(\zeta)d\zeta}{\zeta-z}\\ &+\frac{1}{2\pi i}\int_{k^{-1}}\frac{f(\zeta)d\zeta}{\zeta-z}+\frac{1}{2\pi i}\int_{BA}\frac{f(\zeta)d\zeta}{\zeta-z}\end{aligned}\right\} \qquad (2)$$

である. 假定に $f(z)$ は Δ で一價であるから, 線分 AB の上側の岸の $f(\zeta)$ の値と, 下側の岸の $f(\zeta)$ の値は等しく, 積分方向が逆であるから,

$$\int_{AB}\frac{f(\zeta)d\zeta}{\zeta-z}+\int_{BA}\frac{f(\zeta)d\zeta}{\zeta-z}=0$$

である. 故に

$$\begin{aligned} f(z)&=\frac{1}{2\pi i}\int_K\frac{f(\zeta)d\zeta}{\zeta-z}+\frac{1}{2\pi i}\int_{k^{-1}}\frac{f(\zeta)d\zeta}{\zeta-z}\\ &=\frac{1}{2\pi i}\int_K\frac{f(\zeta)d\zeta}{\zeta-z}-\frac{1}{2\pi i}\int_k\frac{f(\zeta)d\zeta}{\zeta-z}. \end{aligned} \qquad (3)$$

$|z|<R$ であるから, 定理 VII. 11 と同樣

$$\frac{1}{2\pi i}\int_K\frac{f(\zeta)d\zeta}{\zeta-z}=\sum_{n=0}^{\infty}a_nz^n \qquad (4)$$

の如く z の冪級數になる.

次に

$$-\frac{1}{2\pi i}\int_k \frac{f(\zeta)d\zeta}{\zeta-z}=\frac{1}{2\pi i}\int_k \frac{f(\zeta)d\zeta}{z-\zeta}. \qquad (5)$$

$$\frac{1}{z-\zeta}=\frac{1}{z\left(1-\dfrac{\zeta}{z}\right)}=\frac{1}{z}+\frac{\zeta}{z^2}+\cdots\cdots+\frac{\zeta^n}{z^{n+1}}+\frac{\left(\dfrac{\zeta}{z}\right)^{n+1}}{z-\zeta},$$

$$\left.\begin{aligned}\therefore\ \frac{1}{2\pi i}\int_k \frac{f(\zeta)d\zeta}{z-\zeta}&=\frac{1}{z}\cdot\frac{1}{2\pi i}\int_k f(\zeta)d\zeta\\&+\frac{1}{z^2}\cdot\frac{1}{2\pi i}\int_k f(\zeta)\zeta\,d\zeta\\&+\cdots\cdots+\frac{1}{z^{n+1}}\cdot\frac{1}{2\pi i}\int_k f(\zeta)\zeta^n d\zeta\\&+\frac{1}{2\pi i}\int_k \frac{f(\zeta)\left(\dfrac{\zeta}{z}\right)^{n+1}}{\zeta-z}d\zeta.\end{aligned}\right\} \qquad (6)$$

圓 $|z|=\rho_1$ 上の $|f(\zeta)|$ の最大値を M とすれば,

$$\left|\int_k \frac{f(\zeta)\left(\dfrac{\zeta}{z}\right)^{n+1}}{\zeta-z}d\zeta\right| \leqq \int_k \frac{|f(\zeta)|\left|\dfrac{\zeta}{z}\right|^{n+1}}{|z|-|\zeta|}|d\zeta|$$

$$\leqq \frac{M\left(\dfrac{\rho_1}{|z|}\right)^{n+1}}{|z|-\rho_1}\cdot 2\pi\rho_1 \to 0 \quad (n\to\infty) \quad \left(\because\ \frac{\rho_1}{|z|}<1\right). \qquad (7)$$

故に (6) より

$$\frac{1}{2\pi i}\int_k \frac{f(\zeta)d\zeta}{z-\zeta}=\sum_{n=1}^{\infty}\frac{a_{-n}}{z^n}, \qquad (8)$$

ここに

$$a_{-n}=\frac{1}{2\pi i}\int_k f(\zeta)\zeta^{n-1}d\zeta \qquad (9)$$

である. 故に (3), (4), (8) より

$$f(z)=\sum_{n=-\infty}^{\infty}a_n z^n \qquad (10)$$

となる.

定理 VII. 11 により, (4) の a_n は

$$a_n=\frac{1}{2\pi i}\int_{|z|=r}\frac{f(z)}{z^{n+1}}dz \quad (\rho<r<R,\ n=0,1,2\cdots\cdots) \quad (11)$$

で與えられる．ここに r は $\rho<r<R$ なる任意の數である．

$f(z)z^{n-1}$ は $\rho<|z|<R$ で正則だから，定理 V. 5 により a_{-n} は

$$a_{-n}=\frac{1}{2\pi i}\int_{|z|=r}f(z)z^{n-1}dz \quad (\rho<r<R) \quad (n=1,2,\cdots\cdots) \quad (12)$$

となる．ここに r は $\rho<r<R$ なる任意の數である．(11), (12) をまとめれば，

$$a_n=\frac{1}{2\pi i}\int_{|z|=r}\frac{f(z)}{z^{n+1}}dz \quad (\rho<r<R) \quad (n=0,\ \pm1,\ \pm2,\ \cdots\cdots) \quad (13)$$

となる．故に $a=0$ の時定理は證明された．

一般の場合は $z-a=\zeta$, $f(z)=f(\zeta+a)=F(\zeta)$ として定理 VII. 11 の時同樣 $a=0$ の場合に歸着させることが出來る．

2. 孤立特異點

今特に $\rho=0$ とし，$f(z)$ は $0<|z-a|<R$ で一價正則とすれば，

$$f(z)=\sum_{n=0}^{\infty}a_n(z-a)^n+\sum_{n=1}^{\infty}\frac{a_{-n}}{(z-a)^n} \quad (0<|z-a|<R) \quad (1)$$

となる．

若し $a_{-n}=0$ $(n=1, 2\cdots\cdots)$ ならば，

$$f(z)=\sum_{n=0}^{\infty}a_n(z-a)^n \quad (2)$$

となるから，$f(z)$ は $|z-a|<R$ で正則で，$z=a$ は $f(z)$ の正則點である．

若し a_{-n} の中に 0 でないものが有限個しかない場合は，

$$f(z)=\sum_{n=0}^{\infty}a_n(z-a)^n+\frac{a_{-1}}{z-a}+\cdots\cdots+\frac{a_{-k}}{(z-a)^k}. \quad (3)$$

$$(a_{-k}\neq 0,\ k\geqq 1)$$

この時 $z=a$ を k **次の極**であるという．若し a_{-n} の中に 0 でないものが無限個ある場合は $z=a$ を**眞性特異點**という．故に **$0<|z-a|<R$ で一價正則函數は $z=a$ で正則であるか，$z=a$ が特異點ならば，$z=a$ は極であるか又は眞性特異點である．** 極と眞性特異點とを一價函數の**孤立特異點**という．

$f(z)$ は領域 D で一價とし，D から孤立特異點を除いた殘りで正則で，その特

異點は皆 $f(z)$ の極である時, $f(z)$ は D で**有理型**であるという. この時 $f(z)$ の極は無限個あつても, D の內點には集積しない. 何となれば, 極の近傍には $f(z)$ の特異點はないから, 極の集積點は $f(z)$ の極であり得ない故である.

$z=a$ を正則點とし, $f(z)=\sum_{n=0}^{\infty}a_n(z-a)^n$ において, 0 でない最初の a_n を $a_k(\neq 0)$ とし, $k\geqq 1$ とすれば,

$$f(z)=a_k(z-a)^k+a_{k+1}(z-a)^{k+1}+\cdots\cdots \quad (a_k\neq 0,\ k\geqq 1). \qquad (4)$$

この時 $z=a$ は k **次の零點**であるという.

定理 VII. 12 により, $|z-a|<\delta$ に對して

$$\frac{1}{f(z)}=\frac{1}{(z-a)^k\bigl(a_k+a_{k+1}(z-a)+\cdots\cdots\bigr)}$$

$$=\frac{1}{(z-a)^k}(b_0+b_1(z-a)+\cdots\cdots) \quad \left(b_0=\frac{1}{a_k}\neq 0\right)$$

$$=\frac{b_0}{(z-a)^k}+\frac{b_{-1}}{(z-a)^{k-1}}+\cdots\cdots$$

となるから, $z=a$ は $\dfrac{1}{f(z)}$ の k 次の極である. 次に $z=a$ を $f(z)$ の k 次の極とすれば,

$$f(z)=\sum_{n=0}^{\infty}a_n(z-a)^n+\frac{b_1}{z-a}+\cdots\cdots+\frac{b_k}{(z-a)^k} \quad (b_k\neq 0)$$

$$=\frac{1}{(z-a)^k}(b_k+b_{k-1}(z-a)+\cdots\cdots). \qquad (5)$$

故に $|z-a|<\delta$ に對して,

$$\frac{1}{f(z)}=\frac{(z-a)^k}{b_k+b_{k-1}(z-a)+\cdots\cdots}$$

$$=(z-a)^k\bigl(c_0+c_1(z-a)+\cdots\cdots\bigr) \quad (c_0\neq 0)$$

となるから, $z=a$ は $\dfrac{1}{f(z)}$ の k 次の零點である. 故に

$z=a$ が $f(z)$ の k 次の零點ならば, $z=a$ は $\dfrac{1}{f(z)}$ の k 次の極で, $z=a$ が $f(z)$ の k 次の極ならば, $z=a$ は $\dfrac{1}{f(z)}$ の k 次の零點である.

從つて $z=a$ が $f(z)$ の**眞性特異點**ならば, $z=a$ は $\dfrac{1}{f(z)}$ の**眞性特異點である.**

このように $f(z)$ の極は，$\dfrac{1}{f(z)}$ の正則點になるから，特異點としては，ごく弱い特異點である.

$z=a$ を $f(z)$ の k 次の極とすれば，(5) より

$$f(z)=\frac{\varphi(z)}{(z-a)^k} \quad \left(\varphi(a)\neq 0\right)$$

となるから，

$$\lim_{z\to a}|f(z)||z-a|^k=|\varphi(a)|, \tag{6}$$

$$|f(z)|\sim\frac{|\varphi(a)|}{|z-a|^k} \quad (z\to a). \tag{7}$$

故に $z\to a$ とすれば，$|f(z)|\to\infty$ となる.

定理 IX. 3. (Riemann). **$f(z)$ は $0<|z-a|<R$ で一價正則とし，且つ有界とすれば，$z=a$ は $f(z)$ の正則點である.**

證明. $0<|z-a|<R$ で

$$f(z)=\sum_{n=0}^{\infty}a_n(z-a)^n+\sum_{n=1}^{\infty}\frac{a_{-n}}{(z-a)^n}$$

とすれば，

$$a_{-n}=\frac{1}{2\pi i}\int_{|z-a|=r}f(z)(z-a)^{n-1}\,dz \quad (0<r<R).$$

$f(z)$ は有界だから，$0<|z-a|<R$ の任意の z に對して

$$|f(z)|\leqq K$$

なる定數 K が存在する．故に

$$|a_{-n}|\leqq\frac{1}{2\pi}\int_{|z-a|=r}|f(z)||z-a|^{n-1}|dz|$$

$$\leqq\frac{K}{2\pi}r^{n-1}\cdot 2\pi r=Kr^n.$$

ここで $r\to 0$ とすれば，$a_{-n}=0$ $(n=1,2\cdots\cdots)$，

故に

$$f(z)=\sum_{n=0}^{\infty}a_n(z-a)^n$$

となるから，$z=a$ は正則點である.

定理 IX. 4. (Weierstrass). **$f(z)$ は $0<|z-a|<R$ で一價正則とし，$z=a$**

は眞性特異點とすれば，任意に與えられた有限又は無限大の α に對して，適當に a に收斂する點列 $\{z_\nu\}$ $(z_\nu \to a)$ を見出して，

$$f(z_\nu) \to \alpha \quad (\nu \to \infty)$$

ならしめることが出來る.

故に $z=a$ の近傍で函數の値は無限に振動して，一定の極限値に收斂しない. ($z=a$ が極の時は $z \to a$ の時, $f(z) \to \infty$ なることに注意.)

證 明. (i) $\alpha=\infty$ の場合.

若し a に收斂するどんな點列 $\{z_\nu\}$ をとつても $f(z_\nu)\to\infty$ でなければ，δ を十分小にとれば，$0<|z-a|<\delta$ に對して，

$$|f(z)| \leqq K$$

のような定數 K が存在する．故に Riemann の定理で，$z=a$ は正則點となり假定に反す．故に適當な點列 $\{z_\nu\}$ に對して

$$f(z_\nu) \to \infty$$

となる.

(ii) α が有限の場合.

若し a に收斂するどんな點列 $\{z_\nu\}$ に對しても，$f(z_\nu)\to\alpha$ でなければ，δ を十分小にとれば，$0<|z-a|<\delta$ に對して，

$$|f(z)-\alpha| \geqq \eta > 0$$

なる定數 η が存在する．故に

$$F(z) = \frac{1}{f(z)-\alpha}, \qquad f(z) = \frac{1}{F(z)} + \alpha \tag{1}$$

とすれば，$F(z)$ は $0<|z-a|<\delta$ で一價正則で，

$$|F(z)| = \left|\frac{1}{f(z)-\alpha}\right| \leqq \frac{1}{\eta}$$

となるから，Riemann の定理で，$z=a$ は $F(z)$ の正則點であるから，(1) より $z=a$ は $f(z)$ の正則點であるか，特異點ならば高々極である．これは假定に反す．故に $f(z_\nu) \to \alpha$ のような點列 $\{z_\nu\}$ が存在する.

3. 無限遠點における函數の擧動

$z=\infty$ における函數の正則性, 特異點を定義しよう. $f(z)$ は $R<|z|<\infty$ で一價正則とする.

$\zeta=\dfrac{1}{z}$ なる變換によつて $R<|z|<\infty$ は $0<|\zeta|<\dfrac{1}{R}$ にかわる.

$$f(z)=f\left(\frac{1}{\zeta}\right)=F(\zeta)$$

と置けば, $F(\zeta)$ は $0<|\zeta|<\dfrac{1}{R}$ で一價正則である. 若し $F(\zeta)$ が $\zeta=0$ で正則ならば, $f(z)$ は $z=\infty$ で正則であると定義し, 若し $F(\zeta)$ が $\zeta=0$ で k 次の極又は眞性特異點を持てば, $f(z)$ は $z=\infty$ で k 次の極, 眞性特異點を持つと定義する.

故に $z=\infty$ が (i) 正則點なるか (ii) k 次の極なるか (iii) 眞性特異點なるかに從つて, $f(z)$ の $R<|z|<\infty$ における展開は夫々

(i) $f(z)=a_0+\displaystyle\sum_{n=1}^{\infty}\frac{b_n}{z^n}$,

(ii) $f(z)=a_0+a_1z+\cdots\cdots+a_kz^k+\displaystyle\sum_{n=1}^{\infty}\frac{b_n}{z^n}$, $\quad(a_k\neq 0,\ k\geqq 1)$

(iii) $f(z)=\displaystyle\sum_{n=0}^{\infty}a_nz^n+\sum_{n=1}^{\infty}\frac{b_n}{z^n}$

となる. (iii) では 0 でない a_n が無限個ある.

今特に $f(z)$ は $|z|<\infty$ で正則とし,

$$f(z)=\sum_{n=0}^{\infty}a_nz^n \quad (|z|<\infty) \tag{1}$$

において 0 でない a_n が無限個ある場合は, $z=\infty$ は眞性特異點である. このような $f(z)$ を**超越整函數**という.

定理 IX. 5. ***$f(z)$ が $|z|\leqq\infty$ で ∞ もこめて正則ならば, $f(z)\equiv\mathrm{const}$ である.***

證明. $f(z)$ は $|z|<\infty$ で正則だから,

$$f(z)=\sum_{n=0}^{\infty}a_nz^n \quad (|z|<\infty)$$

となる．ここで若し $a_1, a_2, \cdots\cdots$ の中に 0 でないものがあれば，その個數が有限個か無限個かに從つて，$z=\infty$ は極であるか眞性特異點であるから，假定に反す．故に $a_n=0(n=1, 2\cdots\cdots)$，從つて $f(z)\equiv a_0$ となる．

4. 有理函數

$$f(z)=\frac{a_0+a_1z+\cdots\cdots+a_nz^n}{b_0+b_1z+\cdots\cdots+b_mz^m} \qquad (1)$$

の形の函數を**有理函數**という．

n 次代數方程式は n 個の根を持つから，(1) の分子，分母を因數に分解すれば，(1) は

$$f(z)=A\frac{(z-\alpha_1)^{n_1}\cdots\cdots(z-\alpha_k)^{n_k}}{(z-\beta_1)^{m_1}\cdots\cdots(z-\beta_p)^{m_p}} \qquad (2)$$

となる．ここに $\alpha, \cdots\cdots, \alpha_k$ は相異なる $a_0+a_1z+\cdots\cdots+a_nz^n=0$ の根で，$\beta_1, \cdots\cdots, \beta_p$ は相異なる $b_0+b_1z+\cdots\cdots+b_mz^m=0$ の根である．故に

$$n_1+\cdots\cdots+n_k=n, \quad m_1+\cdots\cdots+m_p=m. \qquad (3)$$

(2) の形から $f(z)$ は $\beta_1, \cdots\cdots, \beta_p$ 以外の點では正則である．又 $z=\beta_i$ は m_i 次の極であることも容易に分る．故に $f(z)$ の $|z|<\infty$ の中にある特異點は皆極である．次に $z=\infty$ でも $f(z)$ は高々極特異點を持つことを證明しよう．

$\zeta=\dfrac{1}{z}$ と置けば，(1) は $\zeta=0$ の近傍で

$$\begin{aligned} f(z)&=\zeta^{m-n}\cdot\frac{a_n+a_{n-1}\zeta+\cdots\cdots+a_0\zeta^n}{b_m+b_{m-1}\zeta+\cdots\cdots+b_0\zeta^m} \\ &=\zeta^{m-n}\quad(c_0+c_1\zeta+\cdots\cdots) \end{aligned} \qquad (4)$$

となるから，$\zeta=0$，從つて $z=\infty$ は $m\geqq n$，$m<n$ に從つて $f(z)$ の正則點であるか，$n-m$ 次の極である．

故に

定理 IX. 6.　有理函數は $|z|\leqq\infty$ で有理型である．

逆に

定理 IX. 7.　$|z|\leqq\infty$ で有理型の函數は有理函數である．

證明． $f(z)$ を $|z|\leqq\infty$ で有理型とすれば，$f(z)$ の極は有限個しかない．假

りに無限個あつたとすれば，これを Riemann 球面に極射影して考えれば，Weierstrass-Bolzano の定理で少くとも一つの集積點がなければならないが，その集積點は，$f(z)$ の極となり得ない故である．今 $|z|<\infty$ の中にある $f(z)$ の極を $\alpha_1, \cdots\cdots, \alpha_k$ とし，その次數を夫々 $n_1, \cdots\cdots, n_k$ とすれば，

$$F(z)=f(z)(z-\alpha_1)^{n_1}\cdots\cdots(z-\alpha_k)^{n_k} \tag{1}$$

は $z=\alpha_i(i=1, \cdots\cdots, k)$ で正則となるから，$F(z)$ は $|z|<\infty$ で正則である．故に

$$F(z)=\sum_{n=0}^{\infty} a_n z^n \qquad (|z|<\infty).$$

$\zeta=\dfrac{1}{z}$ と置けば，$f(z)$ は $z=\infty$ で高々 k 次の極を持つから，

$$f(z)=f\left(\frac{1}{\zeta}\right)=\frac{1}{\zeta^k}(b_0+b_1\zeta+\cdots\cdots) \quad (k\geqq 0)$$

の形となる．故に

$$\begin{aligned} F\left(\frac{1}{\zeta}\right)&=f\left(\frac{1}{\zeta}\right)\left(\frac{1}{\zeta}-\alpha_1\right)^{n_1}\cdots\cdots\left(\frac{1}{\zeta}-\alpha_k\right)^{n_k} \\ &=\frac{1}{\zeta^{k+n_1+\cdots+n_k}}(b_0+b_1\zeta+\cdots\cdots)(1-\alpha_1\zeta)^{n_1}\cdots\cdots(1-\alpha_n\zeta)^{n_k} \\ &=\frac{1}{\zeta^{k+n_1+\cdots+n_k}}(c_0+c_1\zeta+\cdots\cdots). \end{aligned}$$

故に $|z|$ が十分大なれば，

$$|F(z)|\leqq K|z|^m \quad (m=k+n_1+\cdots\cdots+n_k)$$

のような定數 K が存在する．故に定理 VIII. 6 により，$F(z)$ は高々 m 次の多項式である．從つて (1) より $f(z)$ は有理函數である．[證明終]

有理函數

$$f(z)=\frac{a_0+a_1z+\cdots\cdots+a_nz^n}{b_0+b_1z+\cdots\cdots+b_mz^m} \quad (a_n\neq 0,\ b_m\neq 0)$$

において，

$$\mathrm{Max}(n,\ m)=N$$

を **$f(z)$ の位數** (order) という．

$|z|<\infty$ にある $f(z)$ の極は分母の根であるから，m 個ある．$z=\infty$ では

$$f(z)=\frac{1}{z^{m-n}}\left(c_0+\frac{c_1}{z}+\cdots\cdots\right) \quad (c_0\neq 0)$$

となるから，若し $m\geqq n$ ならば，$z=\infty$ で正則であるから，$|z|\leqq\infty$ で，∞ もこめて，m 個の極がある．この時 $N=m$ であるから，N 個の極がある．若し $m<n$ ならば，$z=\infty$ は $(n-m)$ 次の極であるから，$|z|\leqq\infty$ で $m+(n-m)=n$ 個の極がある．この時 $N=n$ であるから，N 個の極がある．故にいずれにしても，$|z|\leqq\infty$ で ∞ もこめて N 個の極がある．次に a を任意の數とすれば，$\dfrac{1}{f(z)-a}$ の位數も N であるから，$|z|\leqq\infty$ で，$\dfrac{1}{f(z)-a}$ の極，即ち $f(z)-a$ の零點は N 個ある．故に

定理 IX. 8.　有理函數 $f(z)$ の位數を N とすれば，任意の a（有限又は ∞）に對して，$f(z)-a$ は $|z|\leqq\infty$ で N 個の零點を有す．

$z=a$ を有理函數 $f(z)$ の k 次の極とし

$$f(z)=\sum_{n=0}^{\infty}a_n(z-a)^n+\frac{b_1}{z-a}+\cdots\cdots+\frac{b_k}{(z-a)^k}\qquad(b_k\neq0,\ k\geqq1)$$

において

$$H(z-a)=\frac{b_1}{z-a}+\cdots\cdots+\frac{b_k}{(z-a)^k}$$

を $f(z)$ の a における**主部**という．

$f(z)-H(z-a)$ は $z=a$ で正則である．

定理 IX. 9.　$f(z)$ を有理函數とし，その極を $a_1,\cdots\cdots,a_n$，a_k における主部を

$$\boldsymbol{H(z-a_k)=\frac{A_1{}^{(k)}}{z-a_k}+\cdots\cdots+\frac{A_{n_k}{}^{(k)}}{(z-a_k)^{n_k}}}\quad(k=1,\ 2,\ \cdots\cdots,\ n)$$

とすれば，

$$\boldsymbol{f(z)=\sum_{k=1}^{n}H(z-a_k)+G(z)}$$

となる．ここに $G(z)$ は多項式である．（有理函數の部分分數分解）

證明.　$G(z)=f(z)-\sum_{k=1}^{n}H(z-a_k)$ は $|z|<\infty$ で正則で，前に證明したように $|z|$ が十分大なれば，或定數 K が存在して

$$|f(z)|\leqq K|z|^m.$$

また $z\to\infty$ の時，$H(z-a_k)\to0$ であるから，$|z|$ が十分大なれば，

$$|G(z)|\leqq K|z|^m.$$

故に定理 VIII. 6 により $G(z)$ は高々 m 次の多項式である.

5. 球面微係數

$w=f(z)$ を領域 D で有理型函數とし, w を w 平面に原點で接する Riemann 球面 K (w 球面) 上の點で表わせば, 37 頁 (6) により, 微小弧 dw に對する K 上の微小弧の長さ $d\sigma$ は

$$d\sigma=\frac{|dw|}{1+|w|^2}=\frac{|f'(z)||dz|}{1+|f(z)|^2} \tag{1}$$

であるから,

$$\frac{d\sigma}{|dz|}=\frac{|f'(z)|}{1+|f(z)|^2} \tag{2}$$

を $f(z)$ の z における**球面微係數**という.

有理型函數の球面導函數 $\frac{|f'(z)|}{1+|f(z)|^2}$ は z の連續函數である.

證明. z_0 で $f(z)$ が正則ならば明らかであるから, z_0 を k 次の極とし, z_0 の近傍で

$$f(z)=\frac{\varphi(z)}{(z-z_0)^k} \tag{3}$$

とする. ここに $\varphi(z)$ は z_0 で正則で $\varphi(z_0)\neq 0$ である. 容易に

$$\frac{|f'(z)|}{1+|f(z)|^2}=\frac{|(z-z_0)\varphi'(z)-k\varphi(z)|}{|\varphi(z)|^2+|z-z_0|^{2k}}|z-z_0|^{k-1}$$

が得られるから, $\frac{|f'(z)|}{1+|f(z)|^2}$ は z_0 で連續で, 且つ若し $k\geqq 2$ ならば $\frac{|f'(z_0)|}{1+|f(z_0)|^2}=0$ で, z_0 は $\frac{|f'(z)|}{1+|f(z)|^2}$ の $(k-1)$ 次の零點である. 又 z_0 で $f(z)$ が正則で, z_0 が $f(z)$ の $k(\geqq 2)$ 次の零點ならば, $\frac{|f'(z_0)|}{1+|f(z_0)|^2}=0$ で, z_0 は $\frac{|f'(z)|}{1+|f(z)|^2}$ の $(k-1)$ 次の零點なることも容易に分る. 故に**若し z_0 が $f(z)$ の $k(\geqq 2)$ 次の零點又は極ならば, z_0 は $\frac{|f'(z)|}{1+|f(z)|^2}$ の $(k-1)$ 次の零點である.**

$w=f(z)$ を領域 D で有理型とし, z が D の中を動く時, w は w 球面上の領域 $\varDelta$ を描くものとす. D の中の曲線 C が $\varDelta$ の中の曲線 Γ に寫像されたとし, その長さを L とすれば, (1) より

$$L=\int_C\frac{|f'(z)|}{1+|f(z)|^2}|dz| \tag{4}$$

を得. 又極射影の等角性 (定理 II. 3) と (1) とから 51 頁と同様にして

$$\Delta \text{ の面積} = \int\int_D \left(\frac{|f'(z)|}{1+|f(z)|^2} \right)^2 dx\, dy \quad (z = x + iy) \qquad (ろ)$$

なることが分る.

第十章　留　　　數

1. 留　　數

$f(z)$ は $0<|z-a|<R$ で一價正則とし，

$$f(z)=\sum_{n=0}^{\infty}a_n(z-a)^n+\frac{b_1}{z-a}+\cdots\cdots+\frac{b_n}{(z-a)^n}+\cdots\cdots \qquad (1)$$

とする時，b_1 のことを $f(z)$ の $z=a$ における**留數**という．

$$b_1=\frac{1}{2\pi i}\int_{|z-a|=r}f(z)dz \qquad (0<r<R) \qquad (2)$$

である．

後で分るように $\dfrac{1}{z-a}$ の係數 b_1 だけが非常に重要な役目をするのである．
$z=a$ が 1 次の極の場合は

$$f(z)=\sum_{n=0}^{\infty}a_n(z-a)^n+\frac{b_1}{z-a}$$

であるから，

$$b_1=\lim_{z\to a}f(z)(z-a) \qquad (3)$$

によつて求められる．特に

$$f(z)=\frac{F(z)}{G(z)} \qquad (4)$$

の形で $f(z)$ が與えられ，$F(z)$，$G(z)$ は $z=a$ で正則で $G(a)=0$，$G'(a)\neq 0$ とすれば，

$$f(z)=\frac{F(a)+F'(a)(z-a)+\cdots\cdots}{G(a)+G'(a)(z-a)+\cdots\cdots}$$

$$=\frac{F(a)+F'(a)(z-a)+\cdots\cdots}{G'(a)(z-a)+\cdots\cdots}=\frac{F(a)}{G'(a)}\frac{1}{z-a}+\cdots\cdots$$

故に

$$f(z)=\frac{F(z)}{G(z)} \qquad \left(G(a)=0,\ G'(a)\neq 0\right)$$

ならば，$z=a$ は $f(z)$ の一次の極で，その留數は $\dfrac{F(a)}{G'(a)}$ である．

例 1.　$f(z)=\dfrac{1}{z^2+a^2}$.

$F(z)=1,\ G(z)=z^2+a^2,\ G(\pm ia)=0,\ G'(z)=2z,$

故に

$$ia\ \text{における留數} = \left[\frac{1}{2z}\right]_{ia} = \frac{1}{2ia},$$

$$-ia\ \text{における留數} = \left[\frac{1}{2z}\right]_{-ia} = \frac{-1}{2ia}.$$

例 2.　$f(z) = \dfrac{z^2}{(1+z^2)^2}$.

$z=\pm i$ が極となるが，この時は 2 次の極であるから，上の方法は用いられないから直接計算によつて求める.

$z=i$ における留數を求めるために，$z=i+t$ と置けば

$$f(z) = \frac{(t+i)^2}{(1+(t+i)^2)^2} = \frac{t^2+2it-1}{(t^2+2it)^2}$$

$$= \frac{t^2+2it-1}{(2i)^2t^2\left(1+\dfrac{t}{2i}\right)^2} = -\frac{1}{4t^2}(t^2+2it-1)\left(1-\frac{2t}{2i}+\cdots\cdots\right) = -\frac{i}{4t}+\cdots\cdots$$

故に $z=i$ における留數は $-\dfrac{i}{4}$ である．同樣に $z=-i$ における留數は $\dfrac{i}{4}$ である.

定理 X. 1.（**留數の原理**）. **C を長さの有限な Jordan 曲線とし，$f(z)$ は C の上で正則，C の内部では有理型とし，C の内部にある $f(z)$ の極を $a_1, \cdots\cdots, a_n$，その留數をそれぞれ $R_1, \cdots\cdots, R_n$ とすれば，**

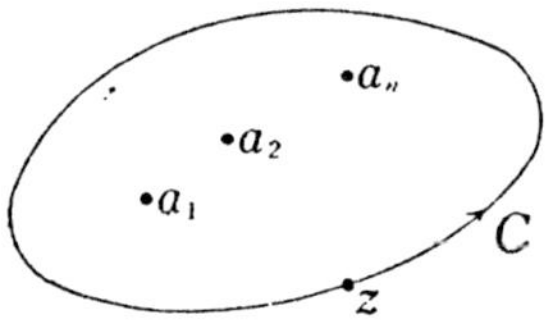

第 86 圖

$$\int_C f(z)dz = 2\pi i(R_1+\cdots\cdots+R_n)$$

$$= 2\pi i \times \text{留數の和}.$$

但し C の正の方向に積分するものとす．これは非常に重要な定理であることは次節で分る.

注 意. 次の證明から分るように C は一つの曲線でなく有限個の Jordan 曲線 $C=C_1+\cdots\cdots+C_N$ からなつていてもよいので，C が圍む領域 D の中の $f(z)$ の極を $a_1, \cdots\cdots, a_n$ とし，C は D に關して正の向きに積分すれば同じ關係が成立することが分る.

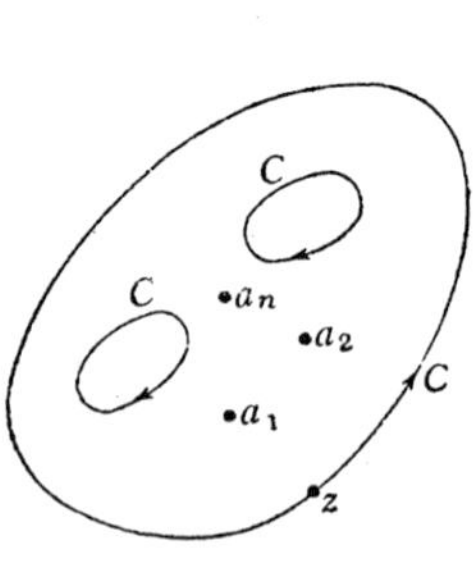

第 87 圖

證 明. $a_1, \cdots\cdots, a_n$ を中心として半徑 ρ の圓 $K_1, \cdots\cdots, K_n$ を描き，K_i $(1\leqq i\leqq n)$ は C の內部に含まれるようにする．定理 V. 5 により

$$\int_C f(z)dz = \int_{K_1} f(z)dz + \cdots\cdots + \int_{K_n} f(z)dz.$$

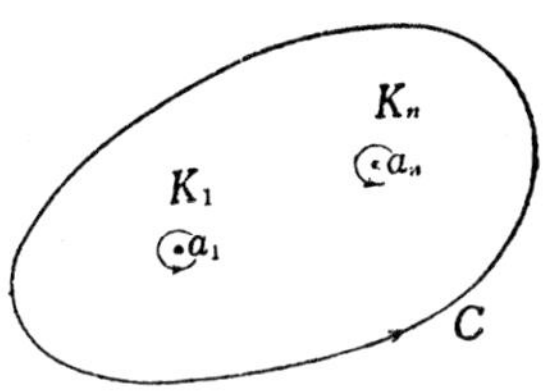

第 88 圖

留數の定義から

$$R_j = \frac{1}{2\pi i}\int_{K_j} f(z)dz \qquad (j = 1, 2, \cdots\cdots, n)$$

であるから,

$$\int_C f(z)dz = 2\pi i(R_1 + \cdots\cdots + R_n).$$

2. 定積分の求値法

留數の原理によつて定積分の値が容易に求まる場合がある. 次に例によつて示そう.

例 1. $\displaystyle\int_{-\infty}^{\infty}\frac{dx}{1+x^2} = \pi.$

$f(z)=\dfrac{1}{1+z^2}$ とおけば, $z=\pm i$ は極で, $z=i$ おける留數は §1 例 1 により $\dfrac{1}{2i}$ である.

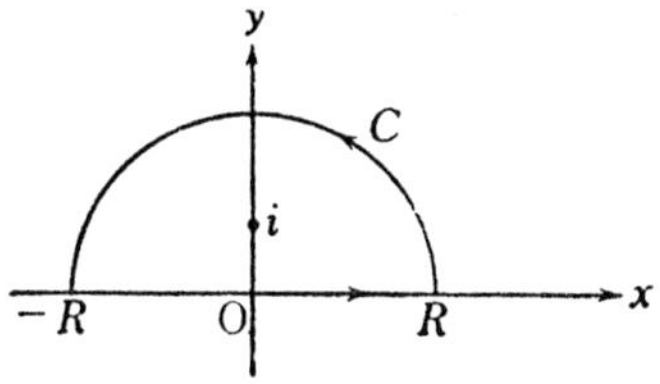

第 89 圖

今 $z=0$ を中心とし半徑 R の半圓 C を描き, 實軸とこの半圓 C で圍まれた領域で $f(z)$ は $z=i$ 以外の點では正則であるから,

$$\int_{-R}^{R}\frac{dx}{1+x^2} + \int_C \frac{dz}{1+z^2} = 2\pi i \times (z=i \text{ の留數})$$

$$= 2\pi i \cdot \frac{1}{2i} = \pi. \qquad (1)$$

$$\left|\int_C \frac{dz}{1+z^2}\right| \leqq \int_C \frac{|dz|}{|z|^2-1} = \frac{\pi R}{R^2-1} \to 0 \qquad (R\to\infty),$$

故に (1) で $R\to\infty$ として,

$$\int_{-\infty}^{\infty}\frac{dx}{1+x^2} = \pi$$

を得.

例 2. $\displaystyle\int_0^{\infty}\frac{dx}{1+x^4} = \frac{\pi}{2\sqrt{2}}.$

$f(z)=\dfrac{1}{1+z^4}$ とすれば, $1+z^4=0$, $z^4=-1=e^{\pi i}$ より $a=e^{\frac{\pi i}{4}}$ が極である. a における留數は 159 頁の方法で

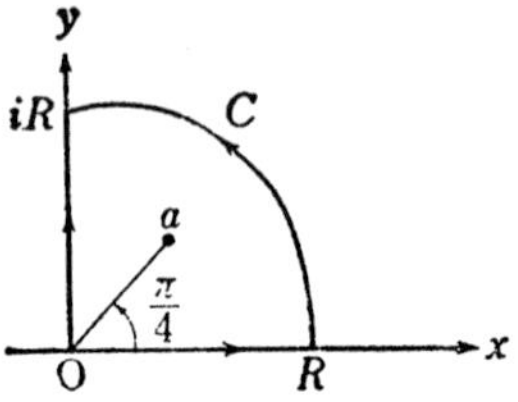

第 90 圖

$$\left[\frac{1}{4z^3}\right]_a = \frac{1}{4}e^{-3\frac{\pi}{4}i} = -\frac{1+i}{4\sqrt{2}}.$$

原點を中心とし，半徑 R の 4 分圓を C とすれば，

$$\int_0^R \frac{dx}{1+x^4} + \int_C \frac{dz}{1+z^4} + \int_{iR}^0 \frac{dz}{1+z^4}$$
$$= 2\pi i\cdot\left(-\frac{1+i}{4\sqrt{2}}\right) = \frac{\pi}{2}\frac{(1-i)}{\sqrt{2}}. \tag{1}$$

$z=it$ とおけば，

$$\int_{iR}^0 \frac{dz}{1+z^4} = \int_R^0 \frac{idt}{1+t^4} = -i\int_0^R \frac{dx}{1+x^4}.$$

故に (1) は

$$(1-i)\int_0^R \frac{dx}{1+x^4} + \int_C \frac{dz}{1+z^4} = \frac{\pi}{2}\frac{(1-i)}{\sqrt{2}} \tag{2}$$

となる．

$$\left|\int_C \frac{dz}{1+z^4}\right| \leqq \int_C \frac{|dz|}{|z|^4-1} = \frac{\frac{\pi}{4}R}{R^4-1} \to 0 \qquad (R\to\infty).$$

故に (2) に於いて $R\to\infty$ として

$$(1-i)\int_0^\infty \frac{dx}{1+x^4} = \frac{\pi}{2}\frac{1-i}{\sqrt{2}},$$

$$\therefore \int_0^\infty \frac{dx}{1+x^4} = \frac{\pi}{2\sqrt{2}}.$$

例 3. $\displaystyle\int_{-\infty}^\infty \frac{x^2dx}{(1+x^2)^2} = \frac{\pi}{2}.$

$f(z) = \dfrac{z^2}{(1+z^2)^2}$ とおけば，$z=i$ における留數は §1. 例 2 により $-\dfrac{i}{4}$ である．原點を中心とする半徑 R の半圓を C とすれば，

$$\int_{-R}^R \frac{x^2dx}{(1+x^2)^2} + \int_C \frac{z^2dz}{(1+z^2)^2} = 2\pi i\left(-\frac{i}{4}\right) = \frac{\pi}{2}. \tag{1}$$

$$\left|\int_C \frac{z^2dz}{(1+z^2)^2}\right| \leqq \int_C \frac{|z|^2|dz|}{(|z|^2-1)^2} = \frac{R^2\pi R}{(R^2-1)^2} \to 0 \qquad (R\to\infty),$$

$$\therefore \int_{-\infty}^\infty \frac{x^2dx}{(1+x^2)^2} = \frac{\pi}{2}.$$

例 4. $\displaystyle\int_0^\infty \frac{\sin x}{x}dx = \frac{\pi}{2}.$

$f(z) = \dfrac{e^{iz}}{z}$ とおき，γ, C を夫々原點と中心とし，半徑 ρ, R の半圓とすれば，圖で矢で示した閉曲線の內部で $f(z)$ は正則だから，Cauchy の基本定理で

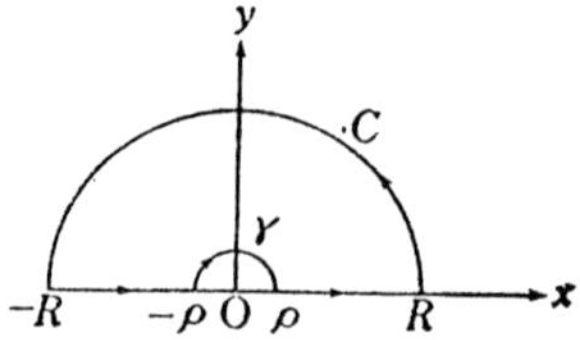

第 91 圖

$$\int_{-R}^{-\rho}\frac{e^{ix}}{x}dx+\int_{\gamma}\frac{e^{iz}}{z}dz+\int_{\rho}^{R}\frac{e^{ix}}{x}dx+\int_{C}\frac{e^{iz}}{z}dz=0. \qquad (1)$$

$x=-t$ とおけば，

$$\int_{-R}^{-\rho}\frac{e^{ix}}{x}dx=\int_{R}^{\rho}\frac{e^{-it}}{t}dt=-\int_{\rho}^{R}\frac{e^{-ix}}{x}dx.$$

故に (1) は

$$\int_{\rho}^{R}\frac{e^{ix}-e^{-ix}}{x}dx+\int_{\gamma}\frac{e^{iz}}{z}dz+\int_{C}\frac{e^{iz}}{z}dz=0,$$

$$2i\int_{\rho}^{R}\frac{\sin x}{x}dx+\int_{\gamma}\frac{e^{iz}}{z}dz+\int_{C}\frac{e^{iz}}{z}dz=0 \qquad (2)$$

となる．

$$\int_{\gamma}\frac{e^{iz}}{z}dz=\int_{\gamma}\frac{1+iz+\dfrac{(iz)^2}{2!}+\cdots\cdots}{z}dz=\int_{\gamma}\frac{dz}{z}+i\int_{\gamma}dz+\cdots\cdots. \qquad (3)$$

$\rho\to 0$ とすれば，(3) の右邊の第二項以下は 0 に收斂する．第一項は $z=\rho e^{i\theta}$ とおけば，

$$\int_{\gamma}\frac{dz}{z}=i\int_{\pi}^{0}d\theta=-i\pi$$

となるから，

$$\int_{\gamma}\frac{e^{iz}}{z}dz\to -i\pi \qquad (\rho\to 0). \qquad (4)$$

次に

$$\int_{C}\frac{e^{iz}}{z}dz\to 0 \qquad (R\to\infty) \qquad (5)$$

を證明しよう．$z=Re^{i\theta}$ とおけば，$\dfrac{dz}{z}=id\theta$ だから，

$$\left|\int_{C}\frac{e^{iz}}{z}dz\right|=\left|\int_{0}^{\pi}e^{iR(\cos\theta+i\sin\theta)}d\theta\right|\leqq\int_{0}^{\pi}\left|e^{iR(\cos\theta+i\sin\theta)}\right|d\theta$$

$$=\int_{0}^{\pi}e^{-R\sin\theta}d\theta=2\int_{0}^{\frac{\pi}{2}}e^{-R\sin\theta}d\theta.$$

$\dfrac{2}{\pi}\theta\leqq\sin\theta\leqq\theta\ \left(0\leqq\theta\leqq\dfrac{\pi}{2}\right)$ なる不等式によつて，

$$\left|\int_{C}\frac{e^{iz}}{z}dz\right|\leqq 2\int_{0}^{\frac{\pi}{2}}e^{-R\frac{2}{\pi}\theta}d\theta=\frac{\pi}{R}[1-e^{-R}]<\frac{\pi}{R}\to 0 \qquad (R\to\infty). \qquad (6)$$

故に (2) で $\rho\to 0$，$R\to\infty$ として，

$$2i\int_{0}^{\infty}\frac{\sin x}{x}dx=i\pi, \qquad \therefore\ \int_{0}^{\infty}\frac{\sin x}{x}dx=\frac{\pi}{2}.$$

注意．上の證明中から，不等式

$$\int_{0}^{\pi}e^{-R\sin\theta}d\theta<\frac{\pi}{R} \qquad (7)$$

が得られた．

例 5. $\displaystyle\int_0^\infty \frac{x^{a-1}}{1+x}dx = \frac{\pi}{\sin a\pi}$ $(0<a<1)$.

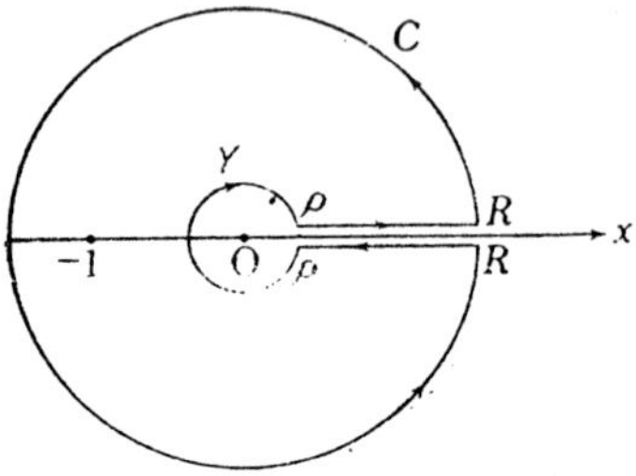

第 92 圖

$$f(z) = \frac{z^{a-1}}{1+z}$$

とおけば，a が整數でないから，$f(z)$ は多價函數で，z が原點の周を一周すればその値は $e^{2\pi i(a-1)} = e^{2\pi ia}$ を乘じたものに變る．

故に原點を中心とし半徑 ρ, R の圓を γ, C とし，γ と C と實軸の一部 $\rho \leqq x \leqq R$ で圍まれた領域 D を考えれば，$f(z)$ は D で一價となり，$z=re^{i\theta}$ に對して

$$f(z) = \frac{r^{a-1}e^{i(a-1)\theta}}{1+re^{i\theta}}$$

によつて $f(z)$ を定義する．正の實軸の上側の岸では $\theta=0$ で，下側の岸では $\theta=2\pi$ だから，正の實軸の上側の岸では $f(z)=\dfrac{r^{a-1}}{1+r}$，下側の岸では $f(z)=\dfrac{r^{a-1}e^{i(a-1)2\pi}}{1+re^{2\pi i}}=\dfrac{r^{a-1}e^{2\pi ai}}{1+r}$ である．$z=-1$ は $f(z)$ の一次の極で，その留數は $(r=1,\ \theta=\pi$ として$)$，$e^{i(a-1)\pi}=-e^{ia\pi}$ であるから，圖の矢のように積分すれば，

$$\int_\rho^R \frac{r^{a-1}}{1+r}dr + \int_C \frac{z^{a-1}}{1+z}dz + \int_R^\rho \frac{r^{a-1}e^{2\pi ai}}{1+r}dr + \int_\gamma \frac{z^{a-1}}{1+z}dz$$
$$= I + II + III + IV = 2\pi i(-e^{ia\pi}). \tag{1}$$

ここで

$$I + III = (1-e^{2\pi ai})\int_\rho^R \frac{r^{a-1}}{1+r}dr,$$

$$|II| \leqq \int_C \frac{|z|^{a-1}}{|z|-1}|dz| = \frac{R^{a-1}\pi R}{R-1} = \frac{\pi R^a}{R-1} \to 0 \quad (R\to\infty) \quad (\because\ 0<a<1).$$

$$|IV| \leqq \int_\gamma \frac{|z|^{a-1}}{1-|z|}|dz| = \frac{\rho^{a-1}\cdot\pi\rho}{1-\rho} = \frac{\pi\rho^a}{1-\rho} \to 0 \qquad (\rho\to 0).$$

故に (1) で $\rho\to 0$, $R\to\infty$ とすれば，

$$(1-e^{2\pi ai})\int_0^\infty \frac{r^{a-1}}{1+r}dr = 2\pi i(-e^{ia\pi}), \qquad \therefore\ \int_0^\infty \frac{r^{a-1}}{1+r}dr = \frac{2\pi i}{e^{a\pi i}-e^{-a\pi i}} = \frac{\pi}{\sin a\pi}.$$

注 意. $\displaystyle I = \int_0^\infty \frac{x^n}{1+x^m}dx$ $(0<n+1<m)$.

$t=x^m$ と置けば，

$$I = \frac{1}{m}\int_0^\infty \frac{t^{\frac{n+1}{m}-1}}{1+t}dt = \frac{1}{m}\,\frac{\pi}{\sin\dfrac{n+1}{m}\pi}.$$

例 6. $\displaystyle\int_0^\infty \frac{x\sin x}{x^2+a^2} = \frac{\pi}{2}e^{-a} \qquad (a>0).$

$f(z)=\dfrac{ze^{iz}}{z^2+a^2}$ と置けば，$z=ia$ は一次の極で，その留數は 159 頁の方法で

$$\left[\frac{ze^{iz}}{2z}\right]_{ia}=\frac{e^{-a}}{2}$$

であるから，半圓 C: $|z|=R$ と實軸の部分 $-R\leqq x\leqq R$ の上を第 89 圖の矢のように積分すれば，

$$\int_{-R}^{R}\frac{xe^{ix}}{x^2+a^2}+\int_C\frac{ze^{iz}}{z^2+a^2}=2\pi i\left(\frac{e^{-a}}{2}\right)=\pi ie^{-a}. \qquad (1)$$

$$\int_{-R}^{R}\frac{xe^{ix}}{x^2+a^2}dx=\int_{-R}^{0}\frac{xe^{ix}}{x^2+a^2}dx+\int_0^R\frac{xe^{ix}}{x^2+a^2}$$

$$=-\int_0^R\frac{xe^{-ix}}{x^2+a^2}dx+\int_0^R\frac{xe^{ix}}{x^2+a^2}dx=2i\int_0^R\frac{x\sin x}{x^2+a^2}dx.$$

$$\left|\int_C\frac{ze^{iz}}{z^2+a^2}dz\right|\leqq\int_C\frac{|z||e^{iz}|}{|z|^2-a^2}|dz|=\int_0^\pi\frac{Re^{-R\sin\theta}}{R^2-a^2}Rd\theta=\frac{R^2}{R^2-a^2}\int_0^\pi e^{-R\sin\theta}d\theta$$

$$<\frac{R^2}{R^2-a^2}\frac{\pi}{R}\to 0 \qquad (R\to\infty).\ (163\text{ 頁 }(7))$$

故に (1) で $R\to\infty$ として，

$$\int_0^\infty\frac{x\sin x}{x^2+a^2}dx=\frac{e^{-a}}{2}.$$

問. $\displaystyle\int_0^\infty\frac{x\cos x}{x^2+a^2}dx=\frac{\pi}{2a}e^{-a} \qquad (a>0)$ を證明せよ．

例 7. $\displaystyle\int_0^\infty \sin(x^2)dx=\int_0^\infty\cos(x^2)dx=\frac{\sqrt{\pi}}{2\sqrt{2}}.$ 　**(Fresnel の積分)**

$f(z)=e^{-z^2}$ と置けば，$f(z)$ はすべての z に對して正則だから，C を原點を中心とし半徑 R，中心の開きが $\dfrac{\pi}{4}$ である圓弧とし，圖の矢の向きに積分すれば，

Cauchy の基本定理で

$$\int_0^R e^{-x^2}dx+\int_C e^{-z^2}dz+\int_{Re^{i\frac{\pi}{4}}}^{0}e^{-z^2}dz=0. \qquad (1)$$

積分學で既知の如く

$$\int_0^\infty e^{-x^2}dx=\frac{\sqrt{\pi}}{2} \qquad (2)$$

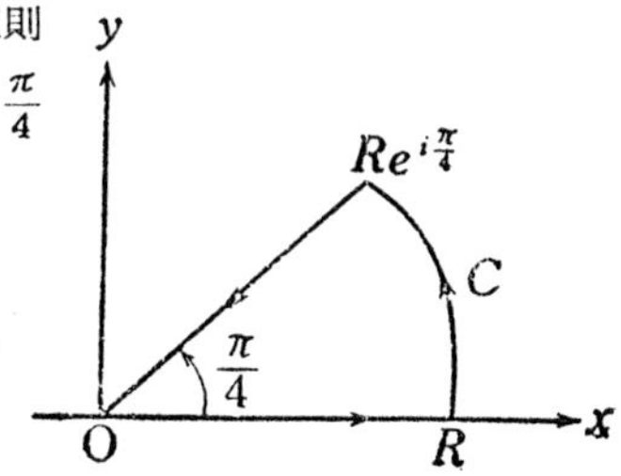

第 93 圖

である．$z=e^{i\frac{\pi}{4}}t$ とすれば，$z^2=e^{i\frac{\pi}{2}}t^2=it^2$，故に

$$\int_{Re^{i\frac{\pi}{4}}}^{0} e^{-z^2}dz = \int_R^0 e^{-it^2}e^{i\frac{\pi}{4}}dt = -e^{i\frac{\pi}{4}}\int_0^R e^{-it^2}dt. \qquad (3)$$

$$\left|\int_C e^{-z^2}dz\right| \leqq \int_C |e^{-z^2}||dz| = \int_0^{\frac{\pi}{4}} e^{-R^2\cos 2\theta}Rd\theta \qquad (z = Re^{i\theta})$$

$$= R\int_0^{\frac{\pi}{2}} e^{-R^2\cos\varphi}d\varphi = R\int_0^{\frac{\pi}{2}} e^{-R^2\sin\varphi}d\varphi$$

$$< R\frac{\pi}{R^2} = \frac{\pi}{R} \to 0 \qquad (R\to\infty). \quad (163 \text{ 頁 } (7)) \qquad (4)$$

故に (1) において $R\to\infty$ とすれば，

$$\frac{\sqrt{\pi}}{2} = \int_0^\infty e^{-x^2}dx = e^{i\frac{\pi}{4}}\int_0^\infty e^{-it^2}dt,$$

$$\therefore \quad \int_0^\infty e^{-it^2}dt = \frac{\sqrt{\pi}}{2}e^{-i\frac{\pi}{4}} = \frac{\sqrt{\pi}}{2}\frac{1-i}{\sqrt{2}},$$

即ち

$$\int_0^\infty \cos(t^2)dt - i\int_0^\infty \sin(t^2)dt = \frac{\sqrt{\pi}}{2}\frac{1-i}{\sqrt{2}}.$$

兩邊の實部，虛部を比較すれば求むる結果を得.

問 題

1. 留數を用いて次の積分の値を求めよ.

(1) $\displaystyle\int_0^\infty \frac{\sin x}{x(x^2+a^2)}dx \quad (a>0).$ 答 $\dfrac{\pi}{2a^2}(1-e^{-a}).$

(2) $\displaystyle\int_0^\infty \frac{\log z}{1+z^2}dz.$ 答 0.

(3) $\displaystyle\int_0^\infty \frac{x^2dx}{(x^4+a^4)^3} \quad (a>0).$ 答 $\dfrac{5\sqrt{2}}{128a^9}\pi.$

2. $$\frac{1}{2\pi i}\int_{c-i\infty}^{c+i\infty}\frac{a^z}{z^2}dz \begin{cases} =\log a & (a>1) \\ =0 & (0<a<1)\end{cases}$$

を證明せよ，但し $c>0$ で積分路は直線 $\Re z=c$ とす.

3. $\dfrac{\log^2 z}{1+z^2}$ を半圓の上を積分することにより

$$\int_0^\infty \frac{\log^2 z}{1+z^2}dz = \frac{\pi^2}{8}$$

を證明せよ.

4. 單位圓の上を積分して，

$$\frac{1}{2\pi i}\int_{|z|=1}\frac{dz}{(z-a)\left(z-\dfrac{1}{a}\right)}$$

を求め，これによって，若し $0<a<1$ ならば，

$$\int_0^{2\pi}\frac{d\theta}{1-2a\cos\theta+a^2}=\frac{2\pi}{1-a^2}$$

なることと證明せよ．若し $a>1$ ならばどうなるか．

5. 四頂點が $-\pi$, π, $\pi+in$, $-\pi+in$ なる矩形の周を

$$\int\frac{z\,dz}{a-e^{-iz}}$$

を積分し，$n\to\infty$ として

$$\int_0^{\pi}\frac{x\sin x}{1-2a\cos x+a^2}dx=\frac{\pi}{a}\log(1+a)\qquad(0<a<1)$$

$$=\frac{\pi}{a}\log\frac{1+a}{1-a}\qquad(a>1)$$

を證明せよ．

6.
$$\int_0^{\infty}\frac{x\sin x}{x^4+a^4}dx=\frac{\pi}{2a^2}e^{-\frac{ma}{\sqrt{2}}}\sin\frac{ma}{\sqrt{2}}\qquad(m>0,\ a>0)$$

を證明せよ．

7.
$$\int_{-\infty}^{\infty}\frac{a\cos x+x\sin x}{x^2+a^2}dx=2\pi e^{-a}\qquad(a>0)$$

を證明せよ．

第十一章　偏角の原理

1.　偏角の原理

定理 XI. 1.　$f(z)$ は長さの有限な Jordan 曲線 C で圍まれた閉領域 $\overline{D}$ で有理型とし，C の上では $f(z)$ は正則で，零點はないとする．

C の内部にある $f(z)$ の零點の數を N，極の數を P とすれば，

$$\frac{1}{2\pi i}\int_C \frac{f'(z)}{f(z)}\,dz = N - P$$

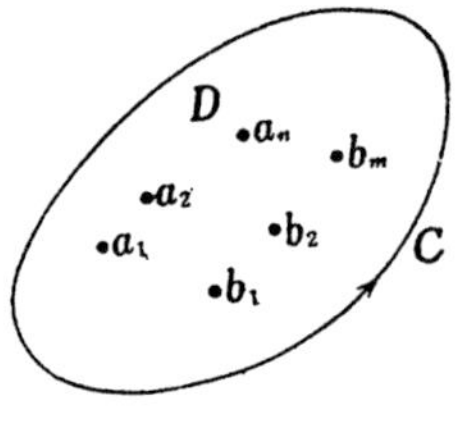

第 94 圖

である．但し C の正の方向に積分するものとす．

ここに $z=a$ が k 次の零點なれば，これを k 個の零點と考え，全體の零點の數を N とするので，同様に k 次の極はこれを k 個の極と考えて，全體の極の數を P としたのである．

注意.　C は數個の閉曲線からなつていてもよいので，C が圍む領域内の零點の數 N，極の數 P に對して同じ關係式が成立する．積分路は C の圍む領域を左にみてまわるものとす．

證明.　$z=a$ が ν 次の零點ならば，$z=a$ の近傍で，

$$f(z) = (z-a)^\nu \varphi(z) \quad (\varphi(a) \neq 0)$$

の形であるから，

$$\frac{f'(z)}{f(z)} = \frac{\nu}{z-a} + \frac{\varphi'(z)}{\varphi(z)} = \frac{\nu}{z-a} + c_0 + c_1(z-a) + \cdots\cdots.$$

故に $z=a$ は $\dfrac{f'(z)}{f(z)}$ の一次の極で，その留數は ν である．

同様に $z=b$ が μ 次の極ならば，

$$\frac{f'(z)}{f(z)} = \frac{-\mu}{z-b} + c_0 + c_1(z-b) + \cdots\cdots$$

となるから，$z=b$ は $\dfrac{f'(z)}{f(z)}$ の一次の極で，その留數は $-\mu$ である．故に $a_1, \cdots,$ a_n を夫々次數が $\nu_1, \cdots\cdots, \nu_n$ の零點とし，$b_1, \cdots\cdots, b_m$ を次數が $\mu_1, \cdots\cdots, \mu_m$ の極とすれば，$\nu_1+\cdots\cdots+\nu_n=N$，$\mu_1+\cdots\cdots+\mu_m=P$ である．留數の原理から

$$\int_C \frac{f'(z)}{f(z)}\,dz = 2\pi i\big(\nu_1+\cdots\cdots+\nu_n-(\mu_1+\cdots\cdots+\mu_m)\big)=2\pi i(N-P),$$

$$\therefore\quad \frac{1}{2\pi i}\int_C \frac{f'(z)}{f(z)}\,dz = N-P.$$

定 理 XI. 2. **$f(z)$ は長さの有限な Jordan 曲線 C で圍まれた閉領域 $\overline{D}$ で有理型とし，C の上では正則で，零點はないとする．**

$\phi(z)$ は $\overline{D}$ で正則な函數とすれば，

$$\frac{1}{2\pi i}\int_C \phi(z)\frac{f'(z)}{f(z)}\,dz = \sum_{k=1}^{N}\phi(a_k)-\sum_{k=1}^{P}\phi(b_k).$$

ここに a_k は $f(z)$ の零點で，a_k が ν_k 次の零點ならば同じ a_k を ν_k 個つづけて書くものとす．同様に b_k は極で，μ_k 次の極は同じものを μ_k 個つづけて書くものとす．

證 明． $z=a$ が ν 次の零點ならば，前定理の證明から，

$$\frac{f'(z)}{f(z)}=\frac{\nu}{z-a}+c_0+c_1(z-a)+\cdots\cdots$$

$$\therefore\quad \phi(z)\frac{f'(z)}{f(z)}=\big(\phi(a)+\phi'(a)(z-a)+\cdots\big)\Big(\frac{\nu}{z-a}+c_0+c_1(z-a)+\cdots\Big)$$

$$=\frac{\nu\phi(a)}{z-a}+\cdots\cdots.$$

故に $\phi(z)\dfrac{f'(z)}{f(z)}$ の $z=a$ における留數は

$$\nu\phi(a)=\overbrace{\phi(a)+\cdots\cdots+\phi(a)}^{\nu}$$

である．同様に $z=b$ が μ 次の極ならば，$\phi(z)\dfrac{f'(z)}{f(z)}$ の $z=b$ における留數は

$$-\mu\phi(b)=-\big(\overbrace{\phi(b)+\cdots\cdots+\phi(b)}^{\mu}\big)$$

であるから,

$$\frac{1}{2\pi i}\int_C \phi(z)\frac{f'(z)}{f(z)}dz=\sum_{k=1}^{N}\phi(a_k)-\sum_{k=1}^{P}\phi(b_k)$$

となる.

特に $\phi(z)=z^m(m=0,1,2\cdots\cdots)$ とすれば,

$$\frac{1}{2\pi i}\int_C z^m\frac{f'(z)}{f(z)}dz=\sum_{k=1}^{N}a_k{}^m-\sum_{k=1}^{P}b_k{}^m \quad (m=0,1,2,\cdots\cdots). \qquad (1)$$

ここに a_k は零點で, b_k は極である.

定理 XI. 1 にもどり

$$\frac{f'(z)}{f(z)}=\frac{d\log f(z)}{dz}$$

なることに注目すれば, 定理 XI. 1 は

$$\frac{1}{2\pi i}\int_C d\log f(z)=N-P \qquad (2)$$

となる.

$$\log f(z)=\log|f(z)|+i\arg f(z)$$

であるから,

$$\frac{1}{2\pi i}\int_C d\log f(z)=\frac{1}{2\pi i}\int_C d\log|f(z)|+\frac{1}{2\pi}\int_C d\arg f(z)=N-P.$$

兩邊の實部を等置すれば,

$$\frac{1}{2\pi}\int_C d\arg f(z)=N-P \qquad (3)$$

を得.

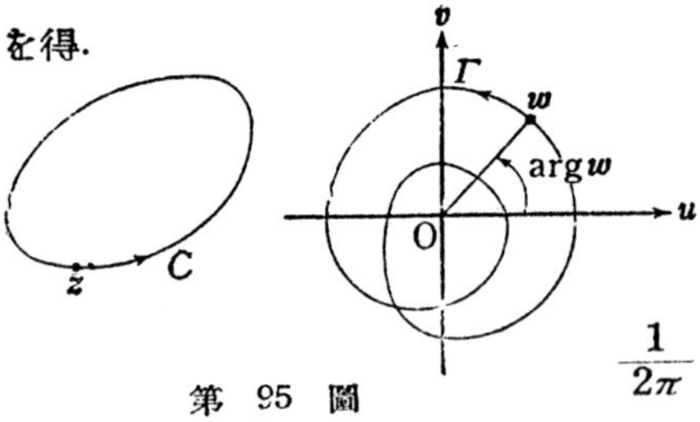

第 95 圖

今 $w=f(z)$ と置き, z が C の上を正の方向に一周すれば, w は w 平面の上で一つの閉曲線 Γ を描く.

$$\frac{1}{2\pi}\int_C d\arg f(z)=\frac{1}{2\pi}\int_\Gamma d\arg w \qquad (4)$$

であるから, (4) の右邊は w が $w=0$ の周を何回回轉したかの回轉數を表わす.

故に (3) は次のように言い表わすことが出來る.

定理 XI. 3. (偏角の原理). $w=f(z)$ **は長さの有限な Jordan 曲線** C **で圍まれた閉領域** $\bar{D}$ **で有理型とし,** C **の上では正則で零點はないとする.** C **の內部にある** $f(z)$ **の零點の數を** N, **極の數を** P **とす. 今** z **が** C **の上を正の方向に一周すれば,** $w=f(z)$ **は** w **平面上で一つの閉曲線** Γ **を描く. その原點** $w=0$ **の周の回轉數は** $P-N$ **に等しい, 卽ち**

$$\frac{1}{2\pi}\int_C d\arg f(z) = \frac{1}{2\pi}\int_\Gamma d\arg w = N-P.$$

特に $f(z)$ **が** $\bar{D}$ **で正則の時は,**

$$\frac{1}{2\pi}\int_C d\arg f(z) = \frac{1}{2\pi}\int_\Gamma d\arg w = N$$

となり, Γ **の** $w=0$ **の周の回轉數が** $f(z)$ **の零點の數を與える.**

例. $f(z)$ は整函數とし, $|f(z)|=k$ (定數) を滿足する z は一つの Jordan 曲線 C を描くものとし, C の圍む領域を D とする*). 若し D の中に $f(z)$ の零點が n 個あれば, D の中に $f'(z)$ の零點は $(n-1)$ 個ある. (Rolle の定理の正則函數への擴張).

證明. D の中にある $f'(z)$ の零點の數を N' とすれば,

$$N' = \frac{1}{2\pi}\int_C d\arg\frac{df}{dz} = \frac{1}{2\pi}\int_C d\arg(df) - \frac{1}{2\pi}\int_C d\arg(dz). \qquad (1)$$

z が C の上を一周すれば前定理により, $w=f(z)$ は圓 $|w|=k$ の上を n 回まわる. df は圓 $|w|=k$ の接線ベクトルであるから, その回轉數も n である. 故に

$$\frac{1}{2\pi}\int_C d\arg(df) = \frac{1}{2\pi}\int_C d\arg f(z) = n.$$

又 dz は C の接線ベクトルであるから, z が C の上を一周すれば, dz の方向は 2π だけ增す. 故に

$$\frac{1}{2\pi}\int_C d\arg(dz) = 1,$$

$$\therefore\ N' = n-1.$$

問. 前例で若し曲線 $|f(z)|=k$ が p 個の Jordan 曲線よりなり, これによつて圍まれた領域を D とし, D の中の $f(z)$ の零點の數を n とすれば, $f'(z)$ は D の中に $n+p-2$ 個の零點を持つことを證明せよ.

偏角の原理から次の Darboux の定理が容易に證明出來る.

定理 XI. 4. (Darboux). D **を Jordan 曲線** C **で圍まれた領域とし,** $w=f(z)$ **は閉領域** $\bar{D}$ **で正則とす.** z **が** C **の上を正の方向に一周すれば,** w **は** w **平面上**

*) 曲線 C を $f(z)$ の等高線 (niveau curve) という.

で一つの Jordan 曲線 Γ の上を正の方向に一周するものとす．この時 Γ の内部を Δ とすれば，$w=f(z)$ によつて D と Δ とは 1-對-1 に等角に寫像せられる．

即ち周の 1-對-1 の對應から内部の 1-對-1 の對應が出る．

證 明． w_0 を Δ の點とし，

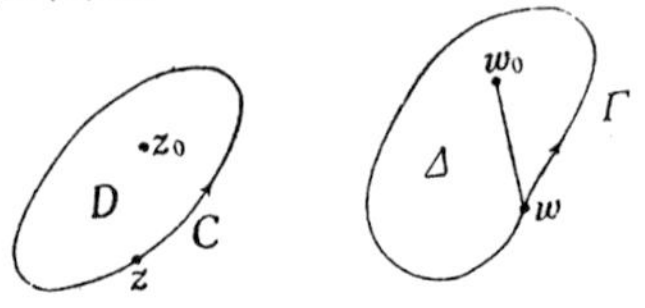

第 96 圖

$$\Phi(z) = w - w_0 = f(z) - w_0 \qquad (1)$$

と置けば，$\Phi(z)$ は $\overline{D}$ で正則である．C の上では $\Phi(z) \neq 0$ である．

$$\frac{1}{2\pi}\int_C d\arg\Phi(z) = \frac{1}{2\pi}\int_\Gamma d\arg(w-w_0). \qquad (2)$$

偏角の原理で，(2) の左邊は D の中にある $\Phi(z)$ の零點の數で，(2) の右邊は w が Γ の上を正の方向に一周する時の $\arg(w-w_0)$ の增加量であるから，明らかに 1 である．故に D の中に $\Phi(z)=f(z)-w_0$ の零點が 1 つある．これを z_0 とすれば，$w_0=f(z_0)$．即ち Δ の任意の一點 w_0 には D の一つの點が對應する．若し w_0 が Δ の外の點ならば，

$$\int_\Gamma d\arg(w-w_0) = 0$$

であるから，D の中に $\Phi(z)=f(z)-w_0$ の零點はない．

故に D の點には Δ の點が對應する．從つて D と Δ とは 1-對-1 に對應する．

2. Rouché の定理

定 理 XI. 5. (Rouché)． **$f(z)$，$g(z)$ は長さの有限な Jordan 曲線 C で圍まれた閉領域 $\overline{D}$ で正則とし，C の上で**

$$|f(z)| > |g(z)|$$

とすれば，C の中にある $f(z)$ の零點の數と $f(z)+g(z)$ の零點の數は一致する．

證 明． C の中にある $f(z)$ の零點の數を N，$f(z)+g(z)$ の零點の數を N_1 とし $N=N_1$ を證明する．

假定 $|f(z)|>|g(z)|$ から，C の上で $f(z)\neq 0$，$f(z)+g(z)\neq 0$ であるから，偏角の原理で

$$N=\frac{1}{2\pi}\int_C d\arg f(z),\ N_1=\frac{1}{2\pi}\int_C d\arg\left(f(z)+g(z)\right)\qquad (1)$$

である.

$$N_1=\frac{1}{2\pi}\int_C d\arg\left[f(z)\left(1+\frac{g(z)}{f(z)}\right)\right]$$

$$=\frac{1}{2\pi}\int_C d\arg f(z)+\frac{1}{2\pi}\int_C d\arg\left(1+\frac{g(z)}{f(z)}\right)$$

$$=N+\frac{1}{2\pi}\ {}_C d\arg\left(1+\frac{g(z)}{f(z)}\right).\qquad (2)$$

$w=\dfrac{g(z)}{f(z)}$ とすれば，C の上で $|w|=\dfrac{|g(z)|}{|f(z)|}<1$ であるから，$1+\dfrac{g(z)}{f(z)}=1+w$ を表わす點は $w=1$ を中心とし半徑 1 の圓 K の中に含まれることが分る．この圓は $w=0$ で虚軸に接するから，z が C の上を一周する時，$1+w$ が描く閉曲線 Γ は K の中に含まれるから，原點の周の回轉角は 0 である．故に

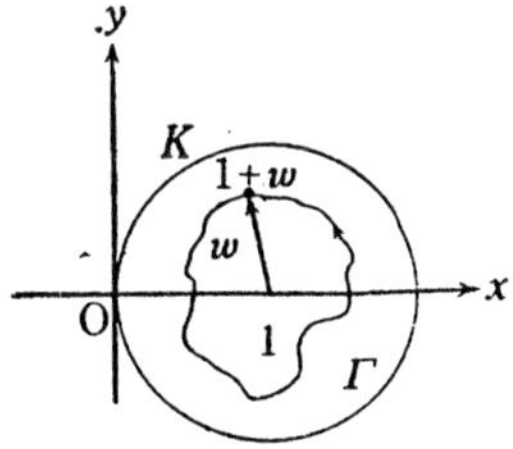

第 97 圖

$$\int_C d\arg\left(1+\frac{g(z)}{f(z)}\right)=\int_\Gamma d\arg(1+w)=0,$$

故に $N_1=N$ を得.

例. Rouché の定理から **n 次代數方程式 $a_0+a_1z+\cdots\cdots+a_nz^n=0\,(a_n\neq0,\ n\geqq1)$ は n 個の根を持つ**ことが直ちに得られる．何となれば，

$$f(z)=a_nz^n,\quad g(z)=a_0+a_1z+\cdots\cdots+a_{n-1}z^{n-1}$$

とおけば，$R(>1)$ が十分大なれば圓 $|z|=R$ の上で

$$|g(z)|\leqq|a_0|+|a_1|R+\cdots\cdots+|a_{n-1}|R^{n-1}$$
$$\leqq(|a_0|+|a_1|+\cdots\cdots+|a_{n-1}|)R^{n-1}<|a_n|R^n=|f(z)|.$$

故に C を圓 $|z|=R$ にとれば，C の上で $|g(z)|<|f(z)|$ であるから，Rouché の定理で，C の中の $f(z)=a_nz^n$ の零點の數と $f(z)+g(z)=a_0+a_1z+\cdots\cdots+a_nz^n$ の零點の數とは一致する．$f(z)=a_nz^n=0$ は明らかに n 個の根を有するから，$a_0+a_1z+\cdots\cdots+a_nz^n=0$ は n 個の根を有す.

3. Hurwitz の定理

定 理 XI. 6. (Hurwitz). **$f_n(z)\,(n=1,2,\cdots\cdots)$ は領域 D で正則とし，D で廣義の一樣に $f_n(z)\to f(z)\,(\neq0)$ とすれば，$f(z)$ は D で正則である．** 今 z_0 を

D の中にある $f(z)$ の k 次の零點とし，z_0 の近傍 U を十分小にとつて，U の中には z_0 以外に $f(z)$ の零點はないとすれば，$f_n(z)$ $(n \geqq n_0)$ は U の中に k 個の零點を持つ.

證明．U: $|z-z_0| \leqq \rho$ とす．

$|z-z_0|=\rho$ では $f(z) \neq 0$ であるから，$|z-z_0|=\rho$ の上で

$$|f(z)| \geqq m > 0$$

のような正數 m が存在する．

$$f_n(z) = f(z) + (f_n(z) - f(z))$$

と置けば，$|z-z_0|=\rho$ の上で一様に $f_n(z) \to f(z)$ であるから，$n \geqq n_0$ ならば，$|z-z_0|=\rho$ の上で $|f_n(z)-f(z)|<m$ となる．故に Rouché の定理により，$f(z)$ と $f_n(z)$ とは U の中で同數の零點を持つ．$f(z)$ は U の中に k 個零點があるから，$f_n(z)$ も U の中に k 個の零點を持つ．[證明終]

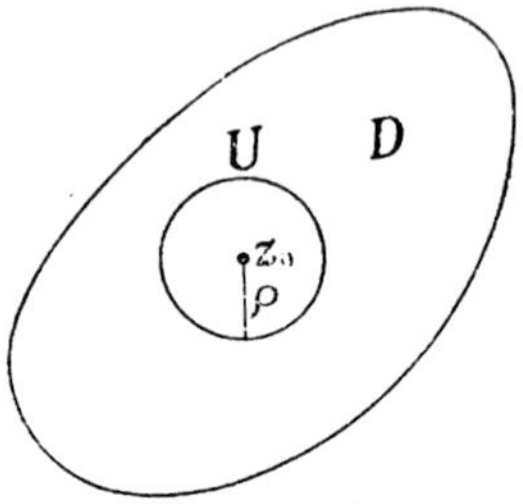

第 98 圖

故に $f_n(z) \to f(z) (\neq 0)$ で，若し $f_n(z) (n=1, 2, \cdots\cdots)$ が D の中に零點を持たなければ，$f(z)$ も D の中に零點を持たない．

注意．故に $f_n(z)$ の零點の D の中にある集積點が $f(z)$ の零點である．

第十二章 無限乘積

1. 無限乘積

$a_n(n=0,1,2\cdots\cdots)$ を複素數とし $1+a_n \neq 0$ とする．數列
$$p_n = (1+a_0)\cdots\cdots(1+a_n) \quad (n=0,1,2\cdots\cdots) \tag{1}$$
を考え，若し p_n が 0 でない有限な値 P に收斂する時，無限乘積
$$P = \prod_{n=0}^{\infty}(1+a_n) \tag{2}$$
は收斂して，その値は P であると定義する．收斂しない時は，發散するという．故に（2）が發散する場合は p_n が振動して一定の極限値に收斂しないか，又は $p_n \to \infty$ であるか，又は $p_n \to 0$ の場合である．無限乘積では $p_n \to 0$ の場合も發散するというので，その理由は次の定理から分る．

若し $1+a_n$ の中に 0 のものがあっても，その個數は有限個で，$1+a_n \neq 0 (n \geq n_0)$ とし $\prod_{n=n_0}^{\infty}(1+a_n)$ が收斂する時は，（2）は收斂して，その値は 0 であると定義する．

$1+a_n$ の中に 0 のものが無限個ある場合は（2）は發散するという．故に**無限乘積が收斂して，その値が 0 の時は，その因數のうちで 0 になるものが有限個ある．**

注意． $a_n \geq 0$ の時は $p_0 \leq p_1 \leq \cdots\cdots \leq p_n$ であるから，$\prod_{n=0}^{\infty}(1+a_n)$ が收斂することと，$p_n \leq K(n=0,1,\cdots\cdots)$（$K=$定數）なることと同値である．$-1 < a_n \leq 0$ の時は $p_0 \geq p_1 \geq \cdots\cdots \geq p_n$ であるから $\lim_{n\to\infty} p_n \geq 0$ は常に存在する．$\prod_{n=0}^{\infty}(1+a_n)$ が收斂する時は $\lim_{n\to\infty} p_n > 0$ である．

定理 XII. 1. $\prod_{n=0}^{\infty}(1+a_n)$ において $1+a_n \neq 0$ $(n=0,1,2,\cdots\cdots)$ とすれば，これが收斂するための必要且十分條件は
$$\sum_{n=0}^{\infty} \log(1+a_n)$$
が收斂することである．

ここに $\log(1+a_n)=\log|1+a_n)|+i\arg(1+a_n)$ において偏角は $-\pi\leqq\arg(1+a_n)<\pi$ によつて一義的に定めるものとす.

證 明. (i) 必要條件. 無限乘積が收斂して, その値を P とすれば,

$$p_n=(1+a_0)\cdots\cdots(1+a_n)\to P(\neq 0)\ (n\to\infty). \qquad (1)$$

今 $P=Re^{i\Theta}$ とし, P は負の實數でないと假定すれば,

$$-\pi<\Theta<\pi$$

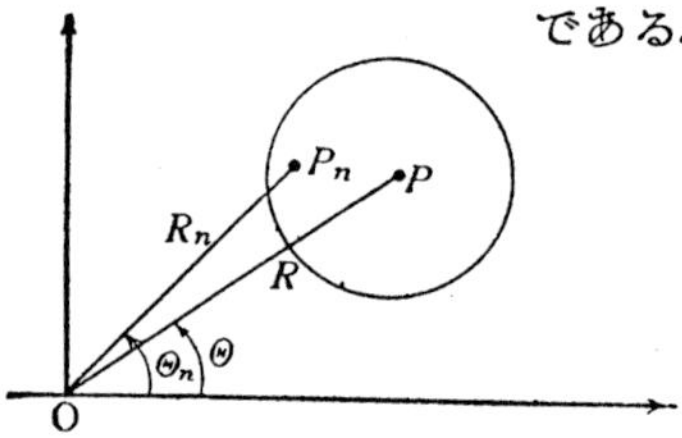

第 99 圖

である.

$$p_n=R_ne^{i\Theta_n}\ (-\pi\leqq\Theta_n<\pi) \qquad (2)$$

と置けば,

$$R_n\to R,\ \Theta_n\to\Theta. \qquad (3)$$

故に

$$\log R_n=\log|1+a_0|+\cdots\cdots+\log|1+a_n|\to\log R$$

となるから,

$$\sum_{n=0}^{\infty}\log|1+a_n|=\log R. \qquad (4)$$

$1+a_n=r_ne^{i\theta_n}$ と置けば, 假定から

$$-\pi\leqq\theta_n<\pi, \qquad (5)$$

故に (2) より

$$\Theta_n=\theta_0+\cdots\cdots+\theta_n+2k\pi \qquad (k\text{ は整數})$$

である. 今 $\theta_0{}^0,\theta_1{}^0,\cdots\cdots,\theta_n{}^0,\cdots\cdots$ を順次

$$\Theta_0=\theta_0{}^0,\ \Theta_1=\theta_0{}^0+\theta_1{}^0,\ \cdots\cdots,\ \Theta_n=\theta_0{}^0+\cdots\cdots+\theta_n{}^0,\ \cdots\cdots \qquad (6)$$

によつて定めれば,

$$\theta_n{}^0=\theta_n+2\pi k'\ (k'\text{ は整數}) \qquad (7)$$

である. (3), (6) より

$$\sum_{n=0}^{\infty}\theta_n{}^0=\lim_{n\to\infty}\Theta_n=\Theta \qquad (8)$$

は收斂する. 故に $\theta_n{}^0\to 0$ であるから, $n\geqq n_0$ なれば

$$-\pi\leqq\theta_n{}^0<\pi \qquad (n\geqq n_0) \qquad (9)$$

となる. 故に (5), (7), (9) より

$$\theta_n^0 = \theta_n \qquad (n \geqq n_0)$$

となるから，$\sum_{n=0}^{\infty} \theta_n$ は收斂する．故に

$$\sum_{n=0}^{\infty} \log|1+a_n| + i\sum_{n=0}^{\infty} \arg(1+a_n) = \sum_{n=0}^{\infty} \log(1+a_n)$$

は收斂する．若し P が負の實數の時は $-P>0$ だから，

$-P=(1+(-2-a_0))\prod_{n=1}^{\infty}(1+a_n)$ を考えればよい．

(ii) 十分條件．$\sum_{n=0}^{\infty} \log(1+a_n)$ が收斂したとし，その和を A とすれば，

$$\log(1+a_0)+\cdots\cdots+\log(1+a_n) \to A,$$

$$\therefore \quad p_n = (1+a_0)\cdots\cdots(1+a_n) \to e^A (\neq 0)$$

となるから，$\prod_{n=0}^{\infty}(1+a_n)$ は收斂する．

定 理 XII. 2. $\prod_{n=0}^{\infty}(1+a_n)$ **が收斂すれば，**

$$a_n \to 0 \qquad (n \to \infty)$$

である．

證 明． $p_n = (1+a_0)\cdots\cdots(1+a_n) \to P \quad (\neq 0),$

$$p_{n-1} = (1+a_0)\cdots\cdots(1+a_{n-1}) \to P,$$

$$\therefore \quad 1+a_n = \frac{p_n}{p_{n-1}} \to 1, \qquad \therefore \quad a_n \to 0.$$

定 理 XII. 3. $\prod_{n=0}^{\infty}(1+a_n)$ **が收斂するための必要且十分條件は，任意の** $\varepsilon>0$ **に對して** n_0 **を定め，**$n \geqq n_0$ **ならば**

$$|(1+a_{n+1})\cdots\cdots(1+a_{n+k})-1| < \varepsilon \quad (n \geqq n_0)$$

となることである．

證 明． (i) 必要條件．$P=\prod_{n=0}^{\infty}(1+a_n)$ が收斂したとすれば，

$$p_n = (1+a_0)\cdots\cdots(1+a_n) = P+\varepsilon_n$$

と置けば，任意の $\delta>0$ に對して，$n \geqq n_0$ ならば，$|\varepsilon_n|<\delta$ となる．今 δ を $|\delta|<\frac{|P|}{2}$，$\frac{4\delta}{|P|}<\varepsilon$ なるようにとれば，$n \geqq n_0$ ならば

$$(1+a_{n+1})\cdots\cdots(1+a_{n+k})=\frac{p_{n+k}}{p_n}=\frac{P+\varepsilon_{n+k}}{P+\varepsilon_n}=1+\frac{\varepsilon_{n+k}-\varepsilon_n}{P+\varepsilon_n},$$

$$\therefore\ |(1+a_{n+1})\cdots\cdots(1+a_{n+k})-1|\leqq\frac{|\varepsilon_{n+k}|+|\varepsilon_n|}{|P|-|\varepsilon_n|}$$

$$<\frac{2\delta}{|P|-\delta}<\frac{2\delta}{|P|-\frac{|P|}{2}}=\frac{4\delta}{|P|}<\varepsilon\qquad(n\geqq n_0).$$

故に條件は滿足される.

(ii) 十分條件. 次に條件が滿足されたとすれば,

$$|(1+a_{n+1})\cdots\cdots(1+a_{n+k})-1|<\varepsilon\qquad(n\geqq n_0).\tag{1}$$

$n=n_0$ として

$$|(1+a_{n_0+1})\cdots\cdots(1+a_{n_0+k})|<1+\varepsilon\qquad(k=1,2\cdots\cdots),$$

故に

$$|p_n|=|(1+a_0)\cdots\cdots(1+a_n)|\leqq K\qquad(n=0,1,2,\cdots\cdots)$$

のような定數 K が存在する.

$$|p_{n+k}-p_n|=|p_n|\cdot|(1+a_{n+1})\cdots\cdots(1+a_{n+k})-1|\leqq$$
$$K|(1+a_{n+1})\cdots\cdots(1+a_{n+k})-1|\leqq K\varepsilon\quad(n\geqq n_0),$$

故に $\lim_{n\to\infty}p_n$ は存在する. 故に (1) で $n=n_0$ とし, $k\to\infty$ とすれば,

$$\left|\prod_{n=n_0+1}^{\infty}(1+a_n)-1\right|\leqq\varepsilon.$$

$0<\varepsilon<1$ にとつて置けば, $\prod_{n=n_0+1}^{\infty}(1+a_n)\neq 0$, 故に $\prod_{n=0}^{\infty}(1+a_n)$ は收斂する.

2. 絕 對 收 斂

定理 XII. 4. $\prod_{n=0}^{\infty}(1+|a_n|)$ **が收斂すれば,** $\prod_{n=0}^{\infty}(1+a_n)$ **は收斂する.**

$\prod_{n=0}^{\infty}(1+|a_n|)$ が收斂する様な $\prod_{n=0}^{\infty}(1+a_n)$ のことを**絕對收斂無限乘積**という.

證明. 前定理から

$$(1+|a_{n+1}|)\cdots\cdots(1+|a_{n+k}|)-1<\varepsilon\,(n\geqq n_0)$$

である.

$$|(1+a)(1+b)-1| = |a+b+ab| \leqq |a|+|b|+|ab|$$
$$= (1+|a|)(1+|b|)-1.$$

一般に

$$|(1+a_1)(1+a_2)\cdots\cdots(1+a_n)-1| \leqq (1+|a_1|)(1+|a_2|)\cdots\cdots(1+|a_n|)-1$$

が成立するから,

$$|(1+a_{n+1})\cdots\cdots(1+a_{n+k})-1| \leqq (1+|a_{n+1}|)\cdots\cdots(1+|a_{n+k}|)-1$$
$$< \varepsilon \qquad (n \geqq n_0).$$

故に前定理より $\prod_{n=0}^{\infty}(1+a_n)$ は收斂する.

定理 XII. 5. (i) $\prod_{n=0}^{\infty}(1+|a_n|)$ **が收斂するための必要且十分條件は, $\sum_{n=0}^{\infty}|a_n|$ が收斂することである. 同様に**

(ii) $\prod_{n=0}^{\infty}(1-|a_n|)(0 \leqq |a_n| < 1)$ **が收斂するための必要且十分條件は, $\sum_{n=0}^{\infty}|a_n|$ が收斂することである.**

證明. $x>0$ に對して $1+x<e^x$ であるから,

$$\sum_{n+1}^{n+k}|a_\nu| < \prod_{n+1}^{n+k}(1+|a_\nu|)-1 < e^{|a_{n+1}|+\cdots\cdots+|a_{n+k}|}-1.$$

故に定理 VI. 4 と定理 XII. 3 から (i) を得.

$1-|a_n|^2=(1+|a_n|)(1-|a_n|)<1$ より

$$\prod_{n=0}^{n}(1+|a_n|)\prod_{n=0}^{n}(1-|a_n|) = \prod_{n=0}^{n}(1-|a_n|^2) \leqq 1.$$

故に $\prod_{n=0}^{\infty}(1-|a_n|)>0$ なれば, $\prod_{n=0}^{\infty}(1+|a_n|)<\infty$. 從つて (i) より

$$\sum_{n=0}^{\infty}|a_n| < \infty.$$

次に $\sum_{n=0}^{\infty}|a_n|=\infty$ とすれば, $1-x<e^{-x}(x>0)$ だから,

$$\prod_{n=0}^{\infty}(1-|a_n|) \leqq e^{-\sum_{n=0}^{\infty}|a_n|} = 0, \quad \therefore \prod_{n=0}^{\infty}(1-|a_n|) = 0$$

となり，　$\prod_{n=0}^{\infty}(1-|a_n|)$ は發散する．

例．定理 VIII. 14 により $f(z)$ を $|z|<1$ で正則で，$|f(z)|\leqq 1$ とし，$f(z_\nu)=0$ $(\nu=1,2,\cdots\cdots,n)$ $(|z_\nu|<1)$ とすれば，

$$|f(z)|\leqq\prod_{\nu=1}^{n}\left|\frac{1-z_\nu}{1-\bar{z}_\nu z}\right|$$

である．若し $f(0)\neq 0$ ならば，$z=0$ として

$$|f(0)|\leqq\prod_{\nu=1}^{n}|z_\nu|.$$

若し $f(z)$ が $|z|<1$ の中に無限個の零點 $\{z_\nu\}$ を持てば，$n\to\infty$ として

$$0<|f(0)|\leqq\prod_{\nu=1}^{\infty}|z_\nu|.$$

故に　$\prod_{\nu=1}^{\infty}|z_\nu|$ は收斂する.*)

若し $f(0)=0$ ならば，$f(z)=z^p F(z)(F(0)\neq 0)$，$F(z)=\dfrac{f(z)}{z^p}$ と置けば，$F(z)$ は $|z|<1$ で正則で，$r<r_1<1$ に對し，

$$\mathop{\mathrm{Max}}_{|z|=r}|F(z)|\leqq\mathop{\mathrm{Max}}_{|z|=r_1}|F(z)|\leqq\frac{1}{r_1{}^p}\to 1\ (r_1\to 1).$$

故に $(z)<1$ で $|F(z)|\leqq 1$ である．$f(z)$ の 0 でない零點 $\{z_\nu\}$ は $F(z)$ の零點であるから，$0<|F(0)|\leqq\prod_{\nu=1}^{\infty}|z_\nu|$．故に一般に $f(z)$ の 0 でない零點を $\{z_\nu\}$ とすれば，$\prod_{n=1}^{\infty}|z_\nu|$ は收斂する．

$\prod_{\nu=1}^{\infty}|z_\nu|=\prod_{\nu=1}^{\infty}(1-(1-|z_\nu|)$ であるから，定理 XII. 5 (ii) により，$\prod_{\nu=1}^{\infty}(1-|z_\nu|)$ は收斂する．故に

Blaschke の定理．　$f(z)$ を $|z|<1$ で正則で $|f(z)|\leqq 1$ とし，$\{z_\nu\}$ をその零點とすれば，

$$\sum_{\nu=1}^{\infty}(1-|z_\nu|)<\infty$$

である．

定 理 XII. 6.　絕對收斂無限乘積はその因數の順序を任意に入れ替えても，その値は變らない．

證 明．　$P=\prod_{n=0}^{\infty}(1+a_n)$ を絕對收斂とすれば，

---

*)　$p_n=|z_1|\cdots\cdots|z_n|$ は $n\to\infty$ の時減少するから，$\lim_{n\to\infty}p_n$ は存在する．

$$\sum_{n=0}^{\infty}|a_n|<\infty \quad (\text{定理 XII. 5(i)}) \tag{1}$$

$$(1+|a_{n+1}|)\cdots\cdots(1+|a_{n+k}|)-1<\varepsilon \qquad (n\geqq n_0). \tag{2}$$

因數の順序を入れ替えて作つた無限乘積を $P'=\prod_{n=0}^{\infty}(1+a'_n)$ とすれば，$\{a_n\}$ と $\{a'_n\}$ とは全體としては同じものである．故に (1) と定理 XII. 5 (i) から $P'=\prod_{n=0}^{\infty}(1+a'_n)$ は絕對收斂することが分る．今

$$p_n=(1+a_0)\cdots\cdots(1+a_n), \qquad p'_m=(1+a'_0)\cdots\cdots(1+a'_m)$$

と置けば，$p_n\to P$，$p'_m\to P'$ であるから，

$$|P-p_n|<\varepsilon, \qquad |P'-p'_m|<\varepsilon \quad (m,\ n\geqq n_0). \tag{3}$$

(2) で $n=n_0$，$k\to\infty$ とすれば，

$$\prod_{n=n_0+1}^{\infty}(1+|a_n|)-1\leqq\varepsilon. \tag{4}$$

$m\geqq n_0$ を十分大にとれば，$a'_0, \cdots\cdots, a'_m$ の中に $a_0, \cdots\cdots, a_{n_0}$ が含まれるから，(4) から

$$\left|\frac{p'_m}{p_{n_0}}-1\right|\leqq\prod_{n=n_0+1}^{\infty}(1+|a_n|)-1\leqq\varepsilon.$$

故に (3) より

$$|p'_m-p_{n_0}|\leqq\varepsilon\,|p_{n_0}|<\varepsilon\,(|P|+\varepsilon).$$

從つて (3) より

$$\begin{aligned}|P-P'|&\leqq|P-p_{n_0}|+|p_{n_0}-p'_m|+|p'_m-P'|\\&<\varepsilon+\varepsilon\,(|P|+\varepsilon)+\varepsilon=\varepsilon\,(2+|P|+\varepsilon).\end{aligned}$$

故に $\varepsilon\to 0$ として $P'=P$ を得．

3. 一 様 收 斂

$f_n(z)$ $(n=0, 1, \cdots\cdots)$ は領域 D で定義された函數とす．正則でなくてもよい．若し任意に與えられた $\varepsilon>0$ に對して n_0 を定めて，$n\geqq n_0$ ならば D の任意の z に對して，

$$|(1+f_{n+1}(z))\cdots\cdots(1+f_{n+k}(z))-1|<\varepsilon \quad (n\geqq n_0)$$

が成立する時，$\prod_{n=0}^{\infty}(1+f_n(z))$ は **D で一樣に收斂する**という．

$\prod_{n=0}^{\infty}(1+f_n(z))$ が D で一様に収斂しなくても，D に含まれる任意の閉領域 $\bar{D}_1$ $(\bar{D}_1\subset D)$ で一様に収斂する時は，D で**廣義の一様に收斂する**という．

定理 XII. 7.　$f_n(z)$ は領域 D で正則とし，若し

$$F(z)=\prod_{n=0}^{\infty}(1+f_n(z))$$

が D で廣義の一様に收斂すれば，$F(z)$ は D で正則である．

證明.　$p_n(z)=(1+f_0(z))\cdots\cdots(1+f_n(z))$ は D で正則である．$\bar{D}_1\subset D$ を D に含まれる任意の閉領域とすれば，$\bar{D}_1$ では一様に收斂するから，$\bar{D}_1$ の任意の z に對して，

$$|(1+f_{n+1}(z))\cdots\cdots(1+f_{n+k}(z))-1|<\varepsilon\quad(n\geqq n_0).\qquad(1)$$

特に $n=n_0$ として，

$$|(1+f_{n_0+1}(z))\cdots\cdots(1+f_{n_0+k}(z))|<1+\varepsilon\quad(k=1,2,\cdots\cdots).\qquad(2)$$

$f_0(z),\cdots\cdots,f_{n_0}(z)$ は $\bar{D}_1$ で正則だから有界であるから，(2) から $\bar{D}_1$ の任意の z に對して

$$|p_n(z)|\leqq K\qquad(n=0,1,\cdots\cdots)\qquad(3)$$

のような定數 K が存在することが分る．故に (1), (3) から

$$|p_{n+k}(z)-p_n(z)|$$
$$=|p_n(z)||(1+f_{n+1}(z))\cdots\cdots(1+f_{n+k}(z))-1|\leqq K\varepsilon\qquad(n\geqq n_0).$$

故に $p_n(z)$ は $\bar{D}_1$ で一様に收斂するから Weierstrass の二重級數定理により，$F(z)=\lim_{n\to\infty}p_n(z)$ は $\bar{D}_1$ で正則である．$\bar{D}_1$ は任意だから，$F(z)$ は D で正則である．

定理 XII. 8.　$f_n(z)$ は領域 D で定義された函數とし，若し D の任意の z に對して

$$|f_n(z)|\leqq M_n\ (\text{定數})$$

で，$\sum_{n=0}^{\infty}M_n$ が收斂すれば，$\prod_{n=0}^{\infty}(1+f_n(z))$ は D で一様に收斂する．

證明.
$$|(1+f_{n+1}(z))\cdots\cdots(1+f_{n+k}(z))-1|$$
$$\leqq(1+|f_{n+1}(z)|)\cdots\cdots(1+|f_{n+k}(z)|)-1$$

$$< e^{|f_{n+1}(z)|+\cdots\cdots+|f_{n+k}(z)|}-1 \leqq e^{M_{n+1}+\cdots\cdots+M_{n+k}}-1.$$

$\sum_{n=0}^{\infty} M_n$ は收斂するから，$M_{n+1}+\cdots\cdots+M_{n+k}<\delta(n \geqq n_0)$，故に δ を十分小にとれば，

$$|(1+f_{n+1}(z))\cdots\cdots(1+f_{n+k}(z))-1| < e^{\delta}-1 < \varepsilon \quad (n \geqq n_0)$$

となるから，$\prod_{n=0}^{\infty}(1+f_n(z))$ は D で一様に收斂する．

例． $f(z)=\prod_{n=1}^{\infty}\left(1+\dfrac{z^2}{n^2}\right)$．$|z| \leqq R$ に對して $\dfrac{|z|^2}{n^2} \leqq \dfrac{R^2}{n^2}$ だから，$M_n=\dfrac{R^2}{n^2}$ とすれば $\sum_{n=0}^{\infty} M_n < \infty$，故に $\prod_{n=1}^{\infty}\left(1+\dfrac{z^2}{n^2}\right)$ は $|z| \leqq R$ で一様に收斂する．ここで R は任意に大でよいから $\prod_{n=1}^{\infty}\left(1+\dfrac{z^2}{n^2}\right)$ は $|z|<\infty$ で廣義の一様に收斂するから，定理 XII. 7 により $f(z)$ は $|z|<\infty$ で正則である．

定理 XII. 9.　**$f_n(z)(n=0, 1, 2, \cdots\cdots)$ は D で正則で，$F(z)=\prod_{n=0}^{\infty}(1+f_n(z))$ は D で廣義の一様に收斂すれば，$F(z)$ は D で正則である．今 D の中にある $F(z)$ の零點を $\{z_\nu\}_{\nu=1,2,\cdots\cdots}$ とし，D から $\{z_\nu\}$ を除いた殘りを D_0 とすれば，D_0 の中で**

$$\frac{F'(z)}{F(z)}=\sum_{n=0}^{\infty}\frac{f'_n(z)}{1+f_n(z)}$$

が成立し，且つこの級數は D_0 で廣義の一樣に收斂する．（對數微分法）

證明． $\bar{D}_1 \subset D$ を D に含まれる任意の閉領域とす．$\bar{D}_1$ の中にある $F(z)$ の零點を $z_1, \cdots, z_N$ とし，$z_i(i=1, \cdots\cdots, N)$ を中心とし半徑 ρ の圓の內部を $\bar{D}_1$ から除いた殘りを $\bar{D}_1(\rho)$ とする．$\bar{D}_1(\rho)$ の中では

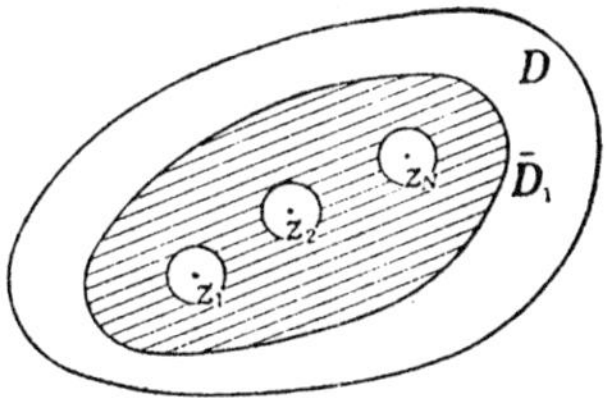

第 100 圖

$$|F(z)| \geqq \eta > 0 \tag{1}$$

のような定數 η が存在する．

$F(z)=\prod_{n=0}^{\infty}(1+f_n(z))$ は收斂するから，§1 で注意したように $F(z)$ の零點は $1+f_n(z)$ のどれかの零點である．故に $\bar{D}_1(\rho)$ の中では $1+f_n(z) \neq 0 (n=0, 1, 2\cdots\cdots)$ である．

$$p_n(z)=(1+f_0(z))\cdots\cdots(1+f_n(z)) \tag{2}$$

は D で正則で，D で廣義の一様に $p_n(z)\to F(z)$ であるから，Weierstrass の二重級数定理で，D で廣義の一様に $p'_n(z)\to F'(z)$ である．從つて $\overline{D}_1$ で一様に

$$p_n(z)\to F(z), \tag{3}$$

$$p_n'(z)\to F'(z) \tag{4}$$

である．故に（1）から $n\geqq n_0$ ならば，$\overline{D}_1(\rho)$ で $|p_n(z)|\geqq\frac{\eta}{2}>0$，從つて (3), (4) から，$\overline{D}_1(\rho)$ で一様に

$$\frac{p'_n(z)}{p_n(z)}\to\frac{F'(z)}{F(z)} \tag{5}$$

である．容易に

$$\frac{p'_n(z)}{p_n(z)}=\frac{f_0'(z)}{1+f_0(z)}+\cdots\cdots+\frac{f_n'(z)}{1+f_n(z)} \tag{6}$$

なることが分るから，(5) より $\overline{D}_1(\rho)$ で一様に

$$\frac{F'(z)}{F(z)}=\sum_{n=0}^{\infty}\frac{f_n'(z)}{1+f_n(z)}. \tag{7}$$

ここで $\overline{D}_1\subset D$ は任意でよいし又 ρ も任意に小でよいから，(7) は D_0 で廣義の一様に收斂する．

第十三章　有理型函數の部分分數展開

1.　Mittag-Leffler の定理

$f(z)$ は $|z|<\infty$ で有理型函數とし，$z=a$ を $f(z)$ の極とすれば，$z=a$ の近傍で

$$f(z)=\sum_{n=0}^{\infty}a_n(z-a)^n+\frac{b_1}{z-a}+\cdots\cdots+\frac{b_k}{(z-a)^k}$$

となる.

$$H\left(\frac{1}{z-a}\right)=\frac{b_1}{z-a}+\cdots\cdots+\frac{b_k}{(z-a)^k}$$

を $f(z)$ の a **における主部**という.

$f(z)-H\left(\frac{1}{z-a}\right)$ は $z=a$ で正則である.

定理 XIII. 1. (Mittag-Leffler).　$\{a_n\}(a_n\to\infty)$ を ∞ に發散する任意の點列とし,

$$H\left(\frac{1}{z-a_n}\right)=\frac{A_1^{(n)}}{z-a_n}+\cdots\cdots+\frac{A_{k_n}^{(n)}}{(z-a_n)^{k_n}}\quad(n=1,\ 2\cdots\cdots)$$

を任意に與える時，$|z|<\infty$ で有理型で，$z=a_n$ における主部が $H\left(\frac{1}{z-a_n}\right)$ であるような函數 $f(z)$ は常に存在する.

證明.　今 $0<|a_1|\leqq|a_2|\leqq\cdots\cdots\leqq|a_n|\to\infty$ と假定する.

$H\left(\frac{1}{z-a_n}\right)$ は $|z|<|a_n|$ で正則だから,

$$H\left(\frac{1}{z-a_n}\right)=c_0^{(n)}+c_1^{(n)}z+\cdots\cdots\quad(|z|<|a_n|)$$

となる．冪級數の一様收斂性から，N を十分大にとり

$$G_n(z)=c_0^{(n)}+c_1^{(n)}z+\cdots\cdots+c_N^{(n)}z^N \tag{1}$$

と置けば，$|z|\leqq\frac{|a_n|}{2}$ で

$$\left|H\left(\frac{1}{z-a_n}\right)-G_n(z)\right|<\frac{1}{2^n}\quad\left(|z|\leqq\frac{|a_n|}{2}\right) \tag{2}$$

となる.

R を任意に大とし，n_0 を十分大にとつて

$$2R\leqq|a_{n_0}|\leqq|a_{n_0+1}|\leqq\cdots\cdots$$

とすれば，$|z| \leqq R$ ならば，$|z| \leqq \frac{|a_{n_0}|}{2}$，$|z| \leqq \frac{|a_{n_0+1}|}{2}$，…… であるから，(2) より $|z| \leqq R$ で

$$\left|H\left(\frac{1}{z-a_n}\right)-G_n(z)\right|<\frac{1}{2^n} \quad (n=n_0,\ n_0+1,\ \cdots\cdots). \qquad (3)$$

$|z| \leqq R$ で (3) が成立するから

$$\varphi(z)=\sum_{n=n_0}^{\infty}\left\{H\left(\frac{1}{z-a_n}\right)-G_n(z)\right\} \qquad (4)$$

は $|z| \leqq R$ で一様に收斂する．

$H\left(\frac{1}{z-a_n}\right)-G_n(z)$ $(n \geqq n_0)$ は $|z| \leqq R$ で正則だから，$\varphi(z)$ は $|z|<R$ で正則である．故に

$$f(z)=\sum_{n=1}^{\infty}\left\{H\left(\frac{1}{z-a_n}\right)-G_n(z)\right\} \qquad (5)$$

と置けば，

$$f(z)=\sum_{n=1}^{n_0-1}\left\{H\left(\frac{1}{z-a_n}\right)-G_n(z)\right\}+\varphi(z)$$

となる．これから明かに $z=a_n$ $(n \leqq n_0-1)$ は $f(z)$ の極で，その主部は $H\left(\frac{1}{z-a_n}\right)$ なることが分る．R は任意に大でよいから，(5) は $|z|<\infty$ で $z=a_n$ 以外の點で收斂し，$H\left(\frac{1}{z-a_n}\right)$ がその主部である．故に $f(z)$ は條件を滿足する $|z|<\infty$ で有理型の函數である．

$a_n \neq 0$ と假定したが，$a_0=0$ ならば，$z=0$ における主部を $H\left(\frac{1}{z}\right)$ とすれば，

$$f(z)=H\left(\frac{1}{z}\right)+\sum_{n=1}^{\infty}\left\{H\left(\frac{1}{z-a_n}\right)-G_n(z)\right\}$$

とすればよい．

定理 XIII. 2.　D を z 平面上の領域とし，$\{a_n\}$ は D の中にある任意の點列で，$\{a_n\}$ の集積點は D の境界 Γ の上にあるものとす．a_n における主部 $H\left(\frac{1}{z-a_n}\right)$ を任意に與える時，D で有理型で $H\left(\frac{1}{z-a_n}\right)$ を主部とするような函數 $f(z)$ は常に存在する．

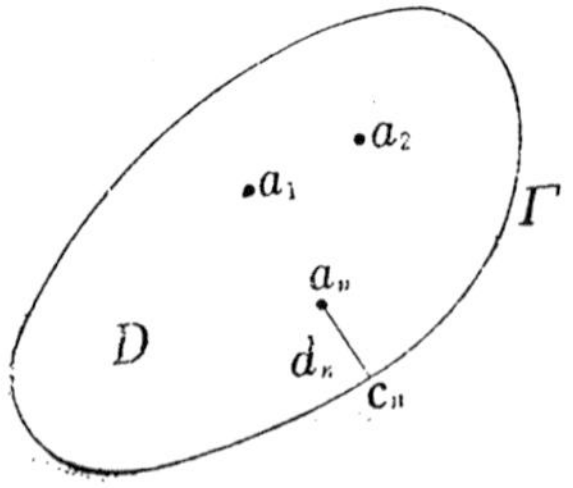

第　101　圖

證　明．　a_n に一番近い境界 Γ 上の點を c_n とし，$d_n=|a_n-c_n|$ と置く．$H\left(\frac{1}{z-a_n}\right)$ は $|z-c_n|>d_n$

で正則で，$z=\infty$ で $H=0$ であるから，$|z-c_n|>d_n$ で

$$H\left(\frac{1}{z-a_n}\right)=\frac{c_{n,1}}{z-c_n}+\frac{c_{n,2}}{(z-c_n)^2}+\cdots\cdots \quad (|z-c_n|>d_n)$$

の如く展開出來るから，N を十分大にとつて

$$G_n(z)=\frac{c_{n,1}}{z-c_n}+\cdots\cdots+\frac{c_{n,N}}{(z-c_n)^N} \tag{1}$$

と置けば，$|z-c_n|\geqq 2d_n$ で

$$\left|H\left(\frac{1}{z-a_n}\right)-G_n(z)\right|<\frac{1}{2^n} \quad (|z-c_n|\geqq 2d_n)$$

となる．これから

$$f(z)=\sum_{n=1}^{\infty}\left\{H\left(\frac{1}{z-a_n}\right)-G_n(z)\right\}$$

を作れば 前定理の證明同様，$f(z)$ は定理の條件を滿足することが分る．

2. Weierstrass の定理

定 理 XIII. 3. (**Weierstrass**). **$\{a_n\}$ ($a_n\to\infty$) を任意に ∞ に發散する點列とし，任意に正整數 k_n を與える時，a_n を k_n 次の零點とするような整函數 $f(z)$ は常に存在する．**

證 明． $H\left(\dfrac{1}{z-a_n}\right)=\dfrac{k_n}{z-a_n}$ を主部とするような $|z|<\infty$ で有理型函數を Mittag-Leffler の定理によつて作り，これを $\varphi(z)$ とする．$a_n\neq 0$ ($n=1,2\cdots\cdots$) とすれば，

$$\varphi(z)=\sum_{n=1}^{\infty}\left\{\frac{k_n}{z-a_n}-G_n(z)\right\}.$$

ここに $G_n(z)$ は z の多項式であるから，

$$\int_0^z\varphi(z)dz=\sum_{n=1}^{\infty}\left\{k_n\log\left(1-\frac{z}{a_n}\right)-H_n(z)\right\}$$

において $H_n(z)$ は多項式である．故に

$$f(z)=e^{\int_0^z\varphi(z)dz}=\prod_{n=1}^{\infty}\left(1-\frac{z}{a_n}\right)^{k_n}e^{-H_n(z)}$$

は求むる整函數である．

若し $a_0=0$ で，$z=0$ が ν 次の零點ならば，

$$f(z) = z^{\nu} \prod_{n=1}^{\infty} \left(1 - \frac{z}{a_n}\right)^{k_n} e^{-H_n(z)}$$

とすればよい.

定理 XIII. 4. D **を** z **平面上の領域とし,** $\{a_n\}$ **は** D **の中にある任意の點列で,** $\{a_n\}$ **の集積點は** D **の境界** Γ **上にあるものとする.** k_n **を任意の正整數とすれば** D **で正則で,** a_n **を** k_n **次の零點とするような函數** $f(z)$ **は常に存在する.**

證明. $H\left(\dfrac{1}{z-a_n}\right) = \dfrac{k_n}{z-a_n}$ を主部に持つような D で有理型函數を定理 XIII. 2 によつて作り, $\varphi(z)$ とする:

$$\varphi(z) = \sum_{n=1}^{\infty} \left\{ H\left(\frac{1}{z-a_n}\right) - G_n(z) \right\}.$$

ここに

$$H\left(\frac{1}{z-a_n}\right) = \frac{k_n}{z-a_n} = \frac{c_{n,1}}{z-c_n} + \frac{c_{n,2}}{(z-c_n)^2} + \cdots\cdots,$$

$$G_n(z) = \frac{c_{n,1}}{z-c_n} + \cdots\cdots + \frac{c_{n,N}}{(z-c_n)^N}.$$

$$\frac{k_n}{z-a_n} = \frac{k_n}{z-c_n-(a_n-c_n)} = \frac{k_n}{z-c_n}\left(1 + \frac{a_n-c_n}{z-c_n} + \frac{(a_n-c_n)^2}{(z-c_n)^2} + \cdots\cdots\right)$$

$$= \frac{k_n}{z-c_n} + \frac{k_n(a_n-c_n)}{(z-c_n)^2} + \cdots\cdots$$

であるから,

$$G_n(z) = \frac{k_n}{z-c_n} + \frac{k_n(a_n-c_n)}{(z-c_n)^2} + \cdots\cdots + \frac{k_n(a_n-c_n)^{N-1}}{(z-c_n)^N}$$

$$= \frac{k_n}{z-c_n} + H_n(z)$$

と置く. 故に

$$\varphi(z) = \sum_{n=1}^{\infty} \left\{ k_n\left(\frac{1}{z-a_n} - \frac{1}{z-c_n}\right) - H_n(z) \right\}.$$

z_0 を D の點とし,

$$\int_{z_0}^{z} \varphi(z)dz = \sum_{n=1}^{\infty} \left\{ k_n \log\left(\frac{z-a_n}{z_0-a_n} \cdot \frac{z_0-c_n}{z-c_n}\right) - g_n\left(\frac{1}{z-c_n}\right) \right\}.$$

但し

$$g_n\left(\frac{1}{z-c_n}\right) = \int_{z_0}^{z} H_n(z)dz$$

は $\dfrac{1}{z-c_n}$ の多項式である．故に

$$f(z)=e^{\int_{z_0}^{z}\varphi(z)dz}=\prod_{n=1}^{\infty}\left(\frac{z-a_n}{z_0-a_n}\cdot\frac{z_0-c_n}{z-c_n}\right)^{k_n}e^{-g_n\left(\frac{1}{z-c_n}\right)}$$

と置けば，c_n は D の境界上の點だから，D の點 z に對して $z\neq c_n$ であるから，$f(z)$ は與えられた條件を滿足する．

問． $0<|a_1|\leqq|a_n|\leqq\cdots\cdots\leqq|a_n|\to\infty$ なる任意の點列 $\{a_n\}$ 及び任意の値 $\{b_n\}$ を與える時，$f(a_n)=b_n$ $(n=1,2,\cdots\cdots)$ を滿足する整函數 $f(z)$ は存在することを證明せよ．

3.　有理型函數の部分分數展開

定理 XIII. 5.　$f(z)$ は $|z|<\infty$ で有理型函數とし，その極 a_n は皆一次の極で，その主部を $\dfrac{b_n}{z-a_n}$ とする．$f(z)$ は $z=0$ で正則とす．

原點を內部に含み且つ次の條件 (i)，(ii)，(iii) を滿足する長さの有限な Jordan 曲線 C_n $(n=1, 2, \cdots\cdots)$ が存在するものとする．卽ち $f(z)$ は C_n の上で正則で，C_n は C_{n+1} の內部に含まれ，原點から C_n までの最短距離を R_n とし，L_n を C_n の長さとすれば，

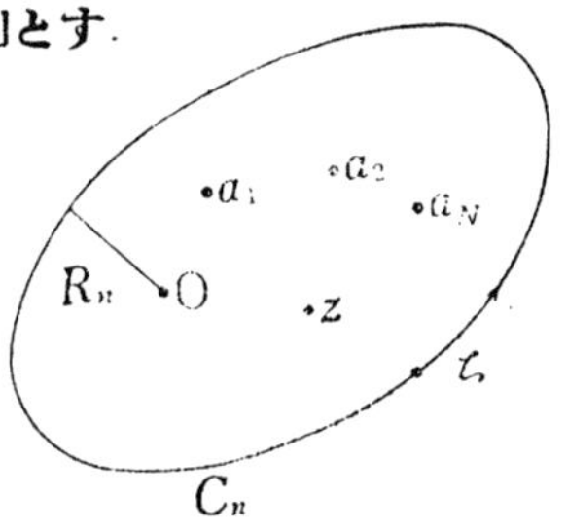

第 102 圖

(i)　$R_n\to\infty$ $(n\to\infty)$，

(ii)　$L_n\leqq KR_n$ $(n=1, 2, \cdots\cdots)$ $(K=$ 定數$)$，

(iii)　$\dfrac{\underset{C_n}{\mathrm{Max}}|f(z)|}{R_n}\to 0$ $(n\to\infty)$．

若しこの條件を滿足する C_n が存在すれば，$f(z)$ は

$$f(z)=f(0)+\sum_{n=1}^{\infty}b_n\left(\frac{1}{z-a_n}+\frac{1}{a_n}\right)$$

の如く部分分數に展開出來る．

證明．　C_n の內部にある極を a_1，$\cdots\cdots$，a_N とする．z を C_n の內部の點とし，

$$I=\frac{1}{2\pi i}\int_{C_n}\frac{f(\zeta)}{\zeta(\zeta-z)}d\zeta \tag{1}$$

を考えれば，C_n の内部にある $\dfrac{f(\zeta)}{\zeta(\zeta-z)}$ の極は a_k ($k=1,\ \cdots\cdots\ N$)，$\zeta=0$, $\zeta=z$ で，その留数は夫々 $\dfrac{b_k}{a_k(a_k-z)}$, $\dfrac{f(0)}{-z}$, $\dfrac{f(z)}{z}$ であるから，留数の原理から，

$$I=-\frac{f(0)}{z}+\frac{f(z)}{z}+\sum_{k=1}^{N}\frac{b_k}{a_k(a_k-z)} \tag{2}$$

である．条件 (i), (ii), (iii) から

$$|I|\leqq\frac{1}{2\pi}\int_{C_n}\frac{|f(\zeta)|}{|\zeta|(|\zeta|-|z|)}|d\zeta|$$
$$\leqq\frac{\underset{C_n}{\operatorname{Max}}|f(\zeta)|\cdot L_n}{2\pi R_n(R_n-|z|)}\to 0 \quad (n\to\infty).$$

故に $n\to\infty$ とすれば，(2) で $N\to\infty$ となるから，(2) より

$$f(z)=f(0)+\sum_{k=1}^{\infty}\frac{b_k z}{a_k(a_k-z)}$$
$$=f(0)+\sum_{k=1}^{\infty}b_k\left(\frac{1}{z-a_k}+\frac{1}{a_k}\right).$$

4. cot z の展開

前定理の應用として

$$\cot z=\frac{1}{z}+\sum_{n=-\infty}^{\infty}{}'\left(\frac{1}{z-n\pi}+\frac{1}{n\pi}\right)^{*)}$$
$$=\frac{1}{z}+\sum_{n=1}^{\infty}\frac{2z}{z^2-n^2\pi^2}$$

を證明しよう．

證 明.　$f(z)=\cot z-\dfrac{1}{z}$ と置けば，

$$f(z)=\frac{z\cos z-\sin z}{z\sin z}=\frac{z\left(1-\dfrac{z^2}{2!}+\cdots\cdots\right)-\left(z-\dfrac{z^3}{3!}+\cdots\cdots\right)}{z\left(z-\dfrac{z^3}{3!}+\cdots\cdots\right)}$$

$$=-\frac{z}{3}+\cdots\cdots$$

であるから，$f(z)$ は $z=0$ で正則で，$f(0)=0$ である．$f(z)$ の極は $z=n\pi$

*) $\sum'$ は $n=0$ は省く意．

$(n=\pm 1, \pm 2, \cdots\cdots)$ で $\lim_{z \to n\pi} f(z)(z-n\pi)=1$ であるから，$z=n\pi$ における $f(z)$ の主部は $\dfrac{1}{z-n\pi}$ である．

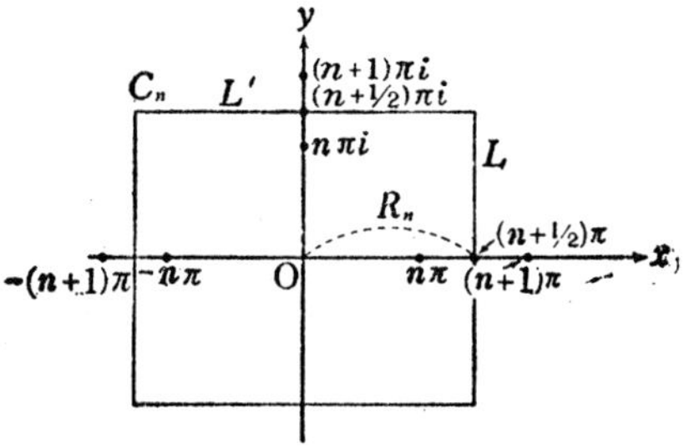

第 103 圖

今原點を中心とし，$z=\left(n+\dfrac{1}{2}\right)\pi$ $(n=1, 2, \cdots\cdots)$ を通る正方形を C_n とすれば，原點から C_n までの最短距離は $R_n=\left(n+\dfrac{1}{2}\right)\pi$ で，C_n の長さは $L_n=8R_n$ であるから，前定理の條件 (i)，(ii) は滿足される．次に條件 (iii) が滿足されることを證明しよう．

z が $\Re z=\left(n+\dfrac{1}{2}\right)\pi$ なる直線 L の上にある場合と，$\Im z=\left(n+\dfrac{1}{2}\right)\pi$ なる直線 L' の上にある場合を調べれば直線 $\Re z=-\left(n+\dfrac{1}{2}\right)\pi$，$\Im z=-\left(n+\dfrac{1}{2}\right)\pi$ の上にある場合も同様に證明出來る．

今 $z=\left(n+\dfrac{1}{2}\right)\pi+iy$ が直線 L の上にあれば，

$$|\cot z|=\left|\frac{e^{iz}+e^{-iz}}{e^{iz}-e^{-iz}}\right|$$

$$=\left|\frac{e^{i\left(n+\frac{1}{2}\right)\pi-y}+e^{-i\left(n+\frac{1}{2}\right)\pi+y}}{e^{i\left(n+\frac{1}{2}\right)\pi-y}-e^{-i\left(n+\frac{1}{2}\right)\pi+y}}\right|$$

$$=\left|\frac{e^{-y}+e^{-i(2n+1)\pi+y}}{e^{-y}-e^{-i(2n+1)\pi+y}}\right|=\left|\frac{e^{y}-e^{-y}}{e^{y}+e^{-y}}\right|\leqq 1. \tag{1}$$

$z=x+i\left(n+\dfrac{1}{2}\right)\pi$ が直線 L' の上にあれば，

$$\left|\frac{e^{iz}+e^{-iz}}{e^{iz}-e^{-iz}}\right|=\left|\frac{e^{-\left(n+\frac{1}{2}\right)\pi+ix}+e^{\left(n+\frac{1}{2}\right)\pi-ix}}{e^{-\left(n+\frac{1}{2}\right)\pi+ix}-e^{\left(n+\frac{1}{2}\right)\pi-ix}}\right|$$

$$\leqq\frac{e^{\left(n+\frac{1}{2}\right)\pi}+e^{-\left(n+\frac{1}{2}\right)\pi}}{e^{\left(n+\frac{1}{2}\right)\pi}-e^{-\left(n+\frac{1}{2}\right)\pi}}\leqq K \quad (n=1, 2, \cdots\cdots) \tag{2}$$

のような定數 K が存在する．

$n\to\infty$ の時，$\left|\dfrac{1}{z}\right|\to 0$ であるから，(1)，(2) より，C_n の上で $|f(z)|\leqq K$ のよ

うな定數 K が存在することが分るから條件 (iii) は滿足される. C_n の中にある極は $k\pi$ ($k=\pm 1, \cdots\cdots, \pm n$) であるから, 前定理により

$$\cot z - \frac{1}{z} = f(z) = f(0) + \lim_{n\to\infty} \sum_{k=-n}^{n}{}' \left(\frac{1}{z-k\pi} + \frac{1}{k\pi} \right)$$

$$= \sum_{n=-\infty}^{\infty}{}' \left(\frac{1}{z-n\pi} + \frac{1}{n\pi} \right) \qquad (\because\ f(0)=0).$$

故に

$$\cot z = \frac{1}{z} + \sum_{n=-\infty}^{\infty}{}' \left(\frac{1}{z-n\pi} + \frac{1}{n\pi} \right)$$

$$= \frac{1}{z} + \sum_{n=1}^{\infty} \left(\frac{1}{z-n\pi} + \frac{1}{n\pi} \right) + \sum_{n=1}^{\infty} \left(\frac{1}{z+n\pi} - \frac{1}{n\pi} \right)$$

$$= \frac{1}{z} + \sum_{n=1}^{\infty} \left(\frac{1}{z-n\pi} + \frac{1}{n\pi} + \frac{1}{z+n\pi} - \frac{1}{n\pi} \right)$$

$$= \frac{1}{z} + 2z \sum_{n=1}^{\infty} \frac{1}{z^2-n^2\pi^2}.$$

級數は $z=n\pi$ ($n=\pm 1, \pm 2, \cdots\cdots$) を除いた z 平面で廣義の一樣收斂することは容易に分る.

問. 同樣の方法で次の展開式を證明せよ.

$$\operatorname{cosec} z = \frac{1}{z} + \sum_{n=-\infty}^{\infty}{}' (-1)^n \left(\frac{1}{z-n\pi} + \frac{1}{n\pi} \right)$$

$$= \frac{1}{z} + 2z \sum_{n=1}^{\infty} \frac{(-1)^n}{z^2-n^2\pi^2},$$

$$\sec z = 2\pi \sum_{n=0}^{\infty} \frac{(-1)^{n-1}\left(n+\frac{1}{2}\right)}{z^2-\left(n+\frac{1}{2}\right)^2\pi^2},$$

$$\tan z = 2z \sum_{n=0}^{\infty} \frac{1}{\left(n+\frac{1}{2}\right)^2\pi^2-z^2}.$$

5. sin z, cos z の無限乘積

$$\sin z = z\prod_{n=1}^{\infty}\left(1-\frac{z^2}{n^2\pi^2}\right) \quad (|z|<\infty),$$

$$\cos z = \prod_{n=1}^{\infty}\left(1 - \frac{4z^2}{(2n-1)^2\pi^2}\right) \quad (|z| < \infty).$$

證 明.

$$\int_0^z \left(\cot z - \frac{1}{z}\right) = \Big[\log\sin z - \log z\Big]_0^z$$

$$= \left[\log\frac{\sin z}{z}\right]_0^z = \log\frac{\sin z}{z},$$

$$\therefore \quad \frac{\sin z}{z} = e^{\int_0^z \left(\cot z - \frac{1}{z}\right)dz} \tag{1}$$

$$\int_0^z \left(\cot z - \frac{1}{z}\right)dz = \int_0^z \left(\sum_{n=-\infty}^{\infty}{}' \left(\frac{1}{z-n\pi} + \frac{1}{n\pi}\right)\right)dz$$

$$= \sum_{n=-\infty}^{\infty}{}' \left(\log\left(1 - \frac{z}{n\pi}\right) + \frac{z}{n\pi}\right).$$

故に (1) より

$$\sin z = z\prod_{n=-\infty}^{\infty}{}'\left(1 - \frac{z}{n\pi}\right)e^{\frac{z}{n\pi}} = z\prod_{n=1}^{\infty}\left(1 - \frac{z^2}{n^2\pi^2}\right). \tag{2}$$

$$\cos z = \frac{\sin 2z}{2\sin z} = \frac{2z\prod_{m=1}^{\infty}\left(1 - \frac{4z^2}{m^2\pi^2}\right)}{2z\prod_{n=1}^{\infty}\left(1 - \frac{z^2}{n^2\pi^2}\right)} = \frac{\prod_{m=1}^{\infty}\left(1 - \frac{4z^2}{m^2\pi^2}\right)}{\prod_{n=1}^{\infty}\left(1 - \frac{z^2}{n^2\pi^2}\right)}$$

m を奇數 $2n-1$ と偶數 $2n$ に分ければ,

$$\prod_{m=1}^{\infty}\left(1 - \frac{4z^2}{m^2\pi^2}\right) = \prod_{n=1}^{\infty}\left(1 - \frac{4z^2}{(2n-1)_2\pi^2}\right)\prod_{n=1}^{\infty}\left(1 - \frac{z^2}{n^2\pi^2}\right),$$

故に

$$\cos z = \prod_{n=1}^{\infty}\left(1 - \frac{z^2}{(2n-1)^2\pi^2}\right). \tag{3}$$

183 頁例より (2), (3) の無限乗積は $|z| < \infty$ で廣義の一様に收斂する.

6. Bernoulli 數

$z=0$ の近傍で

$$\frac{z}{e^z-1}=1-\frac{z}{2}+\sum_{n=1}^{\infty}(-1)^{n-1}\frac{B_n}{(2n)!}z^{2n} \tag{1}$$

と置き，B_n を **Bernoulli** 数という．

$$B_1=\frac{1}{6},\quad B_2=\frac{1}{30},\quad B_3=\frac{1}{42},\quad B_4=\frac{1}{30},\quad B_5=\frac{1}{66},\quad \cdots\cdots$$

$$\frac{z}{e^z-1}+\frac{z}{2}=\frac{z}{2}\cdot\frac{e^z+1}{e^z-1}=\frac{z}{2}\cdot\frac{e^{\frac{z}{2}}+e^{-\frac{z}{2}}}{e^{\frac{z}{2}}-e^{-\frac{z}{2}}}.$$

故に $\frac{z}{2}=x$ と置けば，

$$x\frac{e^x+e^{-x}}{e^x-e^{-x}}=1+\sum_{n=1}^{\infty}(-1)^{n-1}\frac{B_n}{(2n)!}(2x)^{2n}.$$

$x=iz$ と置けば，

$$z\cot z=iz\frac{e^{iz}+e^{-iz}}{e^{iz}-e^{-iz}}=1+\sum_{n=1}^{\infty}(-1)^{n-1}\frac{B_n}{(2n)!}(2iz)^{2n}$$

$$=1-\sum_{n=1}^{\infty}\frac{B_n}{(2n)!}(2z)^{2n}. \tag{2}$$

然るに

$$z\cot z=1+\sum_{n=1}^{\infty}\frac{2z^2}{z^2-n^2\pi^2}=1-\sum_{n=0}^{\infty}\frac{2z^2}{n^2\pi^2-z^2}$$

であるから，

$$\sum_{n=1}^{\infty}\frac{2z^2}{n^2\pi^2-z^2}=\sum_{k=1}^{\infty}\frac{2^{2k}B_k}{(2k)!}z^{2k}. \tag{3}$$

$$\frac{2z^2}{n^2\pi^2-z^2}=\frac{2z^2}{n^2\pi^2}\left(1+\frac{z^2}{n^2\pi^2}+\cdots\cdots+\left(\frac{z^2}{n^2\pi^2}\right)^{k-1}+\cdots\cdots\right)$$

$$=\sum_{k=1}^{\infty}\frac{2z^{2k}}{n^{2k}\pi^{2k}}. \tag{4}$$

(3), (4) より z^{2k} の係数を比較すれば，

$$\frac{2}{\pi^{2k}}\sum_{n=1}^{\infty}\frac{1}{n^{2k}}=\frac{2^{2k}B_k}{(2k)!}.$$

故に

$$\sum_{n=1}^{\infty}\frac{1}{n^{2k}}=\frac{\pi^{2k}2^{2k-1}}{(2k)!}B_k. \tag{5}$$

特に $k=1$ として,

$$\sum_{n=1}^{\infty} \frac{1}{n^2} = \frac{\pi^2 \cdot 2}{2!} B_1 = \frac{\pi^2}{6}. \tag{6}$$

問.

$$1 - \frac{1}{2^2} + \frac{1}{3^2} - \frac{1}{4^2} + \cdots\cdots = \frac{\pi^2}{12}$$

$$1 + \frac{1}{3^2} + \frac{1}{5^2} + \frac{1}{7^2} + \cdots\cdots = \frac{\pi^2}{8}$$

を證明せよ.

第十四章　解　析　接　續

1. 解析接續

二つの領域 D_1, D_2 が一つの領域 D_0 を共有するものとする．$f_1(z)$ は D_1 で正則で，$f_2(z)$ は D_2 で正則とし，D_0 で $f_1(z)=f_2(z)$ とする時，$f_2(z)$ は $f_1(z)$ を D_2 へ**解析的に接續**したものといい，同様に $f_1(z)$ は $f_2(z)$ を D_1 に解析接續したものという．D_1 で $F(z)=f_1(z)$, D_2 で $F(z)=f_2(z)$ と置けば，$F(z)$ は D_1+D_2 で正則である．**このような解析接續は一意的に定まる**．即ち $f_2(z)$, $f_3(z)$ は $f_1(z)$ を D_2 へ解析的に接續したものとすれば，D_2 で $f_2(z)\equiv f_3(z)$ である．何となれば，$F(z)=f_2(z)-f_3(z)$ と置けば，$F(z)$ は D_2 で正則で，D_0 で $f_2(z)=f_3(z)=f_1(z)$ であるから，D_2 の一部 D_0 で $F(z)=0$ である．故に一致の定理（定理 VII. 14）により D_2 で $F(z)=0$, 即ち D_2 で $f_2(z)=f_3(z)$ である．

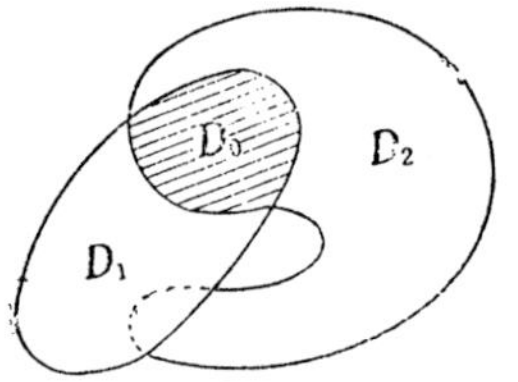

第 104 圖

今 a を中心とする冪級數

$$f(z)=P(z-a)=\sum_{n=0}^{\infty}a_n(z-a)^n \qquad (1)$$

を考え，その收斂半徑を R_a, 收斂圓を K_a とする．K_a の中に一點 b をとり，b を中心として K_a に接する圓を Γ とすれば，Γ の内部は

$$|z-b|<R_a-|a-b| \qquad (2)$$

で與えられる．

$f(z)$ は K_a の内部，從つて Γ の内部で正則だから，Γ の内部で $f(z)$ は $z-b$ の冪級數

$$f(z)=P(z-b)=\sum_{n=0}^{\infty}b_n(z-b)^n \qquad (3)$$

に展開出來る．

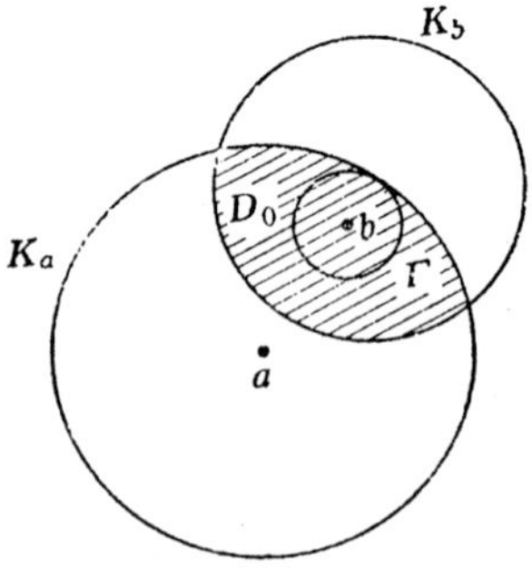

第 105 圖

今 (3) の收斂半徑を R_b, 收斂圓を K_b とすれ

ば, Γ の内部は K_b の中に含まれるから, (2) より

$$R_a - |a-b| \leqq R_b, \qquad R_a - R_b \leqq |a-b|.$$

a と b とを取り替えて考えれば, $R_b - R_a \leqq |a-b|$ を得るから

$$|R_a - R_b| \leqq |a-b|. \tag{4}$$

故に **R_a は a の連續函數である.**

若し K_b が K_a の外にはみ出たとし, K_a の内部と K_b の内部の共通部分を D_0 とすれば, $P(z-a)$ も $P(z-b)$ も D_0 で正則で, Γ の内部では $P(z-a)=P(z-b)$ であるから, 一致の定理により, D_0 の中でも $P(z-a)=P(z-b)$ である. 故に D_0 の任意の z に對しては $f(z)$ の値は羃級數 (1) で求めても, (3) で求めても同じ値になる.

故に **$P(z-b)$ は $P(z-a)$ を K_b の中に解析的に接續したものである.**

次に K_b の中に點 c をとり, 同様に考えれば, もし c を中心とする羃級數の收斂圓 K_c が K_b の外にはみ出せば, 更に $f(z)$ を K_c の中に解析接續し, 以下同様にして最初の羃級數 (1) からあらゆる方法で解析接續をなせば, その時の收斂圓の内部は一つの連續した一般に無限葉からなる表面 F になる. この表面を **Riemann** 面という. この Riemann を作る時, 次の注意を要する. 今 K_a の内部の二點 a_1, b_1 から

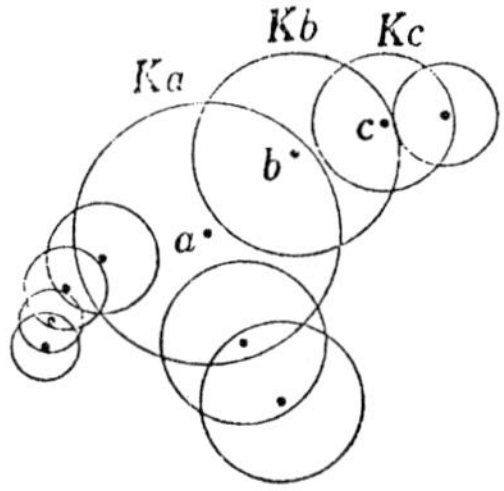

第 106 圖

出發して, 上に説明したように相重なり合う收斂圓の系列

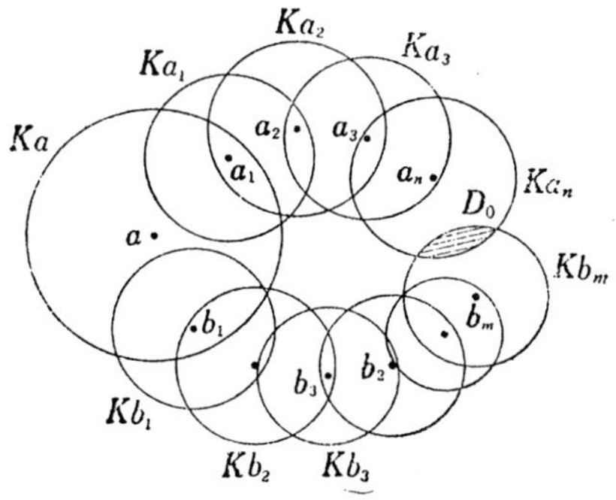

第 107 圖

$$K_{a_1},\ K_{a_2},\ \cdots\cdots$$
$$K_{b_1},\ K_{b_2},\ \cdots\cdots$$

が得られたとし, 例えば K_{a_n} と K_{b_m} とが領域 D_0 で重なり合つたとする. 若し D_0 の中で $P(z-a_n)\equiv P(z-b_m)$ ならば K_{a_n} と K_{b_m} とを D_0 で接合する.

若し D_0 で $P(z-a_n) \neq P(z-b_m)$ ならば，K_{a_n} と K_{b_m} とは接合せずに，離れ離れとして，Riemann 面の別の葉の上にあるものとする．このように Riemann 面 F を作れば，F の上で一つの正則な函數 $f(z)$ が定義出來る．これを一つの函數とみて，**Riemann 面 F の上で定義された解析函數**という．c を F の任意の點とすれば，$f(z)$ は c を中心とする一つの圓の中で $z-c$ の冪級數 $P(z-c)$ で表わされる．これを $f(z)$ の**函數要素**という．

以上の如く一つの冪級數 $P(z-a)$ から出發してあらゆる方法で解析接續を行い，一つの Riemann 面の上で解析函數を定義するのが **Weierstrass の方法**である．

$f(z)$ を定義するのに，$P(z-a)$ から出發しないで，その任意の函數要素 $P(z-c)$ から出發しても，同じ $f(z)$ が定義出來ることは容易分る．故に

解析函數はその一つの函數要素が與えられれば，それによつて一義的に決定するのである．

a, b を與えられた二點とし，a, b を曲線 C で連結する．$P(z-a)$ の收斂圓 K_a の中にあり且つ C の上にある一點 a_1 を中心として $P(z-a)$ を冪級數に展開したものを $P(z-a_1)$，その收斂圓を K_{a_1} とす．同樣に K_{a_1} の中にあり且つ C の上にある一點 a_2 に對して同樣に $P(z-a_2)$ を作り，その收斂圓を K_{a_2} とし以下同樣に C の上に中心を持つた冪級數によつて解析接續をつづけて行くことを**曲線 C の上の解析接續**という．

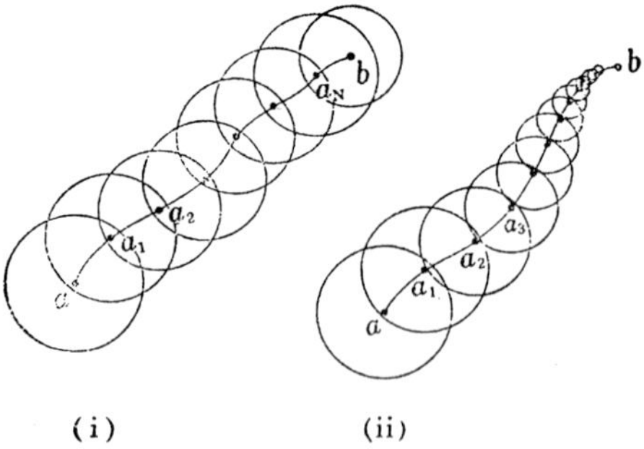

第 108 圖

若しこの時 (i) 圖のように有限回の後 b が $P(z-a_N)$ の收斂圓の中に入れば，b は $P(z-a)$ によつて定義された解析函數 $f(z)$ の正則點であるが，(ii) 圖のように a_n が b に近づくに從つて $P(z-a_n)$ の收斂半徑は 0 に收斂して，b が收斂圓の中に入らぬ時は b は $f(z)$ の特異點である．b が $f(z)$ の正則點であるか又は特異點であるかは曲線 C に依存するので，第 109 圖の樣に

或る曲線 C に沿つて解析接續した時，b は正則點となり，他の曲線 C' に沿つて解析接續すれば，b は特異點となることがある．つまり Riemann 面上で考えれば，C の上から近づいた點 b と，C' の上から近づいた點 b とは Riemann 面の上ではちがう點である．

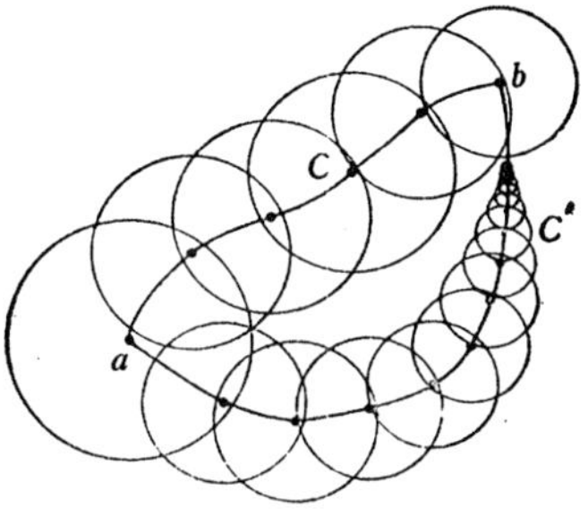

第 109 圖

今 b は正則點とし，C の上に中心のある收斂圓の列 $K_a, K_{a_1}, \cdots\cdots, K_{a_N}$ があつて，相隣れる二つの $K_{a_i}, K_{a_{i+1}}$ は重なり合い，b は K_{a_N} の內部に入つたとする．$K_a, K_{a_1}, \cdots\cdots, K_{a_N}$ の內部を $\Delta_a, \Delta_{a_1}, \cdots\cdots, \Delta_{a_N}$ とすれば，$\Delta_a+\Delta_{a_1}+\cdots\cdots+\Delta_{a_N}$ は一つの連結した領域 Δ になり，その中で一つの正則函數 $f(z)$ が定義される．この Δ の中に C に十分近く曲線 C' をとり，C' に沿つて解析接續すれば，b はやはり正則點となり，C の上の解析接續によつても，C' の上の解析接續によつても，b の近傍では同じ正則函數が得られる．

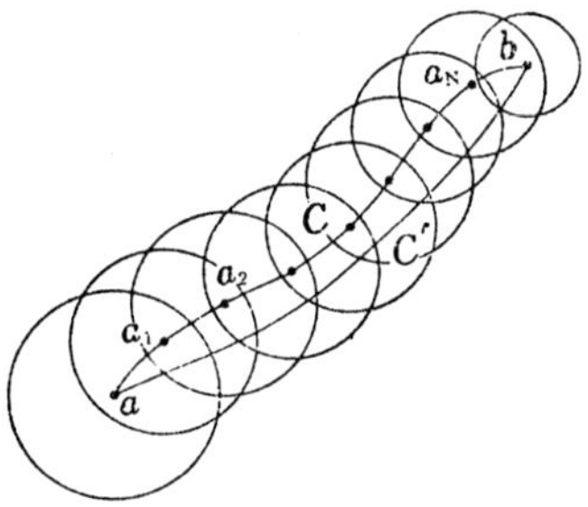

第 110 圖

2. Poincaré-Volterra の定理

さて b の近傍における解析函數の値は a と b とを結ぶ曲線 C に依存するから，C を種々にとれば b の近傍で有限又は無限個の正則函數が得られる．然し無限個あつても，それは可附番個である．即ち

定理 XIV. 1. (**Poincaré-Volterra**). **解析函數 $f(z)$ の一點 b に於ける値の個數は高々可附番個である．**

故に $f(z)$ の **Riemann 面の葉數は高々可附番個である．**

證明． a と b とを曲線 C で結び，C の上で解析接續した時，b が正則點になつたとすれば，前節の終りに說明したように，その中心は C の上になくとも，C に

十分近い曲線 C' の上にあるとしても $f(b)$ の値は同じであるから，中心は有理點[*] であるとしてよい．今その中心の有理點を $\zeta_1, \zeta_2, \cdots\cdots, \zeta_n$ とし，b は $P(z-\zeta_n)$ の收斂圓の中に入るとする．

ここで n を固定し，$\zeta_1, \cdots\cdots, \zeta_n$ にすべての有理點を入れてみると，有理點の集合は可附番集合だから，$(\zeta_1, \cdots\cdots, \zeta_n)$ の組合せ全體の集合 M_n は可附番集合である．(定理 I. 4)．$n=1,2,\cdots\cdots$ とすれば，$\sum_{n=1}^{\infty} M_n$ は可附番集合である．(定理 I. 3)

故に n を任意とし，$\zeta_1, \cdots\cdots, \zeta_n$ は任意の有理點とした時，$(\zeta_1, \cdots\cdots, \zeta_n)$ の組合せ全體の集合も可附番集合である．故に $f(b)$ の値は高々可附番個しかない．

3. 一價性の定理

定理 XIV. 2.（一價性の定理）． 領域 D を單一連結とし，a を D の一點とす．$P(z-a)$ から出發して D の中にある任意の曲線 C に沿つて解析接續する時，決して特異點に出遇わなければ，解析接續によつて D で一價な正則函數が得られる．

證明.[**] 先ず D に含まれる任意の三角形 Δ の周を一周しても，$f(z)$ は値を變えないことを證明しよう．假りに $f(z)$ の値が變つたとし，Δ の邊の中點によつて，Δ を四個の三角形 $\Delta^{(1)}, \Delta^{(2)}, \Delta^{(3)}, \Delta^{(4)}$ に分ければ，若し $\Delta^{(i)}$ $(i=1, \cdots\cdots, 4)$ の周を一周しても，$f(z)$ の値が變らなければ，Δ の周を一周しても $f(z)$ の値が變らないことが容易に判るから，$\Delta^{(i)}$ のどれか一つの周を一周すれば，$f(z)$ は値を變ずる．今これを Δ_1 とし，Δ_1 について同樣に考えれば，三角形 $\Delta \supset \Delta_1 \supset \cdots\cdots \supset \Delta_n \supset \cdots\cdots$ が存在して，Δ_n の周を一周すれば $f(z)$ は値を變ずる．

D は單一連結だから，Δ_n はD に屬するから，$n \to \infty$ の時 Δ_n は D の點 z_0 に收斂する．z_0 の近傍では $f(z)$ は $z-z_0$ の冪級數 $P(z-z_0)$ で表わされる．その收斂圓を K とすれば，n が十分大なれば，Δ_n は K の中に入る．K の中では $f(z)$ は一價であるから，Δ_n の周を一周してもその値は變らないから不合理である．故に D の中にある任意の三角形 Δ の周を一周しても $f(z)$ の値は變らない．π

---

*) $z=x+iy$ において，x, y が共に有理數の時，z を有理點という．

**) ここのところの證明は Cauchy の基本定理の證明を參照せよ．

を D の中にある凸多角形とすれば，その一つの頂點を通る直線によつて，これを三角形に分ければ，上のことから，π の周を一周しても $f(z)$ の値は變らない．若し π が自分自身を截らぬ多角形の時は，これを凸多角形に分けて考えれば，π の周を一周しても $f(z)$ の値は變らない．又若し π が自分自身を截る多角形ならば，これを自分自身を截らない多角形に分けて考えれば，π の上を一周しても $f(z)$ の値は變らないことが分ことが分る．次に C を D の中にある任意の閉曲線とすれば，C の上に十分密に點をとつて，C に内接する多角形 π を作れば，$f(z)$ を C の上で解析接續しても，π の上で解析接續しても終點では $f(z)$ の同じ値になる．π を一周しても $f(z)$ の値は變らないから，從つて C の上を一周しても $f(z)$ の値は變らない．故に $f(z)$ は D で一價である．

注意．若し D が單一連結でなければ，定理の條件が滿足されても，$f(z)$ は必らずしも一價でない．例えば D を $0<|z|<R$ とし，$f(z)=\sqrt{z}$ 又は $f(z)=\log z$ を考えれば明らかである．

4. Painlevé の定理

定理 XIV. 3. (Painlevé)．二つの領域 D_1，D_2 が共通の境界である曲線 C によつて互に連結されているとし，C は連續的に變化する接線を持つものとする*)．$f_1(z)$ は D_1 の内部で正則で，閉領域 $\overline{D}_1$ で連續，$f_2(z)$ は D_2 の内部で正則で，閉領域 $\overline{D}_2$ で連續とし，C の上で $f_1(z)=f_2(z)$ とする．今 $F(z)$ を D_1 の中で $F(z)=f_1(z)$，D_2 の中で $F(z)=f_2(z)$，C の上で $F(z)=f_1(z)=f_2(z)$ と置けば，$F(z)$ は $D=D_1+D_2+C$ で正則である．

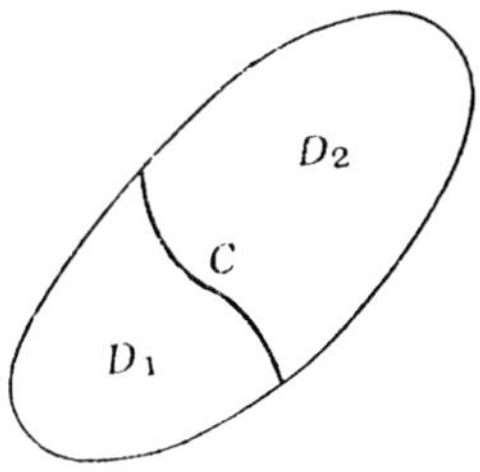

第 111 圖

故に $f_2(z)$ は $f_1(z)$ を D_2 の中に解析的に接續したものである．解析接續の定義の時は，D_1 と D_2 とは一つの領域 D_0 で重なり合つたものとしたが，上の條件が滿足されれば，D_1 と D_2 とは曲線によつて境していてもよいのである．

證明．$F(z)$ は D で連續なることは明かである．故に D の中にある任意の

*) 一般に C は長さの有限な Jordan 弧ならばよいことが證明出來る．

閉曲線 Γ について

$$\int_{\Gamma} F(z)dz=0 \tag{1}$$

を證明すれば Morera の定理によつて，$F(z)$ は D で正則である．Γ が D_1 又は D_2 の中に含まれる場合は，$F(z)$ は夫々 $f_1(z)$, $f_2(z)$ に等しいから，Cauchy の基本定理によつて (1) は成立する．故に Γ が C と交る場合を考える．Γ が C と二點 A, B で交つたとし，D_1, D_2 の中に A の近くに夫々點 A_1, A_2, B の近くに B_1, B_2 をとり，A_1, B_1 を D_1 の中の曲線 l_1 で結び，A_2, B_2 を D_2 の中で曲線 l_2 で結び，l_1, l_2 の正の方向を圖のように定める．

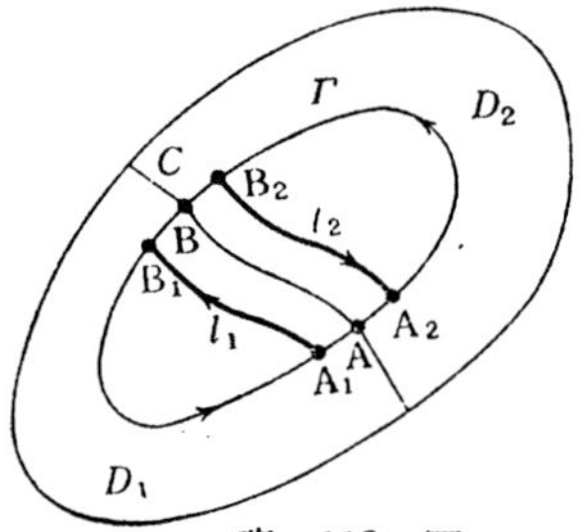

第 112 圖

B_1 から正の方向に Γ の上を動いて，A_1 迄の Γ の部分を Γ_1 とし，A_2 から B_2 までの部分を Γ_2 とすれば，Γ_1+l_1 は D_1 の中の閉曲線で，Γ_2+l_2 は D_2 の中の閉曲線であるから，Cauchy の基本定理により

$$\int_{\Gamma_1+l_1} F(z)dz=\int_{\Gamma_1+l_1} f_1(z)dz=0,$$

$$\int_{\Gamma_2+l_2} F(z)dz=\int_{\Gamma_2+l_2} f_2(z)dz=0.$$

故に

$$\int_{\Gamma_1+\Gamma_2} F(z)dz+\int_{l_1} F(z)dz+\int_{l_2} F(z)dz=0. \tag{2}$$

今 $A_1\to A$, $A_2\to A$, $B_1\to B$, $B_2\to B$ とし，l_1, l_2 は夫々弧 $\widehat{AB}$ に收斂するようにとれば，C の接線の連續性と $f_1(z)$, $f_2(z)$ の C の上の連續性から，

$$\int_{l_1} F(z)dz\to\int_{\widehat{AB}} F(z)dz, \qquad \int_{l_2} F(z)dz\to\int_{\widehat{BA}} F(z)dz,$$

$$\int_{\Gamma_1+\Gamma_2} F(z)dz\to\int_{\Gamma} F(z)dz$$

となるから，(2) より

$$\int_{\Gamma} F(z)dz+\int_{\widehat{AB}} F(z)dz+\int_{\widehat{BA}} F(z)dz=0,$$

即ち

$$\int_{\Gamma} F(z)dz=0.$$

故に Morera の定理で $F(z)$ は D で正則である.

定理 XIV. 4. 領域 D は z 平面の上半面にあり, 實軸の一部 AB をその境界に含むものとす. $f(z)$ は D で正則で, 閉領域 $\overline{D}$ で連續とし, AB の上で $f(z)$ は實數値をとるものとす. D の實軸に關する鏡像を D_1 とす. 故に z を D_1 の點とすれば, $\bar{z}$ は D の點である. 今

$$f_1(z) = \overline{f(\bar{z})} \quad (z \in D_1)$$

によつて, $f_1(z)$ を D_1 で定義し, D で $F(z)=f(z)$, D_1 で $F(z)=f_1(z)$, AB の上で $F(z)=f(z)=f_1(z)$ と置けば, $F(z)$ は $\Delta=D+D_1+AB$ で正則である.

故に $f(z)$ は AB を越えて, D_1 に解析接續が出來る.

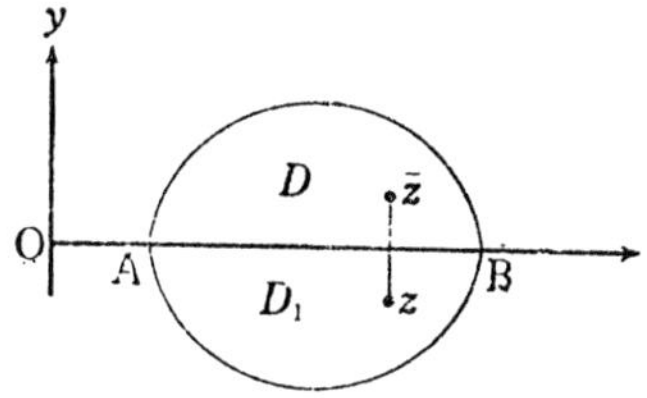

第 113 圖

證明. AB の上では $f(z)$ の値は實數で, $z=\bar{z}$ であるから, AB の上で $f_1(z)=f(z)$ である.

先ず $f_1(z)$ は D_1 で正則なることを證明しよう.

$z=x+iy$ を D_1 の點とすれば, $\bar{z}=x-iy$ は D の點である. D で

$$f(z) = u(x, y) + iv(x, y) \qquad (z = x + iy)$$

と置けば, D_1 の點 $z=x+iy$ に對して

$$f_1(z) = \bar{f}(\bar{z}) = u(x, -y) - iv(x, -y),$$

故に

$$u_1(x, y) = u(x, -y), \qquad v_1(x, y) = -v(x, -y) \tag{1}$$

と置けば,

$$f_1(z) = u_1(x, y) + iv_1(x, y) \quad (z \in D_1). \tag{2}$$

$f(z)$ は D で正則だから, Cauchy-Riemann の微分方程式から

$$\frac{\partial u(x, -y)}{\partial x} = \frac{\partial v(x, -y)}{\partial(-y)}, \qquad \frac{\partial u(x, -y)}{\partial(-y)} = -\frac{\partial v(x, -y)}{\partial x},$$

即ち

$$\frac{\partial u(x, -y)}{\partial x} = -\frac{\partial v(x, -y)}{\partial y}, \qquad \frac{\partial u(x, -y)}{\partial y} = \frac{\partial v(x, -y)}{\partial x},$$

故に (1) より

$$\frac{\partial u_1(x,y)}{\partial x}=\frac{\partial v_1(x,y)}{\partial y},\qquad \frac{\partial u_1(x,y)}{\partial y}=-\frac{\partial v_1(x,y)}{\partial x}$$

となるから $f_1(z)$ は D_1 で正則である.

AB の上では $f(z)=f_1(z)$ であるから，Painlevé の定理により $F(z)$ は Δ で正則である.

注 意. 上の證明から次のことが分る.

$f(z)$ が $|z|<1$ で正則ならば，$\overline{f(\bar{z})}$ は $|z|<1$ で正則である.

このことはよく使われる.

5. 任意の領域を存在領域とする解析函數の存在

領域 D の中に一つの正則な函數 $f(z)$ が存在して，D の境界 Γ のすべての點が $f(z)$ の特異點である時，D を $f(z)$ の**存在領域**といい，Γ を $f(z)$ の**自然境界**という．$f(z)$ は D の外には解析接續することは出來ない.

定 理 XIV. 5.　任意に與えられた領域 D を存在領域とするような解析函數は常に存在する.

證 明*). z_0 を D の點とし，$w=\dfrac{1}{z-z_0}$ なる變換によつて，D はいつでも ∞ を含む領域にすることが出來るから，D は ∞ を含むと假定すれば，D の境界 Γ は有界な閉集合である．D の中の有理點の集合は可附番集合だから，これを $z_1, z_2, \cdots\cdots, z_n, \cdots\cdots$ とする.

z_n を中心して Γ に接する圓を C_n とし，その接點の一つを ζ_n とする.

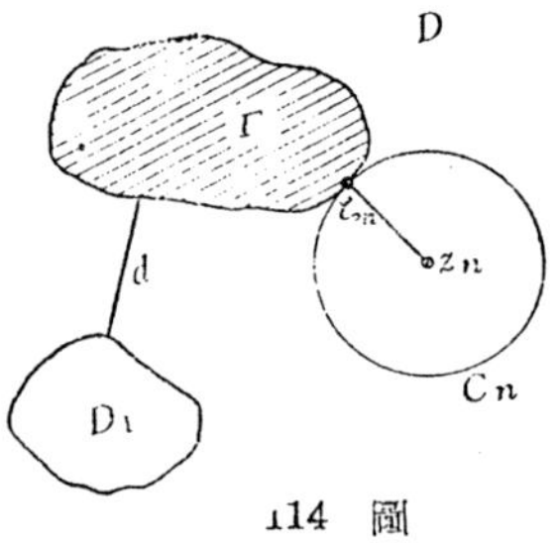

114 圖

今 $\sum_{n=1}^{\infty} a_n<\infty$ なる正數 $a_n>0$ を選び，

$$f(z)=\sum_{n=1}^{\infty}\frac{a_n}{z-\zeta_n}\tag{1}$$

を作れば，$f(z)$ が求むる函數であることを證明しよう．先ず $f(z)$ は D で正則である．何となれば，D_1 を D に含まれる任意の閉領域とし，Γ と D_1 との最短距離を $d>0$ とすれば，z が D_1 の中にあれば，

*) Besse: Comm. Math. Helveti 10 による.

$$|z-\zeta_n| \geqq d > 0 \qquad (n=1,2\cdots\cdots)$$

である．故に

$$\left|\frac{a_n}{z-\zeta_n}\right| \leqq \frac{a_n}{d}, \qquad \sum_{n=1}^{\infty}\frac{a_n}{d} < \infty$$

であるから，Weierstrass の判定法により (1) は D_1 の中で一様に收斂する．$\dfrac{a_n}{z-\zeta_n}$ は D_1 で正則だから，Weierstrass の二重級數定理により，$f(z)$ は D_1 で正則である．D_1 は任意でよいから $f(z)$ は D で正則である．

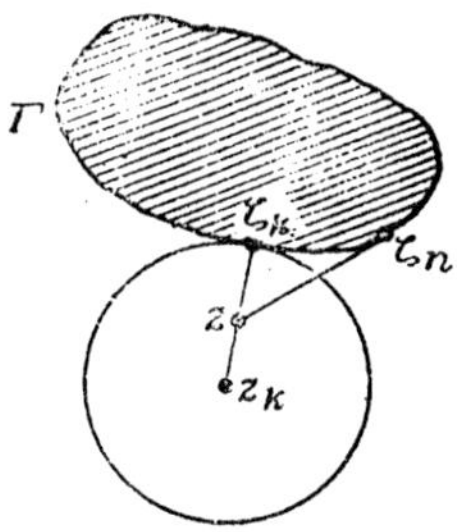

第 115 圖

この時 z が直線 $\overline{z_k\zeta_k}$ の上から ζ_k に近づけば，

$$f(z) \to \infty \tag{2}$$

なることを證明しよう．

先ず z が直線 $\overline{z_k\zeta_k}$ の上にあれば，

$$|z-\zeta_k| < |z-\zeta_n| \quad (n \neq k) \tag{3}$$

である．今 N を $N>k$ で且つ

$$\sum_{n=N+1}^{\infty} a_n < \frac{a_k}{2} \tag{4}$$

なるように選べば，

$$f(z) = \sum_{n=1}^{\infty}\frac{a_n}{z-\zeta_n} = \frac{a_k}{z-\zeta_k} + \sum_{\substack{n=1\\(n\neq k)}}^{N}\frac{a_n}{z-\zeta_n} + \sum_{n=N+1}^{\infty}\frac{a_n}{z-\zeta_n}. \tag{5}$$

第二項は $z\to\zeta_k$ の時有界であるから，その絶對値は定數 B を超えない．

故に (3)，(4) より

$$|f(z)| \geqq \frac{a_k}{|z-\zeta_k|} - B - \sum_{n=N+1}^{\infty}\frac{a_n}{|z-\zeta_n|} \geqq \frac{a_k}{|z-\zeta_k|} - B - \sum_{n=N+1}^{\infty}\frac{a_n}{|z-\zeta_k|}$$

$$\geqq \frac{a_k}{|z-\zeta_k|} - B - \frac{1}{|z-\zeta_k|}\frac{a_k}{2} = \frac{a_k}{2|z-\zeta_k|} - B.$$

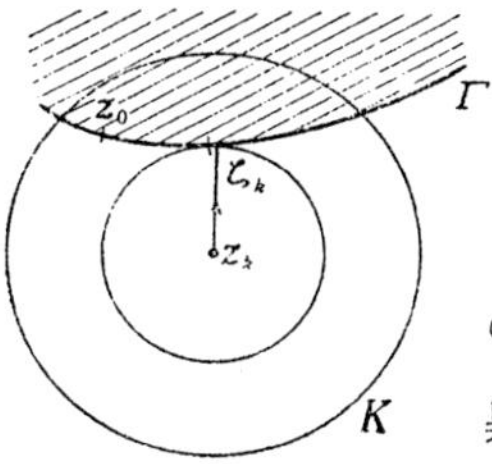

第 116 圖

故に $\overline{z_k\zeta_k}$ の上から $z\to\zeta_k$ の時，$f(z)\to\infty$ である．このことから D の境界 Γ 上のすべての點は $f(z)$ の特異點なることが分る．假りに Γ 上の一點 z_0 で $f(z)$ が正則であるとすれば，有理點 z_k を適當に選べば，z_0 は

z_k を中心とする收斂圓 K の中に入る．然し z が $\overline{z_k\zeta_k}$ の上から ζ_k に近づけば，$f(z)\to\infty$ であるから不合理である．

故に Γ 上のすべての點は $f(z)$ の特異點である．

6. 收斂圓上の特異點

定理 XIV. 6. $f(z)=\sum_{n=0}^{\infty}a_n(z-a)^n$ **の收斂圓を** Γ **とすれば．**Γ **の上には少くとも一つ** $f(z)$ **の特異點がある．**

證明． 若し $f(z)$ が Γ のすべての點で正則ならば，$f(z)$ は Γ を含む一つの領域 D で正則である．a を中心とし D の境界に接する圓を K とすれば，K の半徑 R_1 は Γ の半徑 R より大である．$f(z)$ は K の中で正則だから，K の中で

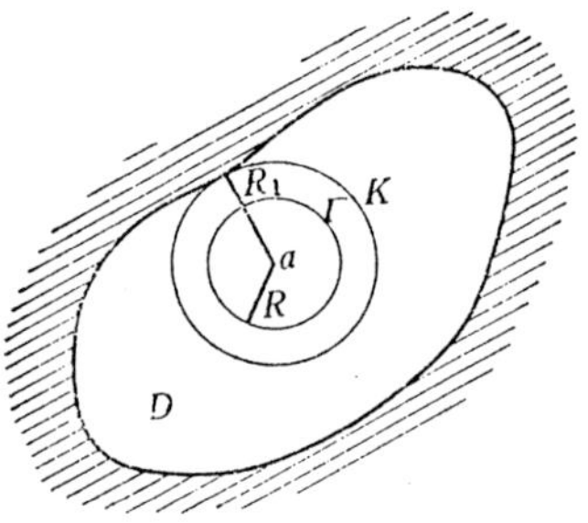

第 117 圖

$$f(z)=\sum_{n=0}^{\infty}b_n(z-a)^n$$

で表わされる．然るに

$$a_n=\frac{f^{(n)}(a)}{n!},\qquad b_n=\frac{f^{(n)}(a)}{n!}$$

であるから，$a_n=b_n$ $(n=0,\ 1,\ 2,\ \cdots\cdots)$，故に $\sum_{n=0}^{\infty}a_n(z-a)^n$ は K の中で收斂することになり Γ が收斂圓なる假定に反する．

故に Γ の上には $f(z)$ の特異點が少くとも一つある．

故に a に一番近い $f(z)$ の特異點までの距離が $\sum_{n=0}^{\infty}a_n(z-a)^n$ の收斂半徑である．

7. 羃級數の超收斂

$f(z)=\sum_{n=0}^{\infty}a_nz^n$ の收斂半徑を 1 とすれば，函數列

$$s_n(z)=a_0+a_1z+\cdots\cdots+a_nz^n\qquad(n=0,1,2,\cdots\cdots)$$

は $|z|>1$ では收斂しない．然し $n=1,2,\cdots\cdots$ としないで，飛び飛びに

$$s_{n_1}(z),\ s_{n_2}(z),\ \cdots\cdots,\ s_{n_k}(z),\ \cdots\cdots$$

をとれば，場合によつては $|z|>1$ で收斂することがある．この現象を**超收斂**という．

定理 XIV. 7. (Ostrowski). $f(z)=\sum_{n=0}^{\infty} a_n z^n$ **の收斂半徑を 1 とする. a_n の中に引續いて 0 となる所が無限個所あり，これを**

$$\cdots\cdots + a_{m_k} z^{m_k} + 0 + \cdots\cdots + 0 + a_{n_k} z^{n_k} + \cdots\cdots$$

$$(a_{m_k} \neq 0,\ a_{n_k} \neq 0,\ k=1,2,\cdots\cdots)$$

とし，且つ $$\frac{n_k}{m_k} > \lambda > 1 \qquad (k = 1,2,\cdots\cdots)$$

なる k に依存しない定數 λ が存在するとする. その時 $|z|=1$ 上の $f(z)$ の任意の正則點を z_0 とすれば

$$s_{m_1}(z),\ s_{m_2}(z),\ \cdots\cdots,\ s_{m_k}(z),\ \cdots\cdots$$

は z_0 の適當な近傍 U の中で一様に收斂する.

U は收斂圓の外にはみ出るが，その中でも一様に收斂するのである.

證 明. z 平面を回轉すればよいから $z_0=1$ と假定し $f(z)$ は $z=1$ で正則であるとする. p を正整數とし

$$z = \frac{1}{2}\xi^p(\xi+1) \tag{1}$$

なる變換を行う.

$\xi=0$, $\xi=1$ に對して，$z=0$, $z=1$ である.

$|\xi|\leqq 1$ なれば，

$$|z| \leqq \frac{1}{2}|\xi+1|$$

$$\leqq \frac{1}{2}(|\xi|+1) \leqq 1. \tag{2}$$

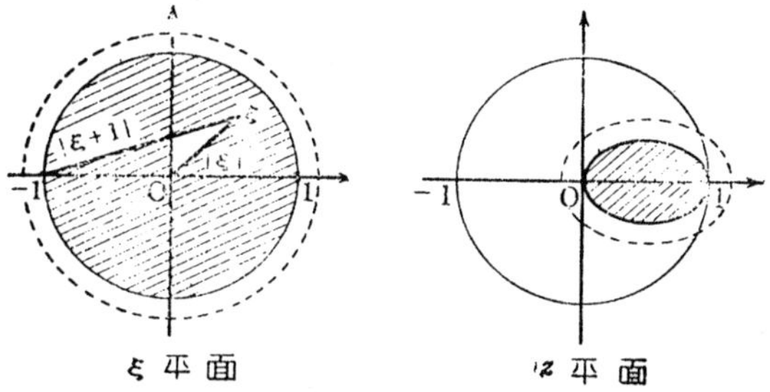

第 118 圖

$|z|\leqq\frac{1}{2}|\xi+1|$ より分るように，$|\xi|\leqq 1$ の寫像は $|z|\leqq 1$ の中に含まれ，$z=1$ のところで $|z|=1$ に内接する (圖で斜線の部分). 故に $\varepsilon>0$ を十分小にとれば，$|\xi|\leqq 1+\varepsilon$ の寫像は圖で點線で示したように $z=1$ のところで少しく $|z|=1$ の外にはみ出るが，$f(z)$ は $z=1$ で正則だから，そのはみ出た部分で $f(z)$ は正則であるように出來る. 故に

$$f(z) = f\left(\frac{1}{2}\xi^p(\xi+1)\right) = F(\xi)$$

と置けば，$F(\xi)$ は $|\xi|\leqq 1+\varepsilon$ で正則であるから，$|\xi|\leqq 1+\varepsilon$ で收斂する冪級數 $\sum_{n=0}^{\infty} A_n\xi^n$ に展開出來る．A_n は Weierstrass の二重級數定理により $\sum_{n=0}^{\infty} a_n z^n$ において，z の代りに $z=\frac{1}{2}\xi^p(\xi+1)$ と置き，ξ の同じ冪のものを集めればよい．

$$f(z)=\sum_{n=0}^{\infty} a_n z^n=\cdots\cdots+a_{m_k}z^{m_k}+0+\cdots\cdots+0+a_{n_k}z^{n_k}+\cdots\cdots$$

であるから，

$$\left.\begin{aligned}F(\xi)=\cdots\cdots+a_{m_k}\left(\frac{1}{2}\xi^p(\xi+1)\right)^{m_k}+0+\cdots\cdots+0\\ +a_{n_k}\left(\frac{1}{2}\xi^p(\xi+1)\right)^{n_k}+\cdots\cdots=\sum_{n=0}^{\infty} A_n\xi^n.\end{aligned}\right\} \qquad (3)$$

$$\sigma_n(\xi)=A_0+A_1\xi+\cdots\cdots+A_n\xi^n$$

と置けば，$|\xi|\leqq 1+\varepsilon$ で一様に

$$\sigma_n(\xi)\to F(\xi)=f(z) \qquad (4)$$

である．

$$\sigma_{m_k(p+1)}(\xi)=\cdots\cdots+\frac{a_{m_k}}{2^{m_k}}\xi^{n_k(p+1)}$$

で，$a_{n_k}\left(\frac{1}{2}\xi^p(\xi+1)\right)^{n_k}+\cdots\cdots$ の各項の次數は $\geqq n_k p$ であるから，若し

$$m_k(p+1)<n_k p, \qquad \text{即ち} \qquad p>\frac{1}{\dfrac{n_k}{m_k}-1} \qquad (5)$$

ならば，

$$s_{m_k}(z)=\sigma_{m_k(p+1)}(\xi) \qquad (6)$$

となる．假定により $\frac{n_k}{m_k}>\lambda>1$ であるから，正整數 p を $p>\frac{1}{\lambda-1}$ なるよう選んでおけば，

$$p>\frac{1}{\lambda-1}>\frac{1}{\dfrac{n_k}{m_k}-1}$$

が滿足されるから (6) が成立する．(4) より $|\xi|\leqq 1+\varepsilon$ で一様に $s_{m_k(p+1)}(\xi)\to F(\xi)$ であるから，從つて $z=1$ の近傍の中で一様に $s_{m_k}(z)\to f(z)$ である．

注意． 若し $\frac{n_k}{m_k}\to\infty$ $(k\to\infty)$ ならば，$f(z)$ が正則なる領域で一様に $s_{m_k}(z)\to f(z)$ なることが證明出來る．

定理 XIV. 8. (Hadamard の間隙定理). $f(z)=\sum_{\nu=1}^{\infty} a_\nu z^{n_\nu}$ **の收斂半徑を 1 とし,**

$$\frac{n_{\nu+1}}{n_\nu} > \lambda > 1 \qquad (\nu = 1, 2, \cdots\cdots)$$

なる定數 λ が存在すれば, 圓 $|z|=1$ は $f(z)$ の自然境界である.

證明. $f(z)=a_1 z^{n_1}+0+\cdots\cdots+0+a_2 z^{n_2}+0+\cdots\cdots$ であるから, その部分和 $s_n(z)$ は

$$\left.\begin{array}{ll} s_n(z) = 0 & (0 \leqq n < n_1) \\ s_n(z) = s_{n_1}(z) & (n_1 \leqq n < n_2) \\ s_n(z) = s_{n_2}(z) & (n_2 \leqq n < n_3) \\ \cdots\cdots\cdots\cdots & \end{array}\right\} \qquad (1)$$

である.

若し $|z|=1$ の上に正則點 z_0 があれば, 前定理で z_0 の適當な近傍 U の中で

$$s_{n_1}(z),\ s_{n_2}(z),\ \cdots\cdots,\ s_{n_k}(z),\ \cdots\cdots \qquad (2)$$

は一様に收斂する. 故に (1) によつて $s_n(z)$ $(n=1,2\cdots\cdots)$ は U の中で一様に收斂するから, $s_n(z)$ $(n=1,2,\cdots\cdots)$ は收斂圓の外で收斂することとなり不合理である. 故に $|z|=1$ 上のすべての點は特異點で, $|z|=1$ は $f(z)$ の自然境界である.

注意. **若し $\frac{n_\nu}{\nu}\to\infty$ $(\nu\to\infty)$ ならば, $|z|=1$ は $f(z)$ の自然境界である**ことが證明される **(Fabry の間隙定理)**

これは Hadamard の定理を含むことは容易に分る.

8. 函數方程式の不變性

定理 XIV. 9. **$G(w_1, \cdots\cdots, w_n)$ は $w_1, \cdots\cdots, w_n$ の多項式で, その係數は定數とする. $w_i=f_i(z)$ $(i=1,2,\cdots\cdots,n)$ は領域 D で正則とし, 若し D に含まれる部分領域 D_0 又は一つの曲線 C の上で函數關係**

$$G(f_1(z), \cdots\cdots, f_n(z)) = 0$$

が成立すれば, 同じ關係式が D の中で成立する.

證 明. $F(z)=G(f_1(z), \cdots\cdots, f_n(z))$ は D の中で正則で，D_0 又は $\boldsymbol{C}$ の上で $F(z)=0$ であるから，定理 VII. 13 により D で $F(z)=0$ である.

注 意. 故に或る函數關係式が一つの領域 D_0 又は曲線 C の上で滿足されたらば，これをどこ迄解析接續しても常に同じ關係式が成立するのである.

例えば $\sin z$, $\cos z$ は $|z|<\infty$ で正則で，z が實數の時（即ち實軸の上で）$\sin 2x=2\sin x\cos x$ が成立するから，任意の複素數 z に對して $\sin 2z=2\sin z\cos z$ が成立する.

このように例えば z の實數値のみに制限して一つの函數方程式が求まつたとすれば，この函數方程式は z が任意の複素數の時でも成立するのである.

第十五章　特殊函數

1. Γ-函數

$$\Gamma(z)=\int_0^\infty e^{-t}t^{z-1}dt \qquad (z=\sigma+it,\ \Re z=\sigma>0) \tag{1}$$

によつて定義された函數を Γ-函數という.

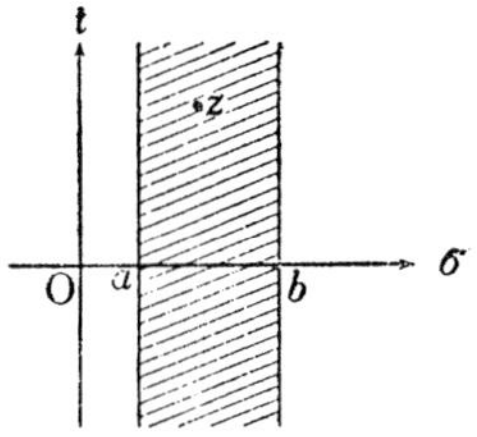

第 119 圖

$0<a<b$ なる a, b をとり, $0<a\leqq\sigma\leqq b$ なる帯狀領域で一様に (1) の積分が收斂することを證明しよう.

$$\int_0^\infty e^{-t}t^{z-1}dt = \int_0^1 e^{-t}t^{z-1}dt+\int_1^\infty e^{-t}t^{z-1}dt \tag{2}$$

とおき, その一様收斂性を別々に考える.

T, $T'\to 0$ の時,

$$\left|\int_T^{T'} e^{-t}t^{z-1}dt\right| \leqq \int_T^{T'} e^{-t}t^{\sigma-1}dt \leqq \int_T^{T'} e^{-t}t^{a-1}dt.$$

$\int_0^1 e^{-t}t^{a-1}dt$ は收斂するから, T, T' が δ より小ならば,

$$\int_T^{T'} e^{-t}t^{a-1}dt<\varepsilon$$

となるから, $a\leqq\sigma\leqq b$ に對して T, $T'<\delta$ ならば,

$$\left|\int_T^{T'} e^{-t}t^{z-1}dt\right|<\varepsilon \qquad (a\leqq\sigma\leqq b). \tag{3}$$

故に $\int_0^1 e^{-t}t^{z-1}dt$ は $a\leqq\sigma\leqq b$ で一様に收斂する.

次に $T, T'\to\infty$ の時は,

$$\left|\int_T^{T'} e^{-t}t^{z-1}dt\right| \leqq \int_T^{T'} e^{-t}t^{\sigma-1}dt \leqq \int_T^{T'} e^{-t}t^{b-1}dt.$$

$\int_1^\infty e^{-t}t^{b-1}dt$ は收斂するから, T, $T'\geqq T_0$ ならば, $\int_T^{T'} e^{-t}t^{b-1}dt<\varepsilon$, 故に $a\leqq\sigma\leqq b$ に對して, T, $T'\geqq T_0$ ならば

$$\left|\int_{T}^{T'} e^{-t}t^{z-1}\,dt\right| < \varepsilon \qquad (a \leqq \sigma \leqq b) \tag{4}$$

となるから，$a \leqq \sigma \leqq b$ で一様に $\int_1^\infty e^{-t}t^{z-1}\,dt$ は収斂する．

故に (1) は $0 < a \leqq \sigma \leqq b$ に對して一様に收斂する．a, b は任意でよいから，(1) は $\Re z > 0$ で廣義の一様に收斂する．故に

$$f_n(z) = \int_{\frac{1}{n}}^{n} e^{-t}t^{z-1}\,dt \quad (n = 1, 2, \cdots\cdots)$$

とすれば，$0 < a \leqq \sigma \leqq b$ で一様に

$$f_n(z) \to \Gamma(z) \quad (n \to \infty)$$

である．$e^{-t}t^{z-1}$ は z の正則函數であるから，定理 V. 12 により $f_n(z)$ は正則であるから Weierstrass の二重級數定理で，$\Gamma(z)$ は $a \leqq \sigma \leqq b$ で正則．從つて $\Gamma(z)$ は $\Re z > 0$ で正則である．故に

定理 XV. 1. $\Gamma(z) = \int_0^\infty e^{-t}t^{z-1}\,dt$ **は** $\Re z > 0$ **で廣義の一様に收斂し，** $\Gamma(z)$ **は** $\Re z > 0$ **で正則である．**

$$\begin{aligned}\Gamma(z+1) &= \int_0^\infty e^{-t}t^z\,dt \\ &= \Big[-e^{-t}t^z\Big]_0^\infty + z\int_0^\infty e^{-t}t^{z-1}\,dt \\ &= z\int_0^\infty e^{-t}t^{z-1} = z\Gamma(z)^{*)} \quad (\Re z > 0).\end{aligned}$$

故に

$$\Gamma(z+1) = z\Gamma(z) \quad (\Re z > 0), \tag{1}$$

$$\Gamma(z) = \frac{\Gamma(z+1)}{z}. \tag{2}$$

(2) の右邊は $\Re z > -1$ で意味があるから，(2) によつて $\Gamma(z)$ は $\Re z > -1$ まで定義範圍を擴げることが出來る．函數方程式の不變性により (1) なる函數方程式は $\Gamma(z)$ をどんなに解析接續しても成立する．同樣に

---

*) $\Re z > 0$ ならば，$\Big[-e^{-t}t^z\Big]_0^\infty = 0$.

$$\Gamma(z+2)=\Gamma(z+1+1)=(z+1)\Gamma(z+1)=z(z+1)\Gamma(z),$$

$$\Gamma(z)=\frac{\Gamma(z+2)}{z(z+1)} \qquad (3)$$

によつて，$\Gamma(z)$ は $\Re z>-2$ まで定義範圍を擴げることが出來，以下同様にして $\Gamma(z)$ は z 平面全體で定義することが出來る．$\Gamma(1)=1$ であるから，(2) から分るように $\Gamma(z)$ は $z=0$ で一次の極を持ち，$z=0$ の近傍で

$$\Gamma(z)=\frac{1}{z}+\cdots\cdots$$

となる．同様に $\Gamma(z)$ は $z=-n$ $(n=0, 1, \cdots\cdots)$ で一次の極を持つことが分る．

故に

定理 XV. 2. **$\Gamma(z)$ は $|z|<\infty$ で有理型の函數で，$z=0, -1, -2, \cdots\cdots$ は一次の極である．**

定理 XV. 3. **$\Re z>0$ で**

$$\Gamma(z)=\lim_{n\to\infty}\frac{n!n^z}{z(z+1)\cdots\cdots(z+n)} \quad \text{(Gauss)}.$$

證明. $\Re z>0$ とすれば，

$$\int_0^1 y^{z-1}(1-y)^n dy=\left[\frac{y^z(1-y)^n}{z}\right]_0^1+\frac{n}{z}\int_0^1 y^z(1-y)^{n-1}dy$$

$$=\frac{n}{z}\int_0^1 y^z(1-y)^{n-1}dy=\frac{n(n-1)}{z(z+1)}\int_0^1 y^{z+1}(1-y)^{n-2}dy$$

$$=\cdots\cdots=\frac{n(n-1)\cdots\cdots2\cdot1}{z(z+1)\cdots\cdots(z+n-1)}\int_0^1 y^{z+n-1}dy$$

$$=\frac{n!}{z(z+1)\cdots\cdots(z+n)}.$$

$y=\dfrac{t}{n}$ とおけば，

$$\frac{n!n^z}{z(z+1)\cdots\cdots(z+n)}=\int_0^n\left(1-\frac{t}{n}\right)^n t^{z-1}dt. \qquad (1)$$

今

$$f(t)=1-e^t\left(1-\frac{t}{n}\right)^n \quad (0\leqq t\leqq n) \qquad (2)$$

とおけば，

$$f'(t)=e^t\left(1-\frac{t}{n}\right)^{n-1}\frac{t}{n}\geqq 0$$

であるから，$f(t)$ は t の增加函數，從つて

$$0=f(0)\leqq f(t)\leqq f(n)=1\quad(0\leqq t\leqq n).$$

故に

$$0\leqq e^t\left(1-\frac{t}{n}\right)^n\leqq 1,$$

即ち

$$0\leqq\left(1-\frac{t}{n}\right)^n\leqq e^{-t}\quad(0\leqq t\leqq n),\tag{3}$$

$$0\leqq 1-e^t\left(1-\frac{t}{n}\right)^n=f(t)=\int_0^t f'(t)dt$$

$$=\int_0^t e^t\left(1-\frac{t}{n}\right)^{n-1}\frac{t}{n}\,dt\leqq e^t\int_0^t\frac{t}{n}\,dt=e^t\frac{t^2}{2n}.$$

故に (3) より

$$0\leqq e^{-t}-\left(1-\frac{t}{n}\right)^n\leqq\frac{t^2}{2n}\quad(0\leqq t\leqq n).\tag{4}$$

$z=\sigma+it\ (0<a\leqq\sigma\leqq b)$ とし，

$$\int_0^n\left(e^{-t}-\left(1-\frac{t}{n}\right)^n\right)t^{z-1}dt=\int_0^T\left(e^{-t}\left(1-\frac{t}{n}\right)^n\right)t^{z-1}dt$$

$$+\int_T^n\left(e^{-t}-\left(1-\frac{t}{n}\right)^n\right)t^{z-1}dt=I+II$$

とおけば，

$$|II|\leqq\int_T^n\left|e^{-t}-\left(1-\frac{t}{n}\right)^n\right|t^{\sigma-1}dt$$

$$\leqq\int_T^n\left|e^{-t}-\left(1-\frac{t}{n}\right)^n\right|t^{b-1}dt$$

$$=\int_T^n\left(e^{-t}-\left(1-\frac{t}{n}\right)^n\right)t^{b-1}dt<\int_T^\infty e^{-t}t^{b-1}dt<\varepsilon\tag{5}$$

なるよう T を十分大にとる．この T を固定して，(4) より

$$|I|\leqq\int_0^T\left|e^{-t}-\left(1-\frac{t}{n}\right)^n\right|t^{\sigma-1}$$

$$\leqq\frac{1}{2n}\int_0^T t^{\sigma+1}dt=\frac{T^{\sigma+2}}{2n(\sigma+2)}\leqq\frac{T^{b+2}}{4n}<\varepsilon$$

なるよう n を十分大にとれば,

$$\left|\int_0^n e^{-t}t^{z-1}\,dt-\int_0^n\left(1-\frac{t}{n}\right)^n t^{z-1}\,dt\right|\leqq|I|+|II|<2\varepsilon.$$

故に (1) より

$$\begin{aligned}\Gamma(z)&=\lim_{n\to\infty}\int_0^n e^{-t}t^{z-1}\,dt\\&=\lim_{n\to\infty}\int_0^n\left(1-\frac{t}{n}\right)^n t^{z-1}\,dt\\&=\lim_{n\to\infty}\frac{n!\,n^z}{z(z+1)\cdots\cdots(z+n)}.\end{aligned}\qquad(6)$$

證明中より (6) は $0<a\leqq\sigma\leqq b$ で一様に收斂することが分る.［證明終］

$$\begin{aligned}&1+\frac{1}{2}+\cdots\cdots+\frac{1}{n}-\log n\\&=1+\frac{1}{2}+\cdots\cdots+\frac{1}{n}-\log\frac{2}{1}\cdot\frac{3}{2}\cdot\cdots\cdots\cdot\frac{n}{n-1}\\&=1+\left(\frac{1}{2}-\log\frac{2}{1}\right)+\cdots\cdots+\left(\frac{1}{n}-\log\frac{n}{n-1}\right),\end{aligned}$$

$$\begin{aligned}\frac{1}{n}-\log\frac{n}{n-1}&=\frac{1}{n}+\log\left(1-\frac{1}{n}\right)\\&=\frac{1}{n}-\frac{1}{n}-\frac{1}{2n^2}\cdots\cdots=O\left(\frac{1}{n^2}\right)\end{aligned}$$

であるから, $\sum_{n=2}^{\infty}\left(\frac{1}{n}-\log\frac{n}{n-1}\right)$ は收斂する. 故に

$$\lim_{n\to\infty}\left(1+\frac{1}{2}+\cdots\cdots+\frac{1}{n}-\log n\right)=\gamma$$

は存在する. この γ を **Euler の定數**という.

定 理 XV. 4. $|z|<\infty$ **に對して,**

$$\frac{1}{\Gamma(z)}=ze^{\gamma z}\prod_{n=1}^{\infty}\left(1+\frac{z}{n}\right)e^{-\frac{z}{n}}.\qquad(\gamma=\text{Euler の定數})$$

右邊は $|z|<\infty$ で廣義の一様に收斂するから z の正則函數である. 從つて $|z|<\infty$ で $\Gamma(z)$ **は零點を持たない.**

證 明. 前定理により $\Re z>0$ に對して,

$$\frac{1}{\Gamma(z)}=\lim_{n\to\infty} z\left(1+\frac{z}{1}\right)\cdots\cdots\left(1+\frac{z}{n}\right)e^{-z\log n}$$

$$=z\lim_{n\to\infty} e^{z\left(1+\frac{1}{2}+\cdots+\frac{1}{n}-\log n\right)}\prod_{\nu=1}^{n}\left(1+\frac{z}{\nu}\right)e^{-\frac{z}{\nu}}$$

$$=ze^{\gamma z}\prod_{\nu=1}^{\infty}\left(1+\frac{z}{\nu}\right)e^{-\frac{z}{\nu}}. \qquad (1)$$

$$\left(1+\frac{z}{\nu}\right)e^{-\frac{z}{\nu}}=e^{-\frac{z}{\nu}+\log\left(1+\frac{z}{\nu}\right)}=e^{-\frac{z}{\nu}+\frac{z}{\nu}-\frac{z^2}{2\nu^2}\cdots}=e^{o\left(\frac{z^2}{\nu^2}\right)}$$

であるから，右邊の無限乘積は $|z|<\infty$ で廣義の一様に收斂する．故に (1) の右邊は $|z|<\infty$ で正則な函數 $f(z)$ である．$\Re z>0$ で $\frac{1}{\Gamma(z)}=f(z)$ であるから，函數方程式の不變性から，$|z|<\infty$ で $\frac{1}{\Gamma(z)}=f(z)$，即ち

$$\frac{1}{\Gamma(z)}=ze^{\gamma z}\prod_{\nu=1}^{\infty}\left(1+\frac{z}{\nu}\right)e^{-\frac{z}{\nu}}$$

が成立する．

定理 XV. 5.　$\Gamma(z)\Gamma(1-z)=\dfrac{\pi}{\sin \pi z}$　$(|z|<\infty)$.

證明.　$\Gamma(1-z)=\Gamma(1+(-z))=-z\Gamma(-z)$ だから，

$$\frac{1}{\Gamma(z)\Gamma(1-z)}=\frac{1}{(-z)\Gamma(z)\Gamma(-z)}$$

$$=-\frac{1}{z}\cdot ze^{\gamma z}\prod_{n=}^{\infty}\left(1+\frac{z}{n}\right)e^{-\frac{z}{n}}\cdot(-z)e^{-\gamma z}\prod_{n=1}^{\infty}\left(1-\frac{z}{n}\right)e^{\frac{z}{n}}$$

$$=z\prod_{n=1}^{n}\left(1-\frac{z^2}{n^2}\right)=\frac{\sin \pi z}{\pi}.$$

$$\therefore\quad \Gamma(z)\Gamma(1-z)=\frac{\pi}{\sin \pi z}.$$

2.　Laplace 變換

$f(t)$ を $0\leqq t<\infty$ で連續とし，

$$F(z)=\int_0^{\infty}e^{-zt}f(t)dt \qquad (1)$$

によつて定義された $F(z)$ を $f(t)$ の **Laplace 變換**という．

定理 XV. 6.　**若し (1) が $z=z_0$ で收斂すれば，半平面 $\Re z>\Re z_0$ の中にあつて**

z_0 を頂點とし，開きが π より小なる任意の Stolz の角領域 D の中で

$$\boldsymbol{F(z)=\int_0^{\infty}e^{-zt}f(t)dt}$$

は一様に收斂する．

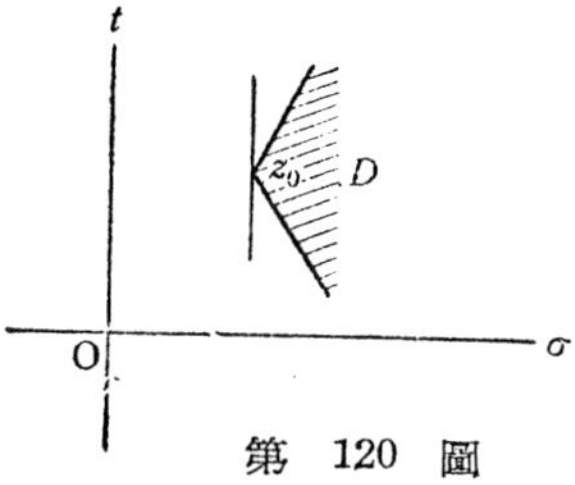

第 120 圖

證 明．
$$\int_0^{\infty}e^{-zt}f(t)dt$$
$$=\int_0^{\infty}e^{-(z-z_0)t}e^{-z_0t}f(t)dt.$$

$f_0(t)=e^{-z_0t}f(t)$，$z-z_0=\zeta$ とおけば，

$$\int_0^{\infty}e^{-zt}f(t)dt=\int_0^{\infty}e^{-\zeta t}f_0(t)dt. \tag{1}$$

$\int_0^{\infty}f_0(t)dt$ は收斂するから，

$$\varphi(t)=\int_t^{\infty}f_0(t)dt\to 0 \quad (t\to\infty), \tag{2}$$

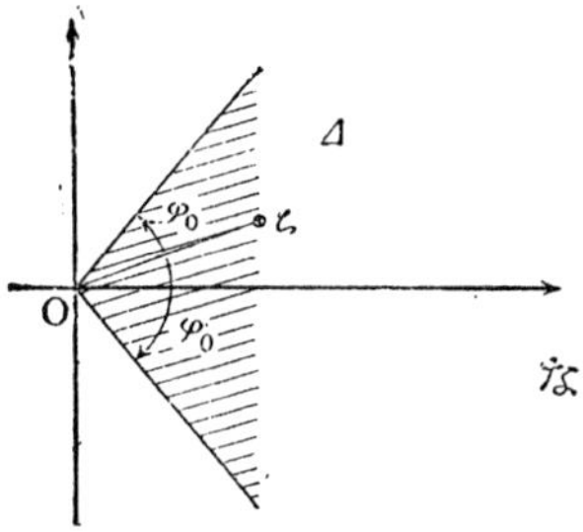

第 121 圖

從つて

$$|\varphi(t)|\leqq\varepsilon \quad (t\geqq T_0). \tag{3}$$

今 $\zeta=re^{i\varphi}$ が原點を頂點とし，開きが $2\varphi_0\left(0<\varphi_0<\dfrac{\pi}{2}\right)$ なる Stolz の角領域 Δ 內にあれば，

$$|\varphi|\leqq\varphi_0<\frac{\pi}{2},$$
$$\Re\zeta=|\zeta|\cos\varphi\geqq|\zeta|\cos\varphi_0 \tag{4}$$

だから，

$$\int_T^{T'}e^{-\zeta t}f_0(t)dt=\Big[-e^{-\zeta t}\varphi(t)\Big]_{T'}^{T}-\zeta\int_T^{T'}e^{-\zeta t}\varphi(t)dt.$$

故に (3) より $T_0\leqq T<T'$ に對し

$$\left|\int_T^{T'}e^{-\zeta t}f_0(t)dt\right|\leqq e^{-\Re(\zeta)T}|\varphi(T)|+e^{-\Re(\zeta)T'}|\varphi(T')|+\varepsilon|\zeta|\int_T^{T'}e^{-\Re(\zeta)t}dt$$
$$<2\varepsilon+\varepsilon|\zeta|\int_T^{\infty}e^{-\Re(\zeta)t}dt$$
$$=2\varepsilon+\varepsilon\frac{|\zeta|}{\Re(\zeta)}<2\varepsilon+\frac{\varepsilon}{\cos\varphi_0}, \quad (T_0\leqq T<T').$$

故に $\varDelta$ の中で

$$\int_0^{\infty} e^{-\zeta t} f_0(t)dt$$

は一様に收斂する．これから z にもどれば定理を得．[證明終]

$$F(z)=\int_0^{\infty} e^{-zt} f(t)dt=\lim_{n\to\infty}\int_0^{n} e^{-zt} f(t)dt.$$

定理 V. 12 により，$\int_0^{n} e^{-zt} f(t)dt$ は正則であるから，Weierstrass の二重級數定理で，$F(z)$ は D で正則である．D の開きは任意でよいから，$F(z)$ は $\Re z>\Re z_0$ で正則である．故に

定 理 XV. 7.　$F(z)=\int_0^{\infty} e^{-zt} f(t)dt$ が $z=z_0$ で收斂すれば　$\Re z>\Re z_0$ で廣義の一様に收斂して，$F(z)$ は $\Re z>\Re z_0$ で正則である．

このような $\Re z_0$ の集合の下端を σ_0 とすれば，$F(z)$ は $\Re z>\sigma_0$ で收斂して，正則である．σ_0 を**收斂横座標**（convergence abscissa）という．σ_0 は羃級數の收斂半徑に相應するものである．

3. Dirichlet 級數

$$f(s)=\sum_{n=1}^{\infty} a_n e^{-\lambda_n s} \quad (0<\lambda_1<\lambda_2<\cdots\cdots<\lambda_n\to\infty) \quad (s=\sigma+it) \qquad (1)$$

の形の級數を **Dirichlet 級數**という．

$\lambda_n=n$ とすれば，$f(s)=\sum_{n=1}^{\infty} a_n e^{-ns}$ となり，$e^{-s}=z$ とおけば，z の羃級數となる．$\lambda_n=\log n$ とおけば，

$$f(s)=\sum_{n=1}^{\infty}\frac{a_n}{n^s}. \qquad (2)$$

特に $a_n=1$ とすれば，**Rieman の ζ-函數**

$$\zeta(s)=\sum_{n=1}^{\infty}\frac{1}{n^s} \qquad (3)$$

となる．

定 理 XV. 8.　若し (1) が $s=s_0$ で收斂すれば，半平面 $\Re s>\Re s_0$ の中にあって s_0 を頂點とし，その開きが π より小なる任意の Stolz の角領域 D の中で級數 (1) は一様に收斂する．

證 明. 前定理の證明同様 $s_0=0$ と假定してよい. 故に $\sum_{n=1}^{\infty} a_n$ は收斂するから

$$r_n = a_n + a_{n+1} + \cdots\cdots \to 0 \quad (n\to\infty)$$

であるから,

$$|r_n| < \varepsilon \ (n \geqq n_0). \tag{1}$$

$$R_{n,m} = \sum_{\nu=n}^{m} a_\nu e^{-\lambda_\nu s} \quad (\Re s > 0) \tag{2}$$

とおけば,

$$|R_{n,m}| = \left|\sum_{\nu=n}^{m} (r_\nu - r_{\nu+1}) e^{-\lambda_\nu s}\right|$$

$$= |r_n e^{-\lambda_n s} - r_{n+1}(e^{-\lambda_n s} - e^{-\lambda_{n+1} s}) - \cdots\cdots - r_m(e^{-\lambda_{m-1} s} - e^{-\lambda_m s}) - r_{m+1} e^{-\lambda_m s}|$$

$$\leqq |r_n| e^{-\lambda_n \sigma} + |r_{n+1}|\,|e^{-\lambda_n s} - e^{-\lambda_{n+1} s}| + \cdots\cdots + |r_m|\,|e^{-\lambda_{m-1} s} - e^{-\lambda_m s}| + |r_{m+1}| e^{-\lambda_m \sigma}$$

$$< \varepsilon(e^{-\lambda_n \sigma} + |e^{-\lambda_n s} - e^{-\lambda_{n+1} s}| + \cdots\cdots + |e^{-\lambda_{m-1} s} - e^{-\lambda_m s}| + e^{-\lambda_m \sigma}) \ (m \geqq n \geqq n_0). \tag{3}$$

s が原點を頂點とし開きが $2\varphi_0\left(0 < \varphi_0 < \dfrac{\pi}{2}\right)$ なる Stolz の角領域内にあれば前定理の證明で $\dfrac{|s|}{\sigma} \leqq \dfrac{1}{\cos\varphi_0}$ である.

$$|e^{-\lambda_n s} - e^{-\lambda_{n+1} s}| = |s| \left|\int_{\lambda_n}^{\lambda_{n+1}} e^{-ts}\, dt\right|$$

$$\leqq |s| \int_{\lambda_n}^{\lambda_{n+1}} e^{-t\sigma} dt = \frac{|s|}{\sigma}(e^{-\lambda_n \sigma} - e^{-\lambda_{n+1}\sigma})$$

$$\leqq \frac{1}{\cos\varphi_0}(e^{-\lambda_n \sigma} - e^{-\lambda_{n+1}\sigma}),$$

故に (3) より

$$|R_{n,m}| < \frac{\varepsilon}{\cos\varphi_0}\left(e^{-\lambda_n \sigma} + (e^{-\lambda_n \sigma} - e^{-\lambda_{n+1}\sigma}) + \cdots\cdots + (e^{-\lambda_{m-1}\sigma} - e^{-\lambda_m \sigma}) + e^{-\lambda_m \sigma}\right)$$

$$= \frac{2\varepsilon e^{-\lambda_n \sigma}}{\cos\varphi_0} < \frac{2\varepsilon}{\cos\varphi_0} \quad (m > n \geqq n_0). \tag{4}$$

故に級數は $\varDelta$ の中で一様に收斂する. [證明終]

Laplace 變換の時同樣次の定理を得.

定 理 XV. 9. $f(s) = \sum_{n=1}^{\infty} a_n e^{-\lambda_n s}$ **が** $s = s_0$ **で收斂すれば, 級數は半平面** $\Re s > \Re s_0$ **で廣義の一樣に收斂し, 從つて** $f(s)$ **は** $\Re s > \Re s_0$ **で正則である.**

このような $\Re s_0$ の下端を σ_0 とし, これを Dirichlet 級數の**收斂橫座標**という.

級數は $\Re s>\sigma_0$ で收斂して, $f(s)$ は $\Re s>\sigma_0$ 正則である.

問.　$\zeta(s)=\sum_{n=1}^{\infty}\frac{1}{n^s}$ は $\Re s>1$ で正則で, $\zeta^{(k)}(s)=(-1)^k\sum_{n=1}^{\infty}\frac{(\log n)^k}{n^s}$ なることを證明せよ. 又 $s=1$ は一次の極であることを證明せよ.

第十六章　楕　圓　函　數

1. 楕圓函數

$2\omega_1$, $2\omega_2$ を二つの複素數とし，これを表わす點は原點 O を通る一直線上にはないとすれば，$O\cdots\cdots 2\omega_1$, $O\cdots\cdots 2\omega_2$ を二邊とする平行四邊形が出來る．

$$\Omega = 2m\omega_1 + 2n\omega_2$$

$$(m, n = 0, \pm 1, \pm 2 \cdots\cdots) \qquad (1)$$

なる點を作れば，これは二組の平行な直線の交點で表わされる．これを**格子點**という．

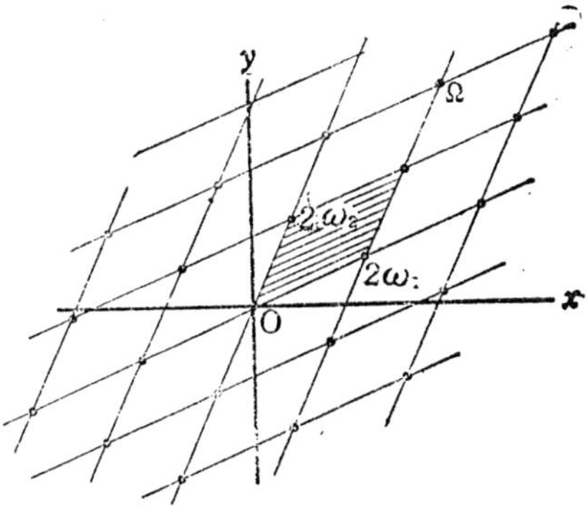

第 122 圖

$f(z)$ を $|z| < \infty$ で有理型函數とし，

$$f(z + 2\omega_1) \equiv f(z), \qquad f(z + 2\omega_2) \equiv f(z) \qquad (2)$$

が成立する時，$2\omega_1$, $2\omega_2$ を $f(z)$ の**週期**といい，$f(z)$ を**二重週期函數**という．(2) が成立すれば，容易に

$$f(z + \Omega) \equiv f(z) \qquad (3)$$

が成立することが分る．故に Ω も $f(z)$ の週期である．

$f(z)$ は $|z| < \infty$ で有理型で，二重週期函數なる時，$f(z)$を**楕圓函數**という．

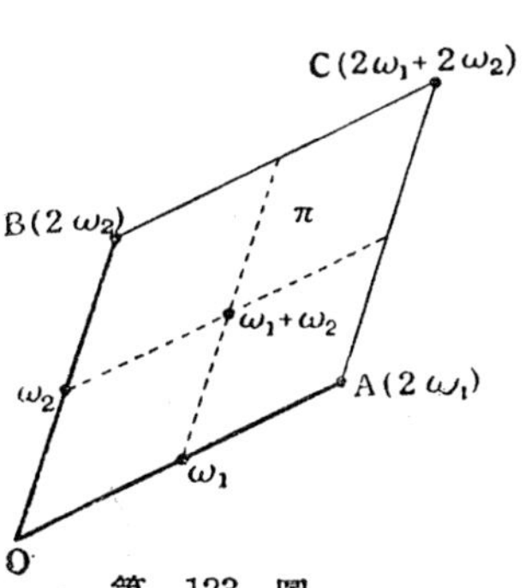

第 123 圖

ベクトル $2\omega_1$, $2\omega_2$ を二邊とする平行四邊形を π_0 で表わす．O を原點，$A = 2\omega_1$, $B = 2\omega_2$, $C = 2(\omega_1 + \omega_2)$とすれば，$O$, A, B, C は π_0 の四頂點である．今閉線分 $\overline{OA}$ から A を除いたものを $[OA)$，閉線分 $\overline{OB}$ から B を除いたものを $[OB)$ で表わす．π_0 の內部に $[OA)$, $[OB)$ を加えたものを π で表わし，これを $f(z)$ の**週期平行四邊形**という．故に O は π に屬するが，A, B,

C は π に屬さない．又邊 AC, BC も π に屬さない．π をベクトル $2\omega_1$ 又は $2\omega_2$ だけ平行移動すれば，π と接する平行四邊形を得るが，π の定義の仕方から，これは π とは共通點を持たない．

楕圓函數の定義から容易に次のことが分る

定理 XVI. 1. **$f(z)$, $g(z)$ を同じ週期 $2\omega_1$, $2\omega_2$ を持つ楕圓函數とすれば，**

$$f'(z),\ f(z)\pm g(z),\ f(z)g(z),\ \frac{f(z)}{g(z)},$$

$$\frac{a_0+a_1f(z)+\cdots\cdots+a_n(f(z))^n}{b_0+b_1f(z)+\cdots\cdots+b_m(f(z))^m}$$

も同じ週期を持つ楕圓函數である．

定理 XVI. 2. **$f(z)$ を楕圓函數とし，π をその週期平行四邊形とす．若し $f(z)$ が π で正則ならば，$f(z)\equiv\text{const.}$ である．**

證明. $f(z)$ は π の中で正則だから，π の中で $|f(z)|\leqq K$ のような定數 K が存在する．$f(z)$ の二重週期性から $|z|<\infty$ で $|f(z)|\leqq K$ である．故に Liouville の定理で $f(z)\equiv\text{const.}$ となる．

故に $f(z)\not\equiv\text{const.}$ ならば，$f(z)$ は π の中に極を持つ．その重複度もこめて計算した總數を N とし，N のことを $f(z)$ の**位數** (order) という．

定理 XVI. 3. **$f(z)$, $g(z)$ は同じ週期を持つ楕圓函數とす．若し週期平行四邊形 π の中にある $f(z)$, $g(z)$ の零點と極とが重複度もこめて一致すれば，**

$$\frac{f(z)}{g(z)}\equiv\text{const.}$$

である．

證明. 假定から $\dfrac{f(z)}{g(z)}$ は楕圓函數で，π の中で正則であるから，前定理により $\dfrac{f(z)}{g(z)}\equiv\text{const.}$ である．

定理 XVI. 4. **$f(z)$ を楕圓函數とすれば，その週期平行四邊形 π の中にある極の留數の和は 0 である．**

證明. π の周上に極がある場合も考慮して，π をベクトル a だけ平行移動したものを π' とし，π' の邊の上には極がないようにする．

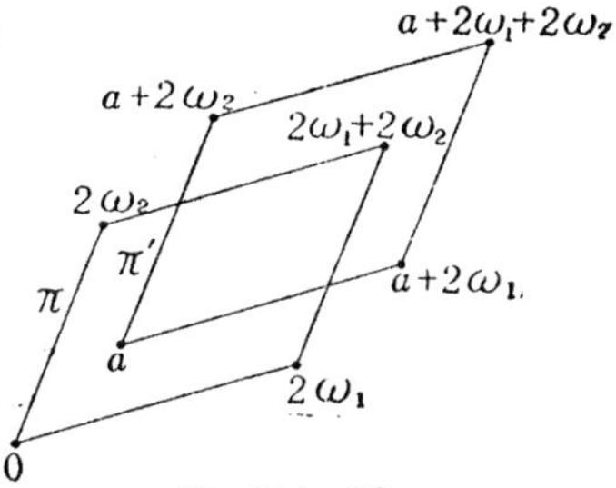

第 124 圖

$f(z)$ の週期性から，π' の中にある極の留數の和は π の中にある極の留數の和に等しいから，π' の中にある極の留數の和が 0 なることを證明すればよい．

留數の原理から

$$\int_{(\pi')} f(z)\,dz = 2\pi i \times (\text{留數の和}) \qquad (1)$$

である．

$$\int_{(\pi')} f(z)\,dz = \int_a^{a+2\omega_1} f(z)\,dz + \int_{a+2\omega_1}^{a+2\omega_1+2\omega_2} f(z)\,dz$$

$$+ \int_{a+2\omega_1+2\omega_2}^{a+2\omega_2} f(z)\,dz + \int_{a+2\omega_2}^{a} f(z)\,dz. \qquad (2)$$

然るに

$$\int_{a+2\omega_1+2\omega_2}^{a+2\omega_2} f(z)\,dz = \int_{a+2\omega_1}^{a} f(t+2\omega_2)\,dt$$

$$= \int_{a+2\omega_1}^{a} f(t)\,dt = -\int_a^{a+2\omega_1} f(z)\,dz,$$

$$\therefore \quad \int_{a+2\omega_2+2\omega_2}^{a+2\omega_2} f(z)\,dz + \int_a^{a+2\omega_1} f(z)\,dz = 0.$$

同様に

$$\int_{a+2\omega_1}^{a+2\omega_1+2\omega_2} f(z)\,dz + \int_{a+2\omega_2}^{a} f(z)\,dz = 0$$

を得るから，(1)，(2) より留數の和は 0 である．從つて

定 理 XVI. 5.　一位の楕圓函數は存在しない．

定 理 XVI. 6.　楕圓函數 $f(z)$ の週期平行四邊形 π の中にある重複度もこめた零點の數と極の數とは等しい．

證 明． π の邊上には零點も極もないとし，π の內部にある零點，極の數を夫々 N，P とすれば，偏角の原理から

$$\frac{1}{2\pi i}\int_{(\pi)} \frac{f'(z)}{f(z)}\,dz = N - P. \qquad (1)$$

$f(z)$，$f'(z)$ は楕圓函數だから，$\dfrac{f'(z)}{f(z)}$ は楕圓函數で，(1) の左邊は π の中にあ

る $\dfrac{f'(z)}{f(z)}$ の極の留數の和と等しいから前定理で 0 である.

若し π の邊上に $f(z)$ の零點又は極がある場合は, π をベクトル a だけ平行移動した平行四邊形 π' の邊の上に零點も極もないようにしておけば, $f(z)$ の週期性から π' の中にある零點と極との數は π の中にある零點と極との數に等しいから上の場合に歸着する.

定理 XVI. 7. **$f(z)$ を N 位の楕圓函數とし, π をその週期平行四形邊とすれば. 任意の a (有限又は ∞) に對して, $f(z)-a$ は π の中で N 個の零點を持つ***).

證 明. π の中にある $f(z)$ の極の數は N であるから, $f(z)-a$ の極の數も N である. 故に前定理により $f(z)-a$ の π の中にある零點の個數は N である.

定 理 XVI. 8. (Abel). **$f(z)$ を N 位の楕圓函數とし, その週期平行四邊形 π の中にある零點を $a_1, \cdots\cdots, a_N$, 極を $b_1, \cdots\cdots, b_N$ とすれば,**

$$\sum_{i=1}^{N} a_i - \sum_{i=1}^{N} b_i = 2h_1\omega_1 + 2h_2\omega_2 \qquad (h_1,\ h_2 \text{ は整數}).$$

證 明. 先ず π の邊上には零點も極もないと假定すれば, 170 頁により,

$$\frac{1}{2\pi i}\int_{(\pi)} z\frac{f'(z)}{f(z)}\,dz = \sum_{i=1}^{N} a_i - \sum_{i=1}^{N} b_i. \qquad (1)$$

定理 XVI. 4 の證明と同様に計算すれば, (1) の左邊は

$$\frac{\omega_1}{\pi i}\int_0^{2\omega_2}\frac{f'(z)}{f(z)}\,dz - \frac{\omega_2}{\pi i}\int_0^{2\omega_1}\frac{f'(z)}{f(z)}\,dz$$

$$= \frac{\omega_1}{\pi i}\bigl(\log f(2\omega_2) - \log f(0)\bigr) - \frac{\omega_2}{\pi i}\bigl(\log f(2\omega_1) - \log f(0)\bigr) \qquad (2)$$

となる. $f(2\omega_2)=f(0)=f(2\omega_1)$ であるから, $\log z$ の多價性から一般に

$$\log f(2\omega_2) - \log f(0) = 2\pi i\, h_1,$$

$$\log f(2\omega_1) - \log f(0) = -2\pi i\, h_2\ (h_1,\ h_2 \text{ は整數}) \qquad (3)$$

となるから, (1) の左邊は $2h_1\omega_1+2h_2\omega_2$ となる.

若し π の邊上に零點又は極があれば, これを適當にベクトル a だけ平行移動し

---

*) $a=\infty$ の時, $f(z)-a$ の零點というのは $f(z)$ の極を意味するものとす.

た平行四邊形に上の結果を應用すればよい.

2. ℘ 函 數

週期 $2\omega_1$, $2\omega_2$ を任意に與える時, これを週期とする楕圓函數が存在することを證明しよう.

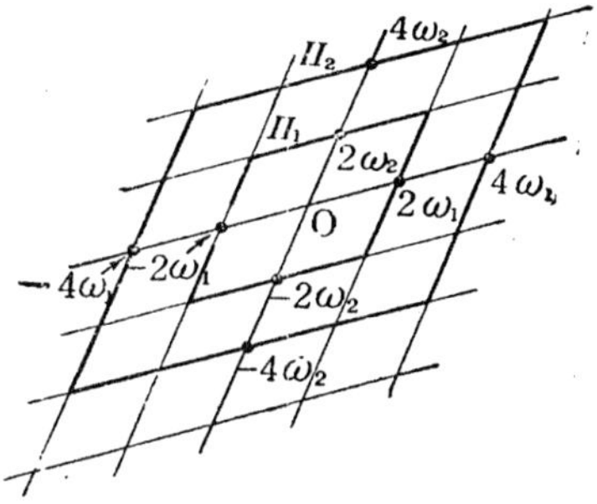

第 126 圖

先ず $2\omega_1$, $-2\omega_1$ を通つてベクトル ω_2 に平行な二本の直線と, $2\omega_2$, $-2\omega_2$ を通つてベクトル ω_1 に平行な二本の直線で出來た平行四邊形を π_1 とする. 次に $4\omega_1$, $-4\omega_1$ を通り, ベクトル ω_2 に平行な二本の直線と, $4\omega_2$, $-4\omega_2$ を通つてベクトル ω_1 に平行な二本の直線によつて出來る平行四邊形を π_2 とし, 以下同樣に平行四邊形 π_1, $\pi_2, \cdots\cdots$, $\pi_n, \cdots\cdots$ を作る. 容易に π_n の上にある格子點の數は $8n$ なることが分る. 次に

$$\sum_{m,n}{}' \frac{1}{|2m\omega_1+2n\omega_2|^3} = \sum{}' \frac{1}{|\Omega|^3} \tag{1}$$

が收斂することを證明しよう. ここに Σ' は $m=0$, $n=0$ は除外して和を作ることを意味す. 原點から π_1 上の格子點に至る距離の最大, 最小を夫々 R, r とすれば, π_n 上の格子に至る距離の最大, 最小は nR, nr である.

π_n 上にある格子點 Ω だけについて作つた $\sum\limits_{\pi_n} \dfrac{1}{|\Omega|^3}$ を s_n とすれば,

$$\frac{8n}{(nR)^3} \leqq s_n \leqq \frac{8n}{(nr)^3}, \qquad \frac{8}{R^3n^2} \leqq s_n \leqq \frac{8}{r^3n^2},$$

故に

$$\frac{8}{R^3}\sum_{n=1}^{\infty}\frac{1}{n^2} \leqq \sum{}' \frac{1}{|\Omega|^3} \leqq \frac{8}{r^3}\sum_{n=1}^{\infty}\frac{1}{n^2} < \infty$$

となつて (1) は收斂する.

今

$$f(z) = \sum \frac{1}{(z-\Omega)^3} \tag{2}$$

を考える. (この時は $\Omega=0$ を除外しない)

$|z|\leqq R$ とし，圓 $|z|=2R$ の外にある格子點 Ω については，$|\Omega|\geqq 2R\geqq 2|z|$ だから

$$|z-\Omega|\geqq|\Omega|-|z|\geqq|\Omega|-\frac{|\Omega|}{2}=\frac{|\Omega|}{2}$$

であるから，このような Ω についての和を $\sum_2$ で表わせば

$$\sum_2\frac{1}{|z-\Omega|^3}\leqq 8\sum_2\frac{1}{|\Omega|^3}$$

となり，$\varphi(z)=\sum_2\dfrac{1}{(z-\Omega)^3}$ は $|z\leqq R$ で一様に收斂する．$\dfrac{1}{(z-\Omega)^3}$ は $|z|\leqq R$ で正則であるから，Weierstrass の二重級數定理で，$\varphi(z)$ は $|z|\leqq R$ で正則である．$|z|\leqq 2R$ 内にある Ω についての和を $\sum_1\dfrac{1}{(z-\Omega)^3}$ で表わせば，

$$f(z)=\sum_1\frac{1}{(z-\Omega)^3}+\varphi(z).$$

これから $|z|\leqq 2R$ 内の Ω は $f(z)$ の三次の極であることが分る．ここで R は任意でよいから，$f(z)$ は $|z|<\infty$ で有理型で，Ω がその三次の極である．$2\omega_1$, $2\omega_2$ が $f(z)$ の週期なることは次のようにして分る．即ち

$$\begin{aligned}f(z+2\omega_1)&=\sum_{m,n}\frac{1}{(z+2\omega_1-(2m\omega_1+2n\omega_2))^3}\\&=\sum_{m,n}\frac{1}{(z-(2(m-1)\omega_1+2n\omega_2))^3}\\&=\sum_{m,n}\frac{1}{(z-(2m\omega_1+2n\omega_2))^3}=f(z).\end{aligned}$$

同様に $f(z+2\omega_2)=f(z)$ を得るから，$2\omega_1$, $2\omega_2$ は $f(z)$ の週期である．従つて $f(z)$ 楕圓函數である．

容易に

$$f(-z)=-f(z) \tag{3}$$

が分るから，$f(z)$ は奇函數である．$z=0$ の近傍で

$$f(z)=\sum\frac{1}{(z-\Omega)^3}=\frac{1}{z^3}+\sum{}'\frac{1}{(z-\Omega)^3}$$

となるから，

$$\int_0^z \left(f(z) - \frac{1}{z^3}\right) dz = \sum{}' \int_0^z \frac{dz}{(z-\Omega)^3} = -\frac{1}{2} \sum{}' \left(\frac{1}{(z-\Omega)^2} - \frac{1}{\Omega^2}\right)$$

故に

$$F(z) = \frac{1}{z^2} + \sum{}' \left(\frac{1}{(z-\Omega)^2} - \frac{1}{\Omega^2}\right) \tag{4}$$

とおけば，$F(z)$ は $|z|<\infty$ で有理型で，$z=\Omega$ が二次の極である.

容易に

$$F(-z) = F(z) \tag{5}$$

なることが分るから，$F(z)$ は偶函數である. (6) より

$$F'(z) = -\frac{2}{z^3} - 2\sum{}' \frac{1}{(z-\Omega)^3} = -2\sum \frac{1}{(z-\Omega)^3} = -2f(z) \tag{6}$$

を得.

$f(z)$ は $2\omega_1$，$2\omega_2$ を週期に持つから，(6) から

$$F'(z+2\omega_1) = F'(z),\quad F'(z+2\omega_2) = F'(z),$$

故に

$$F(z+2\omega_1) = F(z) + C \qquad (C = \text{定數}).$$

$z=-\omega_1$ と置けば，

$$F(\omega_1) = F(-\omega_1) + C = F(\omega_1) + C,$$

$$\therefore\quad C = 0,$$

從つて $F(z+2\omega_1)=F(z)$，同様に $F(z+2\omega_2)=F(z)$ を得るから，$F(z)$ は楕圓函數である.

$F(z)=\wp(z)$ と書き，これを Weierstrass の **℘ー函數**という．故に

$$\wp(z) = \frac{1}{z^2} + \sum{}' \left(\frac{1}{(z-\Omega)^2} - \frac{1}{\Omega^2}\right) \quad (\Omega = 2m\omega_1 + 2n\omega_2) \tag{7}$$

は $2\omega_1$, $2\omega_2$ を週期とする楕圓函數で，Ω が二次の極である.

從つて

$$\wp'(z) = -\sum \frac{1}{(z-\Omega)^3}. \tag{8}$$

$\wp(z)$ **は偶函數**，$\wp'(z)$ **は奇函數である.**

この $\wp(z)$ が Weierstrass の楕圓函數論の基本となる.

$z=0$ の近傍で

$$\wp(z) = \frac{1}{z^2} + c_1 z^2 + c_2 z^4 + \cdots\cdots + c_n z^{2n} + \cdots\cdots \tag{9}$$

と置けば*),

$$\wp'(z) = -\frac{2}{z^3} + 2\,c_1 z + 4\,c_2 z^3 + \cdots\cdots = -2\sum \frac{1}{(z-\Omega)^3}$$

$$= -\frac{2}{z^3} - 2\sum{}' \frac{1}{(z-\Omega)^3}.$$

故に

$$c_1 z + 2\,c_2 z^3 + \cdots\cdots = -\sum{}' \frac{1}{(z-\Omega)^3}.$$

$$c_1 = -\left[\frac{d}{dz}\sum{}' \frac{1}{(z-\Omega)^3}\right]_{z=0} = 3\sum{}' \frac{1}{\Omega^4},$$

$$2.6\,c_2 = -\left[\frac{d^3}{dz^3}\sum{}' \frac{1}{(z-\Omega)^3}\right]_{z=0} = 3.4.5\sum{}' \frac{1}{\Omega^6}.$$

故に

$$c_1 = 3\sum{}' \frac{1}{\Omega^4}, \quad c_2 = 5\sum{}' \frac{1}{\Omega^6}. \tag{10}$$

今

$$g_2 = 20\,c_1 = 60\sum{}' \frac{1}{\Omega^4}, \quad g_2 = 28\,c_2 = 140\sum{}' \frac{1}{\Omega^6} \tag{11}$$

と置けば,

$$\wp(z) = \frac{1}{z^2} + \frac{g_2}{20} z^2 + \frac{g^3}{28} z^4 + \cdots\cdots. \tag{12}$$

$$\wp'(z) = -\frac{2}{z^3} + \frac{g_2}{10} z + \frac{g_3}{7} z^3 + \cdots\cdots. \tag{13}$$

これから,

$$4\,(\wp(z))^3 - (\wp'(z))^2 - g_2\,\wp(z) = g_3 + \alpha\, z^2 + \beta\, z^3 + \cdots\cdots$$

となる. 左邊は楕圓函數で, その π 中にある極になり得る點は $z=0$ だけである

---

*) $\left(\wp(z) - \frac{1}{z^2}\right)_{z=0} = 0$ であるから定數項はない又偶函數だから奇數冪の項もない.

が，右邊から分るように $z=0$ は正則點であるから，π の中に特異點はない．故に定理 XVI. 2 により左邊 $\equiv$const である．從つて $\alpha=0$, $\beta=0$, ……，故に

$$\wp'(z)^2 = 4\wp(z)^3 - g_2\wp(z) - g_3. \tag{14}$$

故に $w=\wp(z)$ と置けば，

$$\left(\frac{dw}{dz}\right)^2 = 4w^3 - g_2 w - g_3,$$

$z=0$ には $w=\infty$ が對應するから

$$\therefore \quad z = \int_\infty^w \frac{dw}{\sqrt{4w^3 - g_2 w - g_3}}. \tag{15}$$

$\wp'(z)$ は π の中で $z=0$ のみが三次の極であるから，$\wp'(z)$ は三位の楕圓函數である．從つて $\wp'(z)$ は π の中に三個の零點を持つ．$\wp'(z)$ の零點は次のように容易に分る．

$\wp'(z+2\omega_1)=\wp'(z)$ で，$\wp'(z)$ は奇函數だから，$z=-\omega_1$ と置けば

$$\wp'(\omega_1) = \wp'(-\omega_1) = -\wp'(\omega), \qquad \therefore \ \wp'(\omega_1) = 0,$$

同樣に $\wp'(\omega_2)=0$ を得る．又 $\wp'(z+2\omega_1+2\omega_2)=\wp'(z)$ に於いて $z=-(\omega_1+\omega_2)$ と置けば，$\wp'(\omega_1+\omega_2)=0$ を得るから，

$$\wp'(\omega_1) = 0, \ \wp'(\omega_2) = 0, \ \wp'(\omega_1 + \omega_2) = 0. \tag{16}$$

π の中に零點は三個しかないから，ω_1, ω_2, $\omega_1+\omega_2$ が π の中にある $\wp'(z)$ の零點の全部である．$\wp(z)$ は二位の楕圓函數だから π の中に二個零點があるが，その位置は $\wp'(z)$ のように分つていない．今

$$e_1 = \wp(\omega_1), \ e_2 = \wp(\omega_2), \ e_3 = \wp(\omega_1 + \omega_2) \tag{17}$$

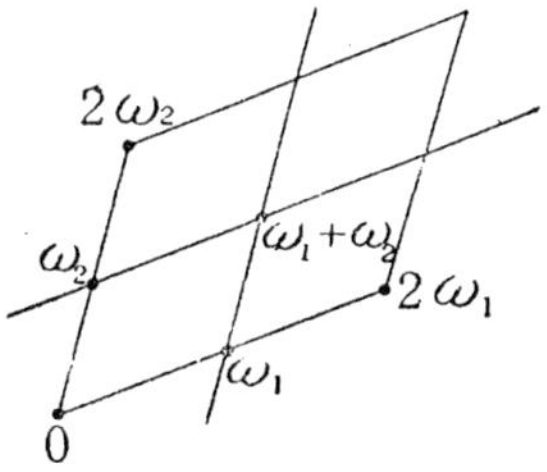

第 127 圖

と置けば，(14)，(16) より

$$\wp'(z)^2 = 4(\wp(z) - e_1)(\wp(z) - e_2)(\wp(z) - e_3) \tag{18}$$

となる．この時

$$e_1 \neq e_2 \neq e_3 \tag{19}$$

である．何となれば，$z=\omega_1$ は $\wp'(z)$ の一次の零點であるから，ω_1 の近傍で

$$\wp'(z) = (z-\omega_1)\varphi(z) \qquad (\varphi(\omega_1) \neq 0),$$

$$\wp(z) - e_1 = (z-\omega_1)^2\psi(z) \qquad (\psi(\omega_1) \neq 0).$$

これを (18) に代入して，兩邊を $(z-\omega_1)^2$ で除し，$z=\omega_1$ と置けば $e_1-e_2\neq 0$, $e_1-e_3\neq 0$ を得．同樣に $e_2-e_3\neq 0$ が得られるから (19) が成立する．

根と係數の關係から

$$\left.\begin{aligned} &e_1+e_2+e_3=0 \\ &e_1e_2+e_2e_3+e_3e_1=-\frac{1}{4}g_2 \\ &e_1e_2e_3=\frac{1}{4}g_3 \end{aligned}\right\}. \tag{20}$$

(14) を微分して

$$\wp''(z)=6\wp(z)^2-\frac{1}{2}g_2,\quad \wp'''(z)=12\wp(z)\wp'(z) \tag{21}$$

を得．

3. ζ 函 數

$$\wp(z)=\frac{1}{z^2}+\sum{}'\left\{\frac{1}{(z-\Omega)^2}-\frac{1}{\Omega^2}\right\}$$

から，

$$\int_0^z\left(\wp(z)-\frac{1}{z^2}\right)dz=\sum{}'\int_0^z\left\{\frac{1}{(z-\Omega)^2}-\frac{1}{\Omega^2}\right\}dz$$

$$=-\sum{}'\left\{\frac{1}{z-\Omega}+\frac{1}{\Omega}+\frac{z}{\Omega^2}\right\}.$$

$$\zeta(z)=\frac{1}{z}+\sum{}'\left\{\frac{1}{z-\Omega}+\frac{1}{\Omega}+\frac{z}{\Omega^2}\right\} \tag{1}$$

によつて $\zeta(z)$ を定義する．$z=\Omega$ が $\zeta(z)$ の一次の極である．他の點では正則であるから $\zeta(z)$ は週期平行四邊形の中では $z=0$ が唯一の極である．一位の楕圓函數は存在しないから，$\zeta(z)$ は楕圓函數ではない．(1) から

$$\zeta'(z)=-\wp(z), \tag{2}$$

$$\zeta(-z)=-\zeta(z) \tag{3}$$

が得られる．故に

$$\zeta(z+2\omega_1)=\zeta(z)+\varphi(z)$$

と置き，兩邊を微分すれば，

$$-\wp(z+2\omega_1) = -\wp(z) + \varphi'(z).$$

$\wp(z+\omega_1)=\wp(z)$ だから, $\varphi'(z)=0$, 故に $\varphi(z)\equiv\text{const}$ である. この定數を $2\eta_1$ と置けば,

$$\zeta(z+2\omega_1) = \zeta(z) + 2\eta_1.$$

$z=-\omega_1$ と置き, (3) を用いれば $\eta_1=\zeta(\omega_1)$ を得.

同樣に $\zeta(z+2\omega_2)=\zeta(z)+2\eta_2$, $\eta_2=\zeta(\omega_2)$ が得られるから,

$$\left.\begin{aligned}\zeta(z+2\omega_1) &= \zeta(z) + 2\eta_1, \quad \eta_1 = \zeta(\omega_1)\\ \zeta(z+2\omega_2) &= \zeta(z) + 2\eta_2, \quad \eta_2 = \zeta(\omega_2)\end{aligned}\right\}. \qquad (4)$$

π の邊上には $\zeta(z)$ の極 $z=0$ があるから, π をベクトル a だけ平行移動したものを π' とし, π' の上には $\zeta(z)$ の極はないようにすれば, 留數の原理から

$$\int_{(\pi')}\zeta(z)dz = \int_a^{a+2\omega_1}\zeta(z)dz + \int_{a+2\omega_1}^{a+2\omega_1+2\omega_2}\zeta(z)dz$$

$$+\int_{a+2\omega_1+2\omega_2}^{a+2\omega_2}\zeta(z)dz + \int_{a+2\omega_2}^{a}\zeta(z)dz = 2\pi i.$$

(4) を用い定理 XVI. 4 の證明と同樣に計算すれば, 左邊は $4(\eta_1\omega_2-\eta_2\omega_1)$ となることが容易に分るから,

$$\eta_1\omega_2 - \eta_2\omega_1 = \frac{\pi i}{2} \qquad \text{(Legendre の關係式)} \qquad (5)$$

を得.

4. σ 函 數

$$\int_0^z\left(\zeta(z) - \frac{1}{z}\right)dz = \sum{}'\int_0^z\left\{\frac{1}{z-\Omega} + \frac{1}{\Omega} + \frac{z}{\Omega^2}\right\}dz$$

$$= \sum{}'\left\{\log\frac{z-\Omega}{-\Omega} + \frac{z}{\Omega} + \frac{z^2}{2\Omega^2}\right\},$$

故に

$$e^{\int_0^z\left(\zeta(z)-\frac{1}{z}\right)dz} = \Pi'\left(1-\frac{z}{\Omega}\right)e^{\frac{z}{\Omega}+\frac{z^2}{2\Omega^2}}$$

$$\sigma(z) = ze^{\int_0^z\left(\zeta(z)-\frac{1}{z}\right)dz} = z\Pi'\left(1-\frac{z}{\Omega}\right)e^{\frac{z}{\Omega}+\frac{z^2}{2\Omega^2}} \qquad (1)$$

によつて $\sigma(z)$ を定義する．故に

$$\log\sigma(z)=\log z+\int_0^z\left(\zeta(z)-\frac{1}{z}\right)dz,$$

$$\frac{\sigma'(z)}{\sigma(z)}=\frac{1}{z}+\zeta(z)-\frac{1}{z}=\zeta(z),$$

$$\therefore\quad \zeta(z)=\frac{d}{dz}\log\sigma(z). \tag{2}$$

(1) より

$$\sigma(-z)=-\sigma(z) \tag{3}$$

なることが分る．$\sigma(z)$ は $|z|<\infty$ で正則である．$z=0$ の近傍の展開は

$$\sigma(z)=z-\frac{g_2}{240}z^5-\frac{g_3}{840}z^7+\cdots\cdots \tag{4}$$

となることが容易に分る．

$$\frac{d}{dz}\log\sigma(z+2\omega_1)=\zeta(z+2\omega_1)=\zeta(z)+2\eta_1,$$

$$\frac{d}{dz}\log\sigma(z)=\zeta(z).$$

故に

$$\frac{d}{dz}\Big[\log\sigma(z+2\omega_1)-\log\sigma(z)\Big]=2\eta_1,$$

$$\therefore\quad \log\sigma(z+2\omega_1)=\log\sigma(z)+2\eta_1 z+c\qquad (c=\text{定數})$$

$$\sigma(z+2\omega_1)=c_1\sigma(z)e^{2\eta_1 z}\qquad (c_1=\text{定數}).$$

$z=-\omega_1$ と置き，(3) を用いれば，$c_1=-e^{2\eta_1\omega_1}$ となる．

故に

同様に

$$\left.\begin{aligned}\sigma(z+2\omega_1)&=-e^{2\eta_1(z+\omega_1)}\sigma(z)\\ \sigma(z+2\omega_2)&=-e^{2\eta_2(z+\omega_2)}\sigma(z)\end{aligned}\right\}. \tag{5}$$

5. 楕圓函數の表現

1°. 零點と極とが與えられてある場合.

$f(z)$ を楕圓函數とし，その週期平行四邊形 π の中にある零點を $a_1,\cdots\cdots,a_N$，極を $b_1,\cdots\cdots,b_N$ とすれば，*) Abel の定理で

*) 定理 XVI. 6 により零點の數と極の數は等しいことに注意.

$$a_1+\cdots\cdots+a_N=b_1+\cdots\cdots+b_N+2h_1\omega_1+2h_2\omega_2$$

である．$b_N+2h_1\omega_1+2h_2\omega_2$ も $f(z)$ の極であるから b_N の代りに $b_N+2h_1\omega_1+2h_2\omega_2$ をとり，これを同じ記號 b_N で表わす．b_N は一般に π の外にある．故に

$$a_1+\cdots\cdots+a_N=b_1+\cdots\cdots+b_N. \tag{1}$$

今

$$\varphi(z)=\frac{\prod_{i=1}^{N}\sigma(z-a_i)}{\prod_{i=1}^{N}\sigma(z-b_i)} \tag{2}$$

と置けば，前頁 (5) により

$$\varphi(z+2\omega_1)=\frac{\prod_{i=1}^{N}\sigma(z-a_i+2\omega_1)}{\prod_{i=1}^{N}\sigma(z-b_i+2\omega_1)}$$

$$=\frac{(-1)^N e^{2\eta_1\sum_{i=1}^{N}(z-a_i+\omega_1)}}{(-1)^N e^{2\eta_1\sum_{i=1}^{N}(z-b_i+\omega_1)}}\frac{\prod_{i=1}^{N}\sigma(z-a_i)}{\prod_{i=1}^{N}\sigma(z-b_i)}.$$

(1) により

$$=\frac{\prod_{i=1}^{N}\sigma(z-a_i)}{\prod_{i=1}^{N}\sigma(z-b_i)}=\varphi(z),$$

故に

$$\varphi(z+2\omega_1)=\varphi(z).$$

同様に

$$\varphi(z+2\omega_2)=\varphi(z)$$

となるから，$\varphi(z)$ は楕圓函數である．$f(z)$ と $\varphi(z)$ とは零點と極とを共有するから定理 XVI. 3 により $f(z)\equiv\text{const.}\ \varphi(z)$ である．故に

$$f(z)=\text{const.}\ \frac{\prod_{i=1}^{N}\sigma(z-a_i)}{\prod_{i=1}^{N}\sigma(z-b_i)}. \tag{3}$$

2°　極の主部が與えられてある場合.

$f(z)$ を楕圓函數とし，その週期平行四邊形 π の中にある極を $a_1, \cdots\cdots, a_m$ とし a_i における $f(z)$ の主部を

$$H\left(\frac{1}{z-a_i}\right)=\frac{A_i^{(1)}}{z-a_i}+\cdots\cdots+\frac{A_i^{(k_i)}}{(z-a_i)^{k_i}}\ (i=1,\cdots\cdots,\ m) \qquad (1)$$

とすれば，留數の和は 0 であるから

$$\sum_{i=1}^{m} A_i^{(1)}=0 \qquad (2)$$

である.

$$\zeta(z)=\frac{1}{z}+\cdots\cdots,\quad \wp(z)=\frac{1}{z^2}+\cdots\cdots,\quad \wp'(z)=-\frac{2}{z^3}+\cdots\cdots$$

$$\wp^{(k_i-2)}(z)=(-1)^{k_i}\frac{(k_i-1)!}{z^{k_i}}+\cdots\cdots$$

だから，今

$$\varphi_i(z)=A_i^{(1)}\zeta(z-a_i)+A_i^{(2)}\wp(z-a_i)$$

$$-\frac{A_i^{(3)}}{2!}\wp'(z-a_i)+\cdots\cdots+(-1)^{k_i}\frac{A_i^{(k_i)}}{(k_i-1)!}\wp^{(k_i-2)}(z-a_i), \qquad (3)$$

$$\varphi(z)=\sum_{i=1}^{m}\varphi_i(z) \qquad (4)$$

と置けば，

$$f(z)-\varphi(z)$$

は $z=a_i$ で正則である．次に $\varphi(z)$ は楕圓函數なることを證明しよう．$\varphi(z)$ において，$\psi(z)=\sum_{i=1}^{m}A_i^{(1)}\zeta(z-a_i)$ 以外の項は楕圓函數なることは明かであるから，$\psi(z)$ が楕圓函數なることを證明すればよい．(2) により

$$\psi(z+2\omega_1)=\sum_{i=1}^{m}A_i^{(1)}\zeta(z-a_i+2\omega_1)$$

$$=\sum_{i=1}^{m}A_i^{(1)}\bigl(\zeta(z-a_i)+2\eta_1\bigr)=\psi(z)+2\eta_1\sum_{i=1}^{m}A_i^{(1)}=\psi(z).$$

同様に $\psi(z+2\omega_2)=\psi(z)$ が得られるから，$\psi(z)$，從つて $\varphi(z)$ は楕圓函數である.

$f(z)-\varphi(z)$ は楕圓函數で，π の中で正則だから，定理 XVI. 2 により

$$f(z)-\varphi(z)\equiv\text{const.} \qquad (5)$$

である．故に

$$f(z) = \text{const.} + \varphi(z) \tag{6}$$

になる．

上の證明から分るように，**任意に與えられた** $a_1, \cdots\cdots, a_N$ **を零點とし，** $b_1, \cdots\cdots, b_N$ **を極とするような楕圓函數は常に存在する**（但し a_i, b_i は Abel の定理の條件を滿足するものとする）．又**任意に** $a_1, \cdots\cdots, a_m$ **における主部** $H\left(\dfrac{1}{z-a_i}\right)$ **を與えて，** $H\left(\dfrac{1}{z-a_i}\right)$ **を主部とするような楕圓函數は常に存在する**．（但し $H\left(\dfrac{1}{z-a_i}\right)$ の留數の和は 0 とする）．

$\wp(z)$, $\zeta(z)$, $\sigma(z)$ を **Weierstrass の函數**という．上で證明したように任意の楕圓函數はこれ等の函數によつて表現することが出來るのである．

問 1. $\wp(u)-\wp(v)=-\dfrac{\sigma(u-v)\sigma(u+v)}{\sigma(u)^2\sigma(v)^2}$ を證明せよ．（§5. 1° を用いよ）．

問 2. 問 1 の結果から

$$\zeta(u+v)=\zeta(u)+\zeta(v)+\frac{1}{2}\,\frac{\wp'(u)-\wp'(v)}{\wp(u)-\wp(v)}$$

を導け．これを ζ **函數の加法定理**という．

問 3. 問 2 の結果から

$$\wp(u+v)+\wp(u)+\wp(v)=\frac{1}{4}\left(\frac{\wp'(u)-\wp'(v)}{\wp(u)-\wp(v)}\right)^2$$

を導け．これを $\wp$ **函數の加法定理**という．

補註　68 頁の問題の解

$\sigma(D)$ は單位圓の內部を自分自身にかえる一次變換に對して不變なることが容易に分るから，適當な一次變換により，A は原點 O と一致し，弧 $\widehat{BC}$ は正の實軸に直交すると假定してよい．弧 $\widehat{BC}$ の方程式を $(x-\rho)^2+y^2=a^2$ とすれば，$\widehat{BC}$ は單位圓に直交するから $\rho^2=a^2+1$．故に $\widehat{BC}$ は極座標で

$$r^2-2r\rho\cos\theta+1=0, \tag{1}$$

$$r=r(\theta)=\rho\cos\theta-\sqrt{\rho^2\cos^2\theta-1} \tag{2}$$

となる．從つて

$$1-r^2=2\sqrt{\rho^2\cos^2\theta-1}\,(\rho\cos\theta-\sqrt{\rho^2\cos^2\theta-1}).$$

$$\therefore\quad \frac{r^2}{1-r^2}=\frac{\rho\cos\theta}{2\sqrt{\rho^2\cos^2\theta-1}}-\frac{1}{2} \tag{3}$$

$B=(r_1,\theta_1)$，$C=(r_2,\theta_2)$ $(\theta_2>\theta_1)$ とすれば，$A=\theta_2-\theta_1$．故に

$$\begin{aligned}\sigma(\Delta)&=4\int_{\theta_1}^{\theta_2}d\theta\int_0^{r(\theta)}\frac{rdr}{(1-r^2)^2}=2\int_{\theta_1}^{\theta_2}\frac{r^2(\theta)d\theta}{1-r^2(\theta)}\\&=-(\theta_2-\theta_1)+\int_{\theta_1}^{\theta_2}\frac{\rho\cos\theta}{\sqrt{\rho^2\cos^2\theta-1}}\\&=-A+\int_{\theta_1}^{\theta_2}\frac{\rho\cos\theta}{\sqrt{\rho^2\cos^2\theta-1}}d\theta.\end{aligned} \tag{4}$$

原點 O と $\widehat{BC}$ 上の點 (r,θ) とを通る直線と $\widehat{BC}$ とのなす角を φ とすれば，$\tan\varphi=\dfrac{r}{r'}$ だから，(1) より

$$\tan\varphi=\frac{r}{r'}=\frac{\rho\cos\theta-r}{\rho\sin\theta}=\frac{\sqrt{\rho^2\cos^2\theta-1}}{\rho\sin\theta},\qquad \cos\varphi=\frac{\rho\sin\theta}{\sqrt{\rho^2-1}}$$

$$\therefore\quad -d\varphi=\frac{\rho\cos\theta}{\sqrt{\rho^2\cos^2\theta-1}}d\theta.$$

故に (4) より

$$\sigma(\Delta)=-A+\varphi_1-\varphi_2.$$

然るに $\varphi_1=\pi-B$，$\varphi_2=C$ だから，

$$\sigma(\Delta)=\pi-(A+B+C).$$

索　　引

著者略歴

辻　正次

1919 年　東京大学理学部卒業
元東京大学教授・理学博士

数学全書 3
函 数 論 上　　定価はカバーに表示

1952 年 3 月 10 日　初版第 1 刷
2004 年 12 月 1 日　復刊第 1 刷
2012 年 1 月 25 日　第 4 刷

著　者　辻　正次（つじ まさつぐ）
発行者　朝　倉　邦　造
発行所　株式会社　朝　倉　書　店
東京都新宿区新小川町 6-29
郵便番号　162-8707
電　話　03(3260)0141
FAX　03(3260)0180
http://www.asakura.co.jp

〈検印省略〉

新日本印刷・渡辺製本

ISBN 978-4-254-11693-9　C 3341　Printed in Japan